Tracing Darwin's Path in Cape Horn

La Ruta de Darwin en Cabo de Hornos

Ricardo Rozzi • Kurt Heidinger
Francisca Massardo

Photography / Fotografía
Paola Vezzani, Jorge Herreros,
Omar Barroso, Ricardo Rozzi *et al.*

Sub-Antarctic Biocultural Conservation Program
Programa de Conservación Biocultural Subantártica

UNIVERSITY OF NORTH TEXAS
UNIVERSIDAD DE MAGALLANES - CHILE

2018 University of North Texas Press - Ediciones Universidad de Magallanes

Library of Congress Cataloging-in-Publication Data

Names: Rozzi, Ricardo, 1960- author. | Heidinger, Kurt, author. | Massardo,
   Francisca, author. | Vezzani Gonzalez, Paola, 1968- photographer. |
   Sub-Antarctic Biocultural Conservation Program.
Title: Tracing Darwin's path in Cape Horn = La ruta de Darwin en Cabo de
   Hornos / Ricardo Rozzi, Kurt Heidinger, Francisca Massardo ; photography
   by = fotografia por Paola Vezzani, Jorge Herreros, Omar Barroso et al.
Other titles: Ruta de Darwin en Cabo de Hornos
Description: Denton, Texas : University of North Texas Press ; [Punta Arenas,
   Chile] : University of Magallanes Press, [2018] | Parallel text in English
   and Spanish. | "Sub-Antarctic Biocultural Conservation Program. University
   of North Texas / Universidad de Magallanes." | Includes bibliographical
   references and index.
Identifiers: LCCN 2018028772| ISBN 9781574416961 (cloth : alk. paper) | ISBN
   9781574417074 (ebook)
Subjects: LCSH: Natural history--Chile--Horn, Cape. | Horn, Cape
   (Chile)--Discovery and exploration. | Darwin, Charles,
   1809-1882--Travel--Chile--Horn, Cape. | Darwin, Charles,
   1809-1882--Travel--Tierra del Fuego (Argentina and Chile) | Darwin,
   Charles, 1809-1882--Travel--Magellan, Strait of (Chile and Argentina) |
   Beagle Expedition (1831-1836) | Biosphere reserves--Chile--Horn, Cape.
Classification: LCC QH119 .R69 2018 | DDC 508.83--dc23
LC record available at https://na01.safelinks.protection.outlook.com/?url=https%3A%2F%2Flccn.loc.gov%2F2018028772&data=01%7C01%7
Ckaren.devinney%40unt.edu%7Cf58fbd56814248bb70bc08d5e1332cf2%7C70de199207c6480fa318a1afcba03983%7C0&sdata=Cv52Az0NAKrl
gm6o2hZhTQKM0tLRq3vbkrblgAma0oI%3D&reserved=0

Cover: Paola Vezzani
Layout: Francisca Massardo, Alejandra Calcutta, Paola Vezzani & Ricardo Rozzi
Managing Editor: Kelli Moses

"The maps published in this document that refer or are related to the limits and boundaries of Chile do not all commit the Chilean state, in agreement with Article 2, letter g of DFL 83 from 1979, of the Ministry of Foreign Relations." *Los mapas publicados en este documento que se refieren o relacionen con los límites y fronteras de Chile no comprometen en modo alguno al Estado de Chile, de acuerdo al Artículo 2º, letra g del DFL Nº 83 de 1979, del Ministerio de Relaciones Exteriores.*

Contents *Contenido*

FOREWORD

PRÓLOGO

"The voyage of the *Beagle* has been by far the most important event in my life, and has determined my whole career;... I have always felt that I owe to the voyage the first real training or education of my mind; I was led to attend closely to several branches of natural history, and thus my powers of observation were improved, though they were always fairly developed." *Autobiography of Charles Darwin*, Barlow 1959, pp. 76-77. Replica of the *HMS Beagle* on an 1:48 scale equipped with its whaling boats, built by the Magellanic naval artisan and former Senator of the Republic of Chile, José Ruiz Di Giorgio. Courtesy of the Salesian Maggiorino Borgatello Museum in Punta Arenas city, Chile. (Photo Cristián Valle).

"El viaje del *Beagle* ha sido, con mucho, el acontecimiento más importante de mi vida y ha determinado toda mi carrera;... Siempre he sentido que le debo al viaje el primer entrenamiento o educación real de mi mente; me obligaron a asistir estrechamente a varias ramas de la historia natural, y así mis capacidades de observación mejoraron, aunque siempre estuvieron bastante desarrolladas". *Autobiografía de Charles Darwin*, Barlow 1959, pp. 76-77. Réplica del *HMS Beagle* a escala 1:48, equipado con sus botes balleneros, construída por el modelista naval magallánico y ex-Senador de la República de Chile, José Ruiz Di Giorgio. Cortesía del Museo Salesiano Maggiorino Borgatello, Punta Arenas, Chile. (Foto Cristián Valle).

FOREWORD

"We shall pass the Str of Magellan in the Autumn & I hope stay some time in the Southern parts of Chili."
Charles Darwin to J.S. Henslow, 12 November, 1833[1]

"When on board H.M.S. 'Beagle,' as naturalist, I was much struck with certain facts in the distribution of the inhabitants of South America, and in the geological relations of the present to the past inhabitants of that continent. These facts seemed to me to throw some light on the origin of species..."
Opening lines of *On the Origin of Species* by Charles Darwin, 1861

Flamingoes at the end of the world. Travelling in the beautiful, isolated region of the world that is Cape Horn, opens one's eyes to an unexpected and wondrous diversity of plants, animals and landscapes. This diversity informed Darwin's observations during his time in Chile and inspired much of his subsequent thinking that led to *On the Origin of Species* and the theories of natural selection and human evolution, as stated in the chapter that concludes this book.

Few realise how much impact this exploration of the Cape Horn region had on Darwin, nor how today, Chile, draws on Darwin's findings, as a natural laboratory and advanced scientific nation whilst also offering a diversity of unique environments for future science.

[1] Darwin Correspondence Project, University of Cambridge.

PRÓLOGO

"Pasaremos el Estrecho de Magallanes en el otoño y espero estar algún tiempo en la zona sur de Chile".
Charles Darwin a J.S. Henslow, 12 de noviembre de 1833[1]

"Viajaba, como naturalista, a bordo del buque de la Real Marina Británica *Beagle*, cuando me llamaron mucho la atención ciertos hechos que observé en la distribución de los seres orgánicos que habitan América del Sur, y en las relaciones geológicas de los actuales habitantes del continente con los antiguos. Estos hechos parecían arrojar alguna luz sobre el origen de las especies..."
Inicio de El *Origen de las Especies*, Charles Darwin, 1861

Flamencos en el fin del mundo. Viajar por Cabo de Hornos, hermosa y aislada región del mundo, nos abre los ojos a una inesperada y maravillosa diversidad de plantas, animales y paisajes. Esta diversidad informó las observaciones de Darwin durante su estancia en Chile e inspiró gran parte de su pensamiento posterior que condujo a *El Origen de las Especies* y a las teorías de la selección natural y evolución humana, como se afirma en el capítulo que concluye este libro.

Pocos se dan cuenta de cuánto impacto tuvo para Darwin su exploración de la región de Cabo de Hornos en el extremo austral, o cómo hoy, Chile, como laboratorio natural y nación científica avanzada, recurre a la ciencia que fue estimulada por sus hallazgos, a la vez que ofrece una diversidad de ambientes únicos para la ciencia futura.

[1] Darwin Correspondence Project, University of Cambridge.

This book by Ricardo Rozzi (a driving force behind the protected status of the Cape Horn Biosphere Reserve and also the innovative initiative of the new Cape Horn Sub-Antarctic Center) together with his fellow contributors, Kurt Heidinger and Francisca Massardo, has captured the importance of these southern archipelagoes for Darwin – and in turn Darwin's legacy of science and its importance for the future of our world.

As well as covering Darwin's work in the region, this well-researched book gives the historical context to Darwin's expedition, including the daring 16th century exploits of Magellan and Drake, the discovery of Cape Horn in the 17th century, and the scientific expeditions of James Cook. It covers in detail Darwin's own background and his work in the region of Cape Horn on board *HMS Beagle*. The Voyage of the Beagle visited Chile from 1832 to 1834. A third of the total time of the voyage was spent in Chile. The painstaking hydrographic work undertaken by Captain Fitzroy and the crew of *HMS Beagle*, was crucial in giving Darwin the time and environment in which to make his own detailed observations of the landscape, habitats and people around him. Conventionally, many people think of Ecuador and the Galapagos and 'Darwin's finches' as epitomising South America and its impact on Darwin's thinking. But the influence came much earlier during the voyage – particularly the months spent in Cape Horn and other parts of Chile.

Darwin retired to Down House, his home in Kent, where he reflected on his time in Chile and wrote his famous book: *On the Origin of Species*. It was in Chile, while exploring the Beagle Channel (named after the expedition vessel) that Darwin observed the Yahgan nomadic people, one of four human groups native to Tierra del Fuego. It was also where Darwin experienced first hand some of the forces of nature that forged this unique geological landscape – earthquakes, tsunamis, volcanoes, glaciers reaching the sea and fossils on top of mountains. Many of the images from the voyage are

Este libro de Ricardo Rozzi (impulsor científico de la Reserva de la Biosfera Cabo de Hornos y también de la innovadora iniciativa del Centro Subantártico Cabo de Hornos) junto con sus colaboradores, Kurt Heidinger y Francisca Massardo, ha captado la importancia de esta región archipelágica para el naturalista y, a su vez, el legado de la ciencia de Darwin y su importancia para el futuro de nuestro mundo.

Además de cubrir el trabajo de Darwin en la región, este bien documentado libro ofrece el contexto histórico de la expedición del naturalista, incluidas las audaces hazañas de Magallanes y Drake en el siglo XVI, el descubrimiento del Cabo de Hornos en el siglo XVII y las expediciones científicas de James Cook. Abarca en detalle los antecedentes de Darwin y su labor en la región de Cabo de Hornos a bordo del *HMS Beagle*. La expedición visitó Chile desde 1832 hasta 1834, es decir, un tercio del tiempo total del viaje transcurrió en Chile. El minucioso trabajo hidrográfico realizado por el capitán Fitzroy y la tripulación del *HMS Beagle* fue crucial para darle al naturalista el tiempo y el entorno en los cuales realizar sus propias observaciones detalladas del paisaje, los hábitats y de quienes estaban a su alrededor. Muchas personas piensan que Ecuador y las Islas Galápagos y los pinzones de Darwin son el epítome de Sudamérica y su impacto sobre el pensamiento de éste, pero la influencia llegó mucho antes en otras partes del viaje, particularmente durante los meses transcurridos en Cabo de Hornos y Chile.

Darwin se retiró a Down House, su hogar en Kent, donde reflexionó sobre su tiempo en Chile y escribió el libro *El Origen de las Especies*. Fue en Chile, mientras exploraba el Canal Beagle (llamado así por el barco de la expedición) que Darwin observó a los nómades yagán, uno de los cuatro pueblos originarios presentes en Tierra del Fuego. También fue donde Darwin experimentó de primera mano algunas fuerzas de la naturaleza que forjaron este paisaje geológico único: terremotos, tsunamis, volcanes, glaciares llegando al mar y fósiles en la cima de las montañas. Muchas de las imágenes del viaje están

recorded in the sketchbooks of Conrad Martens, the artist who accompanied Darwin. These images are now preserved, together with Darwin and Fitzroy papers, manuscripts, books and letters, in the Darwin Archive in Cambridge University Library, England.

The voyage with Darwin was the second voyage of *HMS Beagle* to Cape Horn. Fitzroy was appointed Master after the previous Captain, Pringle Stokes, committed suicide. The grave of Pringle Stokes is in the English cemetery at Port Famine (named after the 16th century tragedy of the loss of the Spanish garrison). The original cross commemorating Pringle Stokes' grave can now be seen in the Museo Salesiano, Punta Arenas. The inscription reads:

"Commander Pringle Stokes, RN HMS Beagle, who died from the effects of the anxieties and hardships while surveying the waters and shores of Tierra del Fuego."

Before Fitzroy's arrival, the Assistant Surveyor Lieutenant William Skyring took over interim command of *HMS Beagle*. A century-and-a-half later in 1981, the Armada de Chile discovered one of the time capsules that Fitzroy buried in the region, on the Isle of Skyring (named after the Surveyor). Another capsule was found in 1982 at Cape Horn. This contained coins of the period and naval artefacts from *HMS Beagle*, and is now on display in the museum in Puerto Williams.

Puerto Williams is a fitting place for such a find. Literally at the end of the world, at latitude 54°56'S, 67°37'W, it is the most southernmost town in the world. It is also the nearest population centre to the unique Cape Horn National Park. 171 years after the Darwin expedition, a long-term Chilean-British scientific collaboration led by Ricardo Rozzi, Francisca Massardo, Andrés Mansilla and Shaun Russell contributed to the designation of this environment by UNESCO as a Biosphere Reserve. It is recognised as one of the world's last remaining wilderness areas and is of significant scientific importance as it

registradas en los cuadernos de bocetos de Conrad Martens, el artista que lo acompañó. Estas imágenes se conservan ahora, junto con los documentos, manuscritos, libros y cartas de Darwin y Fitzroy, en el Archivo Darwin de la Cambridge University Library en Inglaterra.

El viaje con Darwin fue el segundo realizado por el *Beagle* a Cabo de Hornos. Fitzroy fue nombrado capitán del *Beagle* después del suicidio del capitán Pringle Stokes. La tumba del capitán Stokes se encuentra en el cementerio inglés de Puerto del Hambre (llamado así por la tragedia de la pérdida de la guarnición española ocurrida en el siglo XVI), pero la cruz original que señalaba su tumba se puede ver ahora en el Museo Salesiano en Punta Arenas. La inscripción dice:

"Comandante Pringle Stokes, RN HMS Beagle, quien murió por los efectos de las ansiedades y dificultades mientras cartografiaba las aguas y las costas de Tierra del Fuego".

Antes de la llegada de Fitzroy, el teniente asistente de topógrafo William Skyring asumió el mando interino del *HMS Beagle*. Un siglo y medio después, en 1981, la Armada de Chile descubrió una de las cápsulas de tiempo que Fitzroy enterró en la región, en la Isla Skyring (llamada así por el topógrafo). Otra cápsula fue encontrada en 1982 en el Cabo de Hornos, ésta contenía monedas de la época y artefactos navales del *HMS Beagle*, y ahora se encuentra en exhibición en el museo de Puerto Williams.

Puerto Williams es un lugar apropiado para tal hallazgo. Literalmente en el fin del mundo, en la latitud 54°56'S, 67°37'W, es la ciudad más austral del planeta. También es el centro poblado más cercano al increíble Parque Nacional Cabo de Hornos. 171 años después de la expedición de Darwin, una colaboración científica chileno-británica de largo plazo liderada por Ricardo Rozzi, Francisca Massardo, Andrés Mansilla y Shaun Russell contribuyó a que este entorno fuera designado por la UNESCO como Reserva de la Biosfera. Es reconocida como una de las últimas áreas silvestres del mundo y tiene una importancia científica

includes the world's southernmost forested ecosystem. A new Cape Horn Subantarctic Centre is being built in Puerto Williams to take forward scientific and conservation work, and to promote sustainable tourism in the region.

This important book brings to life the Cape Horn region, with its harsh environment that attracts explorers, scientists and thinkers to one of the remotest parts of the World. This is the environment that inspired Darwin to develop the ideas which have informed our understanding of the human condition and the evolution of the world. Protecting the environment is crucial for future generations, and continuing study of the environment of southern South America will inspire a new generation to develop further insights. This book brings together history, science and ethics in one of the most beautiful regions of the planet. In tracing the path of Darwin in Cape Horn, it will inspire others to forge a new path and new ways of thinking about the world around us.

Fiona Clouder
Her Majesty's Ambassador to the Republic of Chile
Government of the United Kingdom
February 2014 – June 2018

significativa porque incluye el ecosistema forestal más austral del globo. Y para llevar adelante el trabajo científico y de conservación, y para promover el turismo sostenible en la región, se está construyendo el Centro Subantártico Cabo de Hornos en Puerto Williams.

Este importante libro da vida a la región de Cabo de Hornos, que con su entorno agreste atrae a exploradores, científicos y pensadores a una de las partes más remotas del mundo. Este es el ambiente que inspiró a Darwin para desarrollar las ideas que han informado nuestra comprensión de la condición humana y la evolución del mundo. La protección del medio ambiente es importante para las generaciones futuras, y el estudio continuo del medioambiente del sur de Sudamérica inspirará a una nueva generación a desarrollar nuevos conocimientos. Este libro reúne la historia, la ciencia y la ética en una de las regiones más bellas del planeta. Seguir la ruta de Darwin en Cabo de Hornos inspirará a otros a forjar un nuevo camino y nuevas formas de pensar sobre el mundo que nos rodea.

Fiona Clouder
Embajadora de Su Majestad para la República de Chile
Gobierno del Reino Unido
Febrero 2014 - Junio 2018

"The gloomy woods [of Navarino Island] are inhabited by few birds: occasionally the plaintive note of a white-tufted tyrant-flycatcher (Myiobius albiceps) [Elaenia albiceps] may be heard, concealed near the summit of the most lofty trees; and more rarely the loud strange cry of a black woodpecker, with a fine scarlet crest on its head." Darwin 1871, p. 337. The Magellanic Woodpecker (Campephilus magellanicus) is the largest woodpecker species in South America, and was identified as a flagship species of the Cape Horn Biosphere Reserve. It is endemic to the Nothofagus forests of southwestern South America, and requires old-growth trees to excavate cavity-nests and to obtain insect larvae to feed. It is classified as an Endangered species in Chile. The photograph portrays a male Magellanic Woodpecker on an old-growth tree at the Omora Ethnobotanical Park, Puerto Williams, Chile. (Photo Jordi Plana).

"Los sombríos bosques [de la Isla Navarino] están habitados por pocas aves: de vez en cuando se puede escuchar la nota lastimera de un tiránido (Myiobius albiceps) [Elaenia albiceps], oculto cerca de la copa de los árboles más altos; y más raramente el fuerte y extraño grito de un pájaro carpintero negro con una fina cresta escarlata en la cabeza". Darwin 1871, p. 237. El pájaro carpintero negro (Campephilus magellanicus) es el carpintero más grande de Sudamérica y fue identificado como especie emblemática de la Reserva de la Biosfera Cabo de Hornos. Es endémico de los bosques de Nothofagus del sudoeste de Sudamérica, y requiere árboles antiguos para cavar sus nidos y para alimentarse de larvas de insecto. Es una especie clasificada como Vulnerable y En Peligro en Chile. La fotografía muestra un macho de carpintero gigante sobre un árbol antiguo en el Parque Etnobotánico Omora, Puerto Williams, Chile. (Foto Jordi Plana).

I

INTRODUCTION

INTRODUCCIÓN

"A mountain, which the Captain has done me the honour to call by my name [Mount Darwin], has been determined by angular measurement to be the highest in Tierra del Fuego, above 7000 feet & therefore higher than M. Sarmiento [Mount Sarmiento]. — It presented a very grand, appearance; there is such splendour in one of these snow-clad mountains, when illuminated by the rosy light of the sun; & then the outline is so distinct, yet from the distance so light & aerial, that one such view merely varied by the passing clouds affords a feast to the mind." *Darwin's Diary,* March 4, 1834, p. 430. Mount Darwin's summit. (Photo Paola Vezzani).

"Un monte, que el Capitán me ha hecho el honor de llamar por mi nombre [Monte Darwin], ha sido identificado por medición angular como el más alto de Tierra del Fuego, por sobre los 7000 pies y por lo tanto más alto que el M. Sarmiento [Monte Sarmiento]. Tenía una apariencia grandiosa; hay tal esplendor en estas montañas nevadas cuando se iluminan por la luz rosada del sol; y entonces el contorno es tan definido y, sin embargo, tan ligero y aéreo desde la distancia, que una visión así, solamente transformada por el paso de las nubes, es un festín para la mente." *Diario de Darwin*, 4 de marzo de 1834, p. 430. Cumbre del Monte Darwin. (Foto Paola Vezzani).

1
Darwin in Cape Horn: Introduction
Darwin en Cabo de Hornos: Introducción

Ricardo Rozzi, Kurt Heidinger & Francisca Massardo

This book is meant to introduce readers to the cultural geography and history of the voyages of the *HMS Beagle* through the Cape Horn region. We focus on areas that are currently authorized for navigation, and that are safely accessible to yachts and cruise ships in the Cape Horn Biosphere Reserve.

On January 28, 1830, Captain Robert Fitzroy sailed the *HMS Beagle* into the waters of the Cape Horn region for the first time. Navigating from the Pacific Ocean, he proceeded with a generally eastward orientation, exploring the area until June 7, 1830.

Two and half years later, *HMS Beagle* again sailed the waters of Cape Horn under the command of Captain Fitzroy, this time arriving from the Atlantic Ocean with the young naturalist Charles Darwin aboard. A little after midday on December 17, 1832, they passed through the treacherous Strait Le Maire, rounding Cape Saint Diego and found safe anchorage in the Bay of Good Success. From here they explored the Cape Horn region for two and half months, leaving the area on February 26, 1833.

A year later, on February 22, 1834, Fitzroy navigated the *HMS Beagle* through the waters of Cape Horn for a third and final time. After exploring the area for two weeks, the

Este libro introducirá a los visitantes a la geografía e historia cultural de los viajes del *HMS Beagle* a través de la región del Cabo de Hornos. Decidimos enfocarnos en las áreas legalmente autorizadas para la navegación, rutas seguras y accesibles para los yates y cruceros dentro de la Reserva de la Biosfera Cabo de Hornos.

El 28 de enero de 1830, el capitán Robert Fitzroy introducía al *HMS Beagle* en aguas de la región del Cabo de Hornos por primera vez. Navegando desde el Océano Pacífico, mantenía el rumbo hacia el este, explorando el área hasta el 7 de junio de 1830.

Dos años y medio más tarde, el *Beagle* navegó las aguas del Cabo de Hornos por segunda vez bajo el comando del capitán Fitzroy, esta vez desde el Océano Atlántico y con el joven naturalista Charles Darwin a bordo. Pasado el mediodía del 17 de diciembre de 1832 cruzaban el traicionero Estrecho Le Maire, luego rodearon el Cabo San Diego y anclaron en la Bahía del Buen Suceso. Desde ese momento exploraron la región del Cabo de Hornos durante dos meses y medio, dejando el área el 26 de febrero de 1833.

Un año más tarde, el 22 de febrero de 1834, Fitzroy piloteaba el *Beagle* a través de las aguas del Cabo de Hornos por tercera y última vez. Después de explorar el

Fitzroy Expedition - Expedición de Fitzroy
HMS Beagle, **1830**

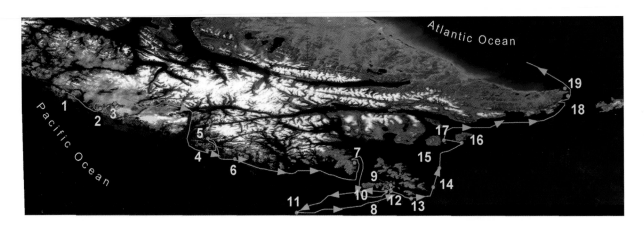

1 = London Island, Feb. 3-16
2 = Stewart Island, Feb. 16-23
3 = Gilbert Island, Feb. 23-27
4 = York Minster Island, Feb. 27-29
5 = Waterman Island, Mar. 1-30
6 = San Ildefonso Islets, Apr. 01

7 = Orange Bay, Apr. 02-16
8 = San Joachim Cove, Apr. 17
9 = St. Martin Cove, Apr. 18-26
10 = Hermite Island, Apr. 27
11 = Diego Ramirez Archipelago, Apr. 28
12 = San Joachim Cove, Apr. 29

13 = Cape Horn, Apr. 30
14 = Barnevelt Islets, May 01
15 = Evout Island, May 02
16 = Nueva Island, May 02
17 = Lennox Island, May 02-23
18 = Good Success Bay, May 24-Jun 07

The waterways of the Cape Horn Biosphere Reserve were extensively explored and mapped by Captain Robert Fitzroy on board the HMS Beagle in the austral Summer and Fall of 1830. The map provides a summary of the routes and sites explored by Fitzroy during his first expedition to the region. Fitzroy entered the archipelagic area located south of Tierra del Fuego from the Pacific Ocean and navigated eastward. After almost 6 months he left the area, navigating northward to the Atlantic Ocean. Each number indicates a site and date of the visit of the HMS Beagle. Map prepared in the GIS Omora Park - CERE/UMAG Laboratory.

Las aguas de la Reserva de la Biosfera Cabo de Hornos fueron extensivamente exploradas por el capitán Robert Fitzroy a bordo del HMS Beagle, durante el verano y otoño austral de 1830. El mapa muestra un resumen de las rutas y sitios explorados por Fitzroy durante su primera expedición a la región. Fitzroy ingresó al área archipelágica al sur de Tierra del Fuego desde el Océano Pacífico y navegó rumbo al este. Seis meses más tarde dejó el área con rumbo al norte por el Océano Atlántico. Cada número indica un sitio y la fecha de visita del HMS Beagle. Mapa preparado en el Laboratorio SIG Parque Omora - CERE/UMAG.

legendary vessel crossed the austral waters on March 7, 1834, navigating northward to the Falkland Islands (Islas Malvinas).

In his *Autobiography*, Darwin said that his journey on the *Beagle* was the pivotal moment of his life, and that had he not been aboard, he would never have become the scientist he became. Our hope is to give you an intimation of some of the thoughts and reactions he, and Fitzroy, had as they plied these waters witnessing the amazing sea- and land-scapes, Yahgan people, and the Cape Horn archipelagoes. Another hope we have is, that by sharing the perspectives of Darwin and Fitzroy, you will gain a greater understanding of, and appreciation for, the richness and depth of the biocultural diversity that is now protected by the Cape Horn Biosphere Reserve.

Part II of this book begins with a sequence of chapters recounting the most important previous voyages made by various European explorers and traders made into the Cape Horn region. This overview provides a closer look at the feats and observations of Captain James Cook, because he was the first scientific explorer to keep extensive records of his experience, and because he inspired the next generations of sea-faring English explorers. Fitzroy and Darwin were well aware that they traveled in the wake of this brave and insatiably curious man, who was a model and hero to them.

In Part III, the chapters provide an overview of the course of Charles Darwin's exploration of Cape Horn. Then, in Part IV, instead of recounting the particularities of the *Beagle* voyages in a chronological fashion, we highlight sites along the Murray Channel, in Wulaia Cove, and in the Northwest Arm of the Beagle Channel, including the landmark of the Italia Glacier, which tourists can see on suggested navigation routes. In this narrative we integrate sections from the travel diaries of Fitzroy and Darwin. Both have a central place in the cultural history of the region. Not only is the

área durante dos semanas, la legendaria nave cruzó las aguas australes el 7 de marzo de 1834 rumbo al norte, hacia las Islas Malvinas (Falkland Islands).

En su *Autobiografía*, Darwin señala que el viaje en el *Beagle* fue el momento más importante de su vida, y que si no hubiera estado a bordo, jamás habría llegado a ser el científico que fue. Esperamos brindar un acercamiento a algunos pensamientos y reacciones que Darwin, y Fitzroy, probablemente tuvieron cuando cruzaban estas aguas como testigos de los asombrosos paisajes marinos y terrestres, acerca de los yagán y los archipiélagos de Cabo de Hornos. Esperamos también que al compartir las perspectivas de Darwin y Fitzroy, se comprenda y aprecie mejor la riqueza y profundidad de la diversidad biocultural que hoy está protegida por la Reserva de la Biosfera Cabo de Hornos.

La Parte II comienza con una secuencia de capítulos que reúne algunos de los viajes más importantes que exploradores y comerciantes europeos realizaron al Cabo de Hornos. Este recuento entrega una mirada especial a las hazañas y observaciones del capitán James Cook, quien fuera el primer explorador científico que mantuvo un registro exhaustivo de su experiencia, y porque inspiró a generaciones de exploradores y marinos ingleses. Fitzroy y Darwin estaban conscientes que viajaron a la zaga de este navegante de curiosidad insaciable quien fue, además, un modelo y héroe para ellos.

En la Parte III, los capítulos proveen una visión panorámica del curso de la exploración de Charles Darwin en Cabo de Hornos. Luego, en la Parte IV, en lugar de hacer un recuento de las particularidades de los viajes del *Beagle* en forma de crónica, hemos optado por caracterizar los sitios que los visitantes pueden observar a lo largo de rutas de navegación turística propuestas para las zonas del Canal Murray y Caleta Wulaia, y del Brazo Noroeste del Canal Beagle con el hito del Glaciar Italia. En este relato integramos los diarios de viaje de Fitzroy y Darwin, ambos ocupan un lugar central en la historia

Fitzroy Expedition - Expedición de Fitzroy
Murray Whaleboat - Bote Ballenero de Murray
1830

1 = Stewart Harbor, Feb. 17	5 = Return Stewart Harbor, Feb. 22	9 = Orange Bay, Apr. 05
2 = Camp Stewart Island, Feb. 17	6 = Leave March Harbor, Mar. 02	10 = Gable Island, Apr. 09
3 = Leadline Island, Feb. 18-21	7 = Beagle Channel, Mar. 3-13	11 = Orange Bay, Apr. 14
4 = Cuter Bay, Feb. 21	8 = Return March Harbor, Mar. 14	

 During Fitzroy's first expedition, several areas were explored using the whaleboats carried on board the HMS Beagle. The Beagle Channel was discovered in March 1830 by Master Murray, who sailed a whaleboat from Waterman Island to the western entrance of the Channel's Southwest Arm (point 7 on the map). A month later, after heading northward from Orange Bay, Mr. Murray discovered the "Murray Channel" that connects the Beagle Channel with Nassau Bay. The map provides a summary of the most relevant routes and sites explored with the whaleboats carried by the Beagle in 1830. Map prepared in the GIS Omora Park - CERE/UMAG Laboratory.

Durante la primera expedición de Fitzroy se exploraron varias áreas utilizando los botes balleneros que el Beagle traía a bordo. El Canal Beagle fue descubierto en marzo de 1830 por el Maestro Murray, quien navegaba una de las balleneras desde la Isla Waterman hacia la entrada oeste del Brazo Sudoeste (punto 7 en el mapa). Un mes más tarde, navegando hacia el norte desde la Bahía Orange, Murray descubrió el "Canal Murray", que conecta el Canal Beagle con la Bahía Nassau. El mapa entrega un resumen de las rutas y sitios más importantes explorados con las balleneras del Beagle en 1830. Mapa preparado en el Laboratorio SIG Parque Omora - CERE/UMAG.

archipelago's main waterway named after Fitzroy's small and indefatigable ship, but the captain's chronicles —the four-volume *Narrative of the Voyages of the Beagle and the Adventure*– continues to be an invaluable scholarly resource, providing today's historians, naturalists and anthropologists with reliable data they can use to answer compelling questions about what the region was like before the arrival of Europeans. *Darwin's Beagle Diary* is another essential resource for those trying to understand what the region was like. Our text quotes both, matching some of their 19th century observations with contemporary pictures of the areas they commented about.

The chapters of Part V illustrate how the observations made by Darwin in Cape Horn, still challenge scientists today. Some sea and terrestrial birds, and the kelp forests, which the naturalist emphasized in his writings from 1834 call attention to the still unknown and exuberantly diverse underwater communities of Cape Horn and the continued need of protection. The book concludes with Part VI that offers an analysis of the ethical implications of the evolutionary ideas that Darwin conceived in Cape Horn. This region fascinated the young naturalist and today can continue to inspire new explorers and visitors arriving from different regions of the planet to the Cape Horn Biosphere Reserve.

The Two Expeditions of the Beagle *in the Cape Horn Region: An Overview*

Robert Fitzroy was only 25 years old in November 1828 when he was appointed the captaincy of the *HMS Beagle*, following the tragic suicide of its first captain, Pringle Stokes, who could not handle the pressure of mapping the hostile, frigid waters of the Magellan Strait. Fitzroy, an illegitimate descendent of King Charles II, was a very ambitious and capable naval officer, who intended to rise to the rank of admiral. Seizing the opportunity that his new appointment afforded, he expertly re-mapped the areas where Stokes

cultural de la región. No sólo el canal más importante del archipiélago lleva el nombre de su pequeña e infatigable nave, sino que sus crónicas – los cuatro volúmenes de *Narrativas del Viaje del Beagle y del Adventure* –constituyen un material de estudio invaluable para historiadores, naturalistas y antropólogos, entregando datos confiables que pueden responder preguntas esenciales acerca de cómo era esta región antes de la llegada de los europeos. El *Diario a Bordo del Beagle* de Darwin es otra fuente esencial para tratar de comprender cómo era esta región. Nuestro texto cita ambas fuentes y compara algunas de sus observaciones en el siglo XIX con fotos contemporáneas de las áreas mencionadas.

En la Parte V los capítulos ilustran cómo las observaciones de Darwin en el Cabo de Hornos desafían a los científicos hasta hoy. Aves terrestres y marinas, los bosques de algas, o *kelps*, llaman la atención por la todavía desconocida y exuberante diversidad de las comunidades submarinas del Cabo de Hornos, y su necesidad de protección, tal como lo enfatizó el naturalista en 1834. El libro concluye con la Parte VI que ofrece un análisis sobre las implicaciones éticas de las exploraciones e ideas de Darwin en Cabo de Hornos. Esta región fascinó al joven naturalista y hoy puede continuar inspirando a nuevos exploradores y visitantes que arriban desde distintas regiones del planeta a la Reserva de la Biosfera Cabo de Hornos.

Dos Expediciones del Beagle *en la Región del Cabo de Hornos en Perspectiva*

Robert Fitzroy tenía sólo 25 años en noviembre de 1828, cuando fue designado capitán del *HMS Beagle* luego del trágico suicidio de su primer capitán, Pringle Stokes, quien no pudo resistir la presión de mapear en las hostiles y gélidas aguas del Estrecho de Magallanes. Fitzroy, descendiente ilegítimo del rey Carlos II, era un oficial naval ambicioso y capaz e intentaba elevarse al rango de almirante. Considerando la oportunidad que este nuevo nombramiento le reportaría, Fitzroy mapeó

had failed, then headed south into the western Cape Horn region, taking the same route through Brecknock Channel that ships from Punta Arenas use today.

Anchoring off of London Island, he prepared his men to map the Cape Horn region, knowing that if he succeeded in this task, he would be highly favored by his superiors in the Royal Navy. England was interested in controlling the Cape Horn region because it was one of the world's most important shipping routes. The nation that controlled it would control much of the world's commerce. Fitzroy knew his maps would provide the key to that control.

Something happened while the *Beagle* was at London Island, however, that both disrupted his plans, and ultimately changed the history of the world we live in. Fitzroy had sent some men off in a whaleboat to what is now called Basket Island to see if there was a better harbor for the *Beagle*, but they did not return when they were supposed to. On February 5th, 1830, three of the men appeared in a hand-made coracle—a large, leaking basket—reporting their whaleboat had been stolen while they were sleeping. Fitzroy would spend the next two months scouring the coastlines of the islands in the western Cape Horn region, searching unsuccessfully for his lost boat.

As he did so, Fitzroy engaged in conflicts with the Kawésqar people, all of whom he assumed were guilty of the theft. He also kidnapped three youths—Yuc'kushlu, a girl he called "Fuegia Basket"; and two boys, El Leparu, who he called "York Minster," and "Boat Memory"--intending to ransom them back to their relatives in exchange for his boat. The exchange he hoped for never materialized, however, and when he gave up searching for the boat, he decided to bring them back to England to be "civilized." Fitzroy then sailed the *Beagle* into the area of Murray Channel, where he kidnapped a Yahgan boy, Orundellico, who he named "Jemmy Button," a name that referred to Fitzroy's mistaken notion that he traded only a single button for the boy.

de nuevo las áreas donde Stokes tenía errores y partió rumbo al sur a la región oeste del Cabo de Hornos por el Canal Brecknock, la misma ruta que las naves siguen hoy.

Después de anclar en la Isla London, preparó a su tripulación para mapear la región del Cabo de Hornos sabiendo que si tenía éxito sería favorecido por sus superiores de la Marina Real. Inglaterra estaba interesada en esta región porque era una de las más importantes rutas del mundo. La nación que controlara este paso controlaría gran parte del comercio mundial. Fitzroy sabía que sus mapas serían claves para este efecto.

Sin embargo, algo sucedió cuando el *Beagle* estaba anclado en la Isla London que trastocó sus planes y cambió la historia del mundo en que vivimos. Fitzroy había enviado algunos hombres en un bote ballenero a la isla que ahora conocemos como Isla Basket, en busca de un mejor puerto para el *Beagle*; pero no volvieron cuando se suponía. El 5 de febrero de 1830 tres hombres aparecieron en una balsa hecha a mano –un gran canasto flotante- informando que el bote ballenero había sido robado mientras dormían. Fitzroy pasaría los dos meses siguientes recorriendo las costas de las islas del oeste del Cabo de Hornos buscando infructuosamente el bote perdido.

En su búsqueda, el capitán entró en conflicto con un grupo de kawésqar a los que culpó del robo. También raptó a tres jóvenes -Yuc'kushlu, una niña a la que llamó "Fuegia Basket", y dos niños, El Leparu, a quien llamó "York Minster" y "Boat Memory"- con la intención de intercambiarlos por su bote. Sin embargo, el intercambio que esperaba nunca se materializó y cuando abandonó la búsqueda de la ballenera, decidió llevárselos a Inglaterra para que fueran "civilizados". Fitzroy navegó en el *Beagle* hacia el sector del Canal Murray, donde raptó al niño yagán Orundelico, a quien llamó "Jemmy Button", un nombre que recordaba su errónea noción de haberlo cambiado por un botón de nácar.

When they reached England, Fitzroy had the youths inoculated for smallpox. Though his intentions were good, "Boat Memory" died soon after he received the shot. The other youths became somewhat famous, as Fitzroy fed his countrymen's hunger for the exotic by putting them on display. The pinnacle of public exposure for them came when they had an audience with King William and Queen Adelaide. At that meeting, Yuc'kushlu enjoyed the singular honor of receiving two gifts from the queen: bonnet and a ring, that the queen took off of her own finger. When the clamor died down, Fitzroy placed them in a Christian boarding school, where they learned the rudiments of being "English."

Fitzroy began preparations for a second and longer voyage on the *Beagle*. He would survey the southern waters of the globe in order to finish the naval maps of the Cape Horn region, to repatriate the young Fuegians, and to start a Christian mission in the land of the Yahgans. Having had a disagreeable experience with the ship's naturalist-surgeon on the first voyage, Fitzroy sent a letter to Cambridge requesting the name of a suitable replacement. Charles Darwin was recommended for, and received, this appointment.

Due to the confluence of events, which were driven ineluctably by the destinies of Yuc'kushlu, El Leparu and Orundellico, Fitzroy would take Darwin to the Cape Horn region. Here, as we will see, he experienced its weathers, its landscapes, its creatures and its peoples: all of which coalesced in and inflamed his burgeoning scientific imagination, and led him to utter the first versions of his world-changing theories of natural selection and the human evolution. Read on—and you will see where these ideas were born!

Cuando llegaron a Inglaterra, Fitzroy vacunó a los niños contra la viruela y, aunque sus intenciones eran buenas, "Boat Memory" murió al ser vacunado. Los niños se hicieron famosos porque la exhibición alimentó la ansiedad de sus compatriotas por lo exótico. La exposición pública fue máxima cuando los jóvenes tuvieron una audiencia con el rey Guillermo y la reina Adelaida. En ese encuentro, Yuc'kushlu tuvo el honor de recibir dos regalos de la mano de la soberana: un sombrero y un anillo que ésta sacó de su propio dedo. Cuando el clamor se acalló, Fitzroy los internó en una escuela cristiana, donde aprenderían los rudimentos de cómo ser "inglés".

El capitán inició los preparativos para el segundo y más largo viaje del *Beagle*. *Sus* objetivos eran hacer el levantamiento de las aguas del sur del mundo, completar los mapas navales de la región del Cabo de Hornos, repatriar a los jóvenes e iniciar una misión cristiana en la tierra yagán. Habiendo sufrido una desagradable experiencia con el cirujano-naturalista a bordo de su primer viaje, Fitzroy envió una carta a Cambridge solicitando un reemplazante adecuado. Charles Darwin fue recomendado para este puesto y recibió el nombramiento.

Debido a la confluencia de eventos que también guiaron los destinos de Yuc'kushlu, El Leparu y Orundelico, Fitzroy llevaría a Darwin a la región del Cabo de Hornos. Aquí −como veremos− el naturalista experimentó sus aguas, sus paisajes, sus criaturas y su gente: todo se unió para alimentar su imaginación científica y lo guió para las primeras versiones de las teorías de la selección natural y de la evolución de la especie humana que cambiarían la concepción del mundo. ¡Lea y sabrá dónde nacieron estas ideas!

(Next page). "I cannot describe the pleasure of viewing these enormous, still, & hence sublime masses, of snow which never fails melt & seem doomed to last as long as this world holds together." Darwin's Diary, June 9, 1834, pp. 456-457. Pia Glacier West-Arm (Photo Paola Vezzani).

>

(Página siguiente). "No puedo describir el placer de ver estas enormes, inmóviles y, por lo tanto, sublimes masas de nieve que nunca dejan de derretirse y que parecen condenadas a durar mientras este mundo exista." Diario de Darwin, 9 de junio de 1834, pp. 456-457. Brazo noroeste del Glaciar Pía (Foto Paola Vezzani).

II

HISTORICAL ROOTS OF
DARWIN'S EXPEDITIONS TO
CAPE HORN

*RAÍCES HISTÓRICAS DE LAS
EXPEDICIONES DE DARWIN
EN CABO DE HORNOS*

"... where we had seen a lot of sea lions and birds. Chief commander [Ferdinand Magellan] waited for the return of Nao [ship] Victoria." About the Magellan Strait, *Antonio Pigafetta's Diary*, October 1520. South American Tern (*Sterna hirundinacea*). (Photo Jorge Herreros).

"... donde habíamos visto gran cantidad de lobos marinos y pájaros. El comandante en jefe [Hernando de Magallanes] aguardaba el regreso de la [nave] *Victoria*". Acerca del Estrecho de Magallanes, *Diario de Antonio Pigafetta*, octubre de 1520. Gaviotín sudamericano (*Sterna hirundinacea*). (Foto Jorge Herreros).

2
The 16th Century: Discovery of the Magellan Strait
Siglo XVI: Descubrimiento del Estrecho de Magallanes

Francisca Massardo & Ricardo Rozzi

Charles Darwin was very skillful in studying, re-exploring and synthesizing the observations made by earlier explorers to the Cape Horn region. Before the expeditions of *HMS Beagle* in the 19th century, the most influential visitors to the southern tip of the New World were Ferdinand Magellan, Francis Drake, Jacques l'Hermite, Willem Schouten, and Captain James Cook. Many Europeans were drawn to the "Dragon's Tail," as the Strait of Magellan was then known, by the prospect of financial gain, conquest, and scientific advancement. The first four of these explorers intended to open trade routes through the Pacific Ocean that instigated temporary territorial disputes among the European countries that they represented. Only Captain James Cook had been assigned the task of scientific studies with the stated goal of benefitting humanity. Darwin carefully re-explored the sites visited by Cook's team.

This section of the book introduces the reader to the previous expeditions to Cape Horn as well as to the first expedition of *HMS Beagle* under the command of Captain Phillip Parker King. These expeditions provided a fundamental precedent for the explorations that Darwin made in the southern end of South America. Darwin inherited a rich collection of notes that guided his field observations, and allow us to understand today in part the richness of the annotations and conclusions that the naturalist reached during his work at the south of the world.

Charles Darwin fue muy hábil en estudiar, volver a explorar y sintetizar las observaciones que hicieron expedicionarios anteriores en la región del Cabo de Hornos. Antes de las expediciones del *HMS Beagle* en el siglo XIX, los exploradores más importantes del extremo austral del Nuevo Mundo fueron Hernando de Magallanes, Francis Drake, Jacques L'Hermite, Willem Schouten y el capitán James Cook. Muchos europeos fueron arrastrados a la "cola de dragón", como entonces se llamaba al Estrecho de Magallanes, en búsqueda de riquezas, conquista y avance científico. Los primeros cuatro de estos intrépidos navegantes trazaron mapas y abrieron rutas comerciales a través del Océano Pacífico que involucraron tempranamente disputas territoriales entre naciones de Europa. Sólo el capitán James Cook tuvo como tarea asignada el estudio científico de la región para el supuesto beneficio de la Humanidad. La ruta de Cook fue re-trazada cuidadosamente por Darwin.

Esta sección del libro introduce al lector a las expediciones anteriores a Cabo de Hornos, como también a la primera expedición del *HMS Beagle* bajo el comando del capitán Phillip Parker King. Estas expediciones proveyeron un antecedente fundamental para las exploraciones que Darwin realizara más tarde en el extremo austral de Sudamérica. Darwin heredó un rico acervo de notas que orientaron sus observaciones de terreno y nos permiten comprender hoy en parte la riqueza de las anotaciones y conclusiones que alcanzó durante su trabajo al sur del mundo.

Ferdinand Magellan and Antonio Pigafetta

Ferdinand Magellan, a Portuguese navigator sailing for Spain, mapped the Strait of Magellan that separates Tierra del Fuego from the continental mainland of southern South America, enabling westward navigation from the Atlantic Ocean to the Pacific Ocean. Magellan "discovered" Tierra del Fuego in 1520, naming it for the many native campfires lighting the mountainous skyline.

On October 21, 1520, Spanish ships led by Magellan, the Captain General of the Armada of His Majesty the King of Spain, passed, for the first time, the southernmost cape, which the sailors named Eleven Thousand Virgins in honor of the date. This voyage marked the opening of the passage between the Atlantic and Pacific oceans. The ships involved in this expedition, which initiated the appropriation of South American land for the Spanish Crown, were the *Trinidad* -the admiral ship- *San Antonio, Concepción, Victoria,* and *Santiago.*

Little would have been known of this trip but for the presence of an Italian intellectual and noble from Vicenza: Antonio Pigafetta. He was the reporter and chronicler of this memorable trip that explored the 130 miles interoceanic passage, located south of continental South America. On board the *Trinidad*, Pigafetta kept a diary written between 1519 and 1522. Without this document it would have been impossible to reconstruct the itinerary and the vicissitudes of the first circumnavigation to the world. The voyage began under the command of Magellan. After his death, Juan Sebastián Elcano commanded the

Hernando de Magallanes y Antonio Pigafetta

Hernando de Magallanes, un navegante portugués al servicio de España, trazó los mapas del Estrecho que más tarde llevaría su nombre: el Estrecho de Magallanes. Éste separa la Isla Grande de Tierra del Fuego del continente al sur de Sudamérica, y abre la ruta para la navegación desde el Océano Atlántico hacia el Pacífico. Magallanes "descubrió" Tierra del Fuego en 1520, llamándola así por las numerosas fogatas indígenas que viera a lo lejos.

Las naves españolas que por primera vez pasaron el 21 de octubre de 1520 el cabo que llamaron Once Mil Vírgenes en honor a la fecha, abrieron al mundo el paso entre los océanos Atlántico y Pacífico en la expedición del capitán Hernando de Magallanes, Capitán General de la Armada de Su Majestad el Rey de España. Las naves de la expedición que inició la apropiación de las tierras del sur de América para la corona española eran la *Trinidad*, nave almiranta, *San Antonio, Concepción, Victoria* y *Santiago.*

Poco se hubiera sabido de esta travesía no ser por la presencia de un intelectual y noble italiano oriundo de Vicenza: Antonio Pigafetta, relator y cronista de este memorable viaje que exploró el paso interoceánico de 130 millas al sur de Sudamérica. A bordo de la nave *Trinidad*, Pigafetta llevó un diario, y sin este documento (escrito entre 1519 y 1522) sería imposible reconstruir el itinerario y las peripecias de la primera circunnavegación del mundo. El viaje comenzó bajo el mando de Magallanes. Después de su muerte, fue concluido por Juan Sebastián Elcano en la nave *Victoria*,

◄ *Magellanic penguin (Spheniscus magellanicus) on Magdalena Island in the Strait of Magellan, Chile. (Photo Jorge Herreros).*

Pingüino de Magallanes (Spheniscus magellanicus) en la isla Magdalena en el Estrecho de Magallanes, Chile. (Foto Jorge Herreros).

▲ Monument to Antonio Pigafetta, chronicler of Ferdinand Magellan. He is represented on board the ship Victoria in 1522, on his return from the first circumnavigation of the world. The statue in his home town, the city of Vicenza in Italy. (Photo Aldo Rozzi Marin).

Monumento de Antonio Pigafetta, cronista de Hernando de Magallanes. Lo representa a bordo de la nave Victoria a su regreso después de la primera circunnavegación del mundo en 1522. Estatua erigida en su ciudad natal, Vicenza, en Italia. (Foto Aldo Rozzi Marin).

Victoria, the only ship that returned to Seville, Spain, carrying only 18 survivors (including Pigafetta) from the original group of 240 men.

Pigafetta had studied philosophy, mathematics, astrology and also geography and astronomy. He knew how to handle an astrolabe and to measure latitude, having written a *Navigation Treaty*. But more than that, during the entire trip he devoted himself to the study of the languages of the peoples they met, as well as the description of plants, animals and physical phenomena. Some geographical locations memorialize Magellan's chronicler. The Salesian mountaineer Alberto de Agostini, describes the Pigafetta Cove "...beautiful inlet that opens to the east of the Marinelli Glacier (the largest in the Tierra del Fuego mountain range), so named as a testimony of admiration towards Antonio Pigafetta, traveler from Vicenza who accompanied Magellan on his long circumnavigation journey" (p. 387).

Almost 500 years after these events, the travel journal of Antonio Pigafetta delights for its detailed description of landscapes, inhabitants, flora and fauna, although as some authors point out, on some occasions he gets carried away with somewhat excessive enthusiasm in his observations. Although Pigafetta was not a naturalist, his descriptions allow us to interpret the customs and methods of navigation at the beginning of 16th century, and provide descriptions of the natural environments and inhabitants of the places to which they arrived. Although Magellan is credited with the discovery of the strait that would soon take its name, it is to Antonio Pigafetta that we owe the first description of the southern lands and its inhabitants.

la única que volvió a Sevilla con sólo 18 sobrevivientes (incluyendo a Pigafetta) de los 240 hombres que zarparon.

Pigafetta había estudiado filosofía, matemáticas, astrología y también geografía y astronomía. Conocía el manejo del astrolabio y la determinación de la latitud, siendo el autor de un *Tratado de Navegación*. Pero más que eso, durante todo el viaje se dedicó al estudio de las lenguas de los pueblos que conocieron, además de la descripción de plantas, animales y fenómenos físicos. Algunos puntos geográficos recuerdan hoy al cronista de Magallanes. El explorador salesiano Alberto de Agostini señala sobre la Ensenada Pigafetta: "...hermosa ensenada que se abre al levante del glaciar Marinelli (el mayor de la cordillera de Tierra del Fuego), así denominada como testimonio de admiración hacia Antonio Pigafetta, viajero de Vicenza que acompañó a Magallanes en su largo viaje de circunnavegación" (p. 387).

Casi 500 años después de estos eventos, el diario de viaje de Antonio Pigafetta deleita por su detallada descripción de paisajes, habitantes, flora y fauna, aunque como señalan algunos autores en muchas ocasiones se dejó llevar por un entusiasmo un tanto desmedido en sus observaciones. Si bien Pigafetta no era un naturalista, sus reseñas permiten hoy interpretar las costumbres de la época mantenidas en las naves, y proveen descripciones de los paisajes y ocupantes de los sitios a los que iban arribando. Si bien a Magallanes se debe el descubrimiento del Estrecho que pronto tomaría su nombre, a Antonio Pigafetta debemos la primera descripción de las tierras australes y de sus habitantes.

(Next page). "It [Strait of Magellan] is surrounded by very great and high mountains covered with snow... I think that there is not in the world a more beautiful country, or better strait than this one." Antonio Pigafetta Diary, *October 21, 1520. (Photo of the southwestern area of the Strait of Magellan, Paola Vezzani).*

>

(Página siguiente). "Este estrecho [de Magallanes] esta limitado por montañas muy elevadas y cubiertas de nieve... Creo que no hay en el mundo un estrecho mejor que éste". Diario de Antonio Pigafetta, *21 de octubre de 1520. (Foto de la zona suroccidental del Estrecho de Magallanes, Paola Vezzani).*

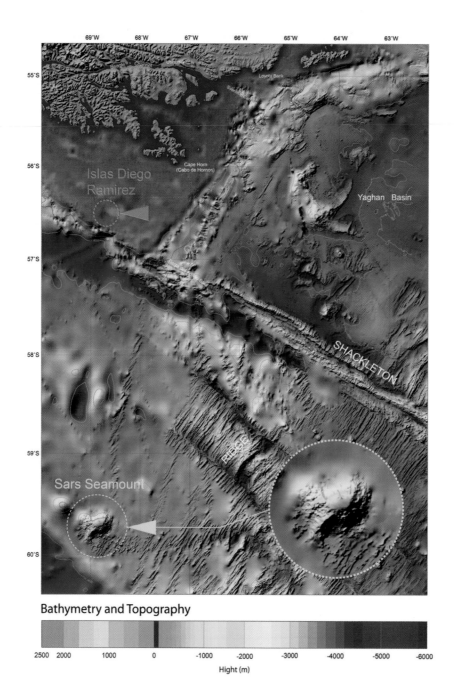

Bathymetry and Topography

2500 2000 1000 0 -1000 -2000 -3000 -4000 -5000 -6000

Hight (m)

Captain Francis Drake

El Capitán Francis Drake

At the beginning of the 16th century the cartography of the New World was contradictory in relation to the existence of an austral ocean south of the Strait of Magellan. Most cartographers considered the *Terra Australis Incognita* to be a land mass thought to extend towards the South Pole, and many believed it to be solid. Sightings made in early European expeditions that allowed us to suppose the insularity south of Tierra del Fuego were little known for strategic geopolitical reasons, among others. Ferdinand Magellan himself had speculated in this respect, as did the Spanish Captain Francisco de Hoces in 1525, and later the senior pilot of the 1579 expedition of Sarmiento de Gamboa, Hernando Lamero, who orally communicated to the Spanish chronicler Joseph de Acosta "that the land that is of the other part of the Strait, as we go by the sea of the South did not run by the same course, that until the Strait, but that it would make return to Levante... But they did not pass later, nor did they know, if the land ended

A principios del siglo XVI la cartografía del Nuevo Mundo era contradictoria en relación a la existencia de un océano austral al sur del Estrecho de Magallanes. La mayoría de los cartógrafos consideraba la existencia de una masa de tierra, la *Terra Australis Incognita*, que se extendía hacia el Polo Sur y que muchos creían sólida. Los avistamientos de las expediciones que permitían suponer la insularidad al sur de la Tierra del Fuego eran muy poco conocidos por razones geopolíticas estratégicas, entre otras. El mismo Hernando de Magallanes había especulado a este respecto, como también el capitán español Francisco de Hoces en 1525, y más tarde el piloto mayor de la expedición de 1579 de Sarmiento de Gamboa, Hernando Lamero, quien le comunicó oralmente al cronista español Joseph de Acosta "que la tierra que esta de la otra parte del Estrecho, como vamos por el mar de el Sur no corria por el mismo rumbo, que hasta el Estrecho, sino que hazia vuelta hazia Levante... Pero no pasaron mas adelante, ni supieron, si se acababa

Bathymetric image (modified from Bohoyo et al. 2016) illustrating: (i) the southern end of the continental shelf of the American Continent, where the Diego Ramírez Islands are located; (ii) the adjacent underwater escarpment, which descends steeply down to an oceanic trench at a depth of 4,500 m, in a complex area of submerged canyons; and (iii) the Sars Seamount, which rises from the abyssal depths at 4,000 m, almost to the surface of the sea. The Sub-Antarctic Biocultural Conservation Program proposes the strict protection of the area of the marine escarpment adjacent to the Diego Ramírez Archipelago, since it provides a vital connection between the deep waters with high salinity and nutrients of the Antarctic Circumpolar Current (CCA), and the surface waters with low salinity and nutrients of the marine ecoregion of Fjords and Channels of southern Chile. The connection provided by this portion of the marine escarpment is fundamental for the conservation of the marine and terrestrial ecosystems of the Diego Ramírez Archipelago and its assemblages of species, which include endangered species.

Imagen batimétrica (editada a partir de Bohoyo et al. 2016) para ilustrar: (i) el extremo sur de la plataforma continental del continente americano, donde se ubican las Islas Diego Ramírez; (ii) el talud continental adyacente, que desciende con una abrupta pendiente hacia una fosa oceánica de 4.500 m de profundidad a lo largo de una intrincada zona que incluye profundos cañones submarinos; y (iii) el Monte Sars, que se eleva desde el fondo abisal desde unos 4.000 m hasta casi la superficie del mar. El Programa de Conservación Biocultural Subantártica propone la estricta protección de la zona del talud adyacente al Archipiélago Diego Ramírez, puesto que provee un conector vital entre las aguas profundas con alta salinidad y nutrientes de la Corriente Circumpolar Antártica (CCA) y las aguas superficiales con baja salinidad y nutrientes de la ecorregión marina de Fiordos y Canales de Chile que se extiende por sobre la plataforma continental. Esta conexión es fundamental para la conservación de los ecosistemas marinos y terrestres del Archipiélago Diego Ramírez y sus ensambles de especies, que incluyen especies amenazadas.

(as some people say, that it is an island, what has passed the Strait, and that the two seas of North and South meet there)... The truth of this is not known today... " (de Acosta 1590, p.151).

According to Chilean historian Benjamín Vicuña Mackenna, "the true precursors of the discovery of Cape Horn started from the Pacific and not from the Atlantic, bestowing that honor to Hernan Gallegos Lamero, a Spanish admiral of the South Sea and navigator for Sarmiento, who was also the owner of the Longotoma Ranch in Chile. Father de Acosta [the Jesuit Joseph de Acosta] had argued, even before Guillermo Schowten was born, that the two seas were gathered beyond the Strait of Magellan, because that was what Lamero had said to him in Lima in 1590. This was thirty years before the discovery of the Dutch navigator. For this reason, the narrative [of Diego de Rosales] is very interesting as a confirmation" (Vicuña Mackenna 1877, p. 60).

The perhaps most widespread version of the archipelagic condition of western Patagonia in his time was by Francis Drake, the English corsair whose ship, the *Pelican* drifted to the western exit of the Strait of Magellan in 1578, where he spotted an island he named Elizabeth in honor of Queen Elizabeth I. This information about the certainty of a southern sea towards the Antarctic pole was kept secret by the British Crown because of its extraordinary strategic importance for the geopolitical power it represented; however, the possible existence of a route south of the Strait of Magellan and its extreme danger had leaked, reaching the ports of Europe.

The Drift of Captain Drake to the South

On August 17, 1578, three of the five ships that had left England the previous November under the command of Captain General Francis Drake, departed from the Argentinian side of Patagonia at Port San Julian. These

allí la tierra (como algunos quieren decir, que es Isla, lo que ay pasado el Estrecho, y que se juntan allí los dos mares de Norte, y Sur)... La verdad desto no esta averiguada oy dia..." (de Acosta 1590, p. 151).

Según el historiador chileno Benjamín Vicuña Mackenna "los verdaderos precursores del descubrimiento del cabo de Hornos partieron del Pacífico i no del Atlántico, cabiendo este honor a un encomendero de Chile i almirante del mar del Sur, que fué dueño de la hacienda de Longotoma, el piloto de Sarmiento, Hernando Gallegos Lamero. El padre de Acosta [el jesuita Joseph de Acosta] habia sostenido, ántes que naciera talvez Guillermo Schowten, que los dos mares se juntaban mas allá del Estrecho de Magallanes, porque así se lo habia dicho en persona Lamero en Lima en 1590, esto es, treinta años antes del descubrimiento del piloto holandes. Por esto la... relacion [de Diego de Rosales] es mui interesante como comprobacion" (Vicuña Mackenna 1877, p. 60).

La versión probablemente más difundida en su época acerca de la condición archipelágica de la Patagonia occidental estuvo a cargo de Francis Drake, el corsario inglés cuya nave *Pelican* quedó a la deriva a la salida oeste del Estrecho de Magallanes en 1578 avistando una isla que bautizó como Elizabeth en honor a la reina Isabel I. Aunque esta información sobre la certeza de un mar austral hacia el polo antártico se mantuvo en secreto por la corona británica debido a su extraordinaria importancia estratégica por el poder geopolítico que representaba, la posible existencia de una ruta al sur del Estrecho de Magallanes y su extremo peligro se filtró llegando a los puertos de Europa.

La Deriva del Capitán Drake Hacia el Sur

Tres de las cinco naves que salieron de Inglaterra el 15 de noviembre de 1577 al mando del Capitán General Francis Drake -la *Pelican* (rebautizada luego como *Golden Hind*), la *Elizabeth* y la *Marigold*- zarparon desde el Puerto San

ships, the *Pelican* (later renamed *Golden Hind*), the *Elizabeth*, and the *Marigold*. The *Pelican*, the admiral ship of the expedition, was a 120 tons ship and was a little larger than the ship of Magellan. Drake's navigator, the Portuguese Nuño da Silva, was a skilled and exact navigator who was of extraordinarily helpful to the captain.

Three days into their voyage, they arrived at the east mouth of the Strait of Magellan, unknown waters for Drake, and so he counted only the information provided by Antonio Pigafetta. On August 21, the three ships rounded Cape Virgins and on September 6, after navigating through the Strait of Magellan, they reached the Pacific Ocean through Cape Pillar (at the northwest end of Desolation Island). The *Pelican* was the first English ship to navigate these waters, followed soon after by the *Elizabeth* and the *Marigold*. As the voyagers celebrated the arrival on September 7, a storm of extraordinary violence dragged the three ships 200 miles west of Cape Pillar (53°S; 75°W). Upon reaching 80°W, the ships were swept southward arriving on September 20 at 57°S; 82°W, where the frigate *Marigold* was last seen on September 28. There were no survivors from its crew of its 29 members.

The *Pelican* and the *Elizabeth* managed to head northeast, and at the beginning of October both arrived south of the entrance to Concepción Channel, 60 miles north of the Strait of Magellan (51°S; 73.2°W). At this point, the ships separated. The *Elizabeth*, commanded by Captain Thomas Winter, spent a few days anchored at Desolation Island waiting to contact the *Pelican*, and then returned to England, sailing once again through the Strait of Magellan. The *Pelican*, under the command of the intrepid Captain Drake, could not anchor and was dragged again by winds that took it southeast. On October 14 anchored at 54°30'S, south of the Grafton Islands.

A week later, on October 23, a new storm dragged the *Pelican* south of Cape Horn (57°S). It is at this point

Julián en la Patagonia argentina el 17 de agosto del año 1578. La *Pelican*, la nave almiranta de la expedición, tenía 120 toneladas y era un poco más grande que el navío de Magallanes. El piloto de Drake, el portugués Nuño da Silva, era un hábil y exacto navegante que fue de extraordinaria ayuda para el capitán.

Tres días más tarde arribaron a la boca este del Estrecho de Magallanes, aguas desconocidas para Drake que sólo contaba con la información de Antonio Pigafetta. El 21 de agosto las tres naves rodeaban el Cabo Vírgenes y el 6 de septiembre, luego de navegar a través del Estrecho de Magallanes, llegaban al Océano Pacífico por el Cabo Pilar (en el extremo noroeste de la Isla Desolación). La *Pelican* arribó a las aguas que por primera vez recibían un barco inglés y luego lo hicieron la *Elizabeth* y la *Marigold*. Al celebrar la llegada el 7 de septiembre, arremetió una tormenta de extraordinaria violencia que arrastró a los tres navíos 200 millas al oeste del Cabo Pilar (53°S; 75°O). Al alcanzar los 80°O, las naves fueron arrastradas hacia el sur llegando el 20 de septiembre a los 57°S; 82°O, donde el 28 de septiembre fue avistada por última vez la fragata *Marigold*. No hubo sobrevivientes de sus 29 tripulantes.

La *Pelican* y la *Elizabeth* lograron poner rumbo al noreste y ambas arribaron a comienzos de octubre al sur de la entrada del Canal Concepción, 60 millas al norte del Estrecho de Magallanes (51°S; 73.2°O). En este punto, las naves se separaron y la *Elizabeth*, comandada por el capitán Thomas Winter, después de pasar anclada unos días en la Isla Desolación esperando contactarse con la *Pelican*, regresó a Inglaterra navegando una vez más por el Estrecho de Magallanes. La *Pelican*, bajo el mando del intrépido capitán Drake, no pudo anclar y fue arrastrada por segunda vez por los vientos que la llevaron hacia el sureste y el 14 de octubre ancló a los 54°30'S al sur de las Islas Grafton.

Una semana más tarde, una nueva tormenta arrastró a la *Pelican* al sur del Cabo de Hornos (57°S) el 23 de octubre.

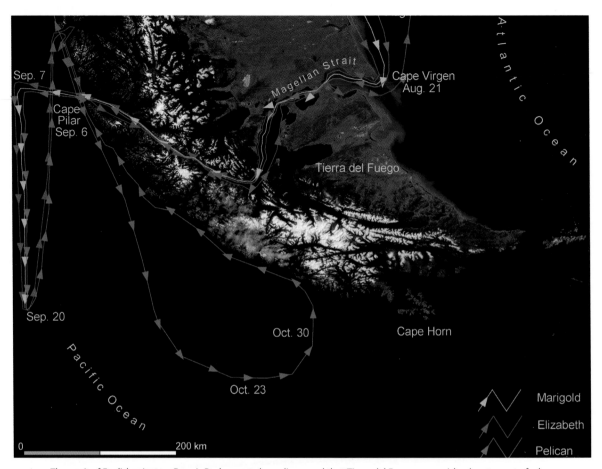

The merit of English privateer Francis Drake was to have discovered that Tierra del Fuego was an island, not a part of a larger landmass at the southern tip of the American Continent. Rather, there existed an extensive ocean to its south. During his journey, upon leaving the Strait of Magellan for the Pacific Ocean, the privateer's three boats were dragged 200 miles west of Cape Pillar. Then, the Pelican was carried even farther south of Cape Horn. This enabled Drake to discover an alternative navigation route, which is known today as the Drake Passage. The Strait of Magellan was no longer the single route to get from the Atlantic and Pacific Ocean. This map shows the routes of the three ships in Captain Francis Drake's expedition in 1578 that, according to some historians, would have led to the discovery of Cape Horn. Map prepared in the GIS Omora Park - CERE/UMAG Laboratory.

El mérito del navegante inglés Francis Drake fue descubrir que la Tierra del Fuego era una isla, y no parte del extremo sur del gran continente americano, sino que existía un extenso océano hacia el sur. En su accidentado viaje al salir desde el Estrecho de Magallanes hacia el Océano Pacífico, las tres naves de la expedición del corsario Drake fueron arrastradas 200 millas hacia el oeste de Cabo Pilar. Luego, la nave Pelican fue arrastrada al sur del Cabo de Hornos permitiendo a Drake descubrir una ruta alternativa al Estrecho de Magallanes para navegar entre el Atlántico al Pacífico: el Paso Drake. Mapa de la ruta de los tres barcos de Francis Drake en 1578 que según algunos historiadores habría conducido al descubrimiento del Cabo de Hornos. Mapa preparado en el Laboratorio SIG Parque Omora - CERE/UMAG.

that, according to the ship's register, they anchored at a cape they called Elizabeth Island. The story told by the navigator da Silva in his *Diary* is recounted by Felix Riesenberg in 1939. Riesemberg states that on October 24 the ship arrived on a lonely island finding a safe anchorage where they stayed four days and three nights. They measured the depth of the ocean floor at 20 fathoms (36.6 m), landed and found water, firewood and "herbs of great virtue" at a latitude of 57°20'S, that is, 81 miles south of Cape Horn.

According to numerous historians, Elizabeth Island would have actually corresponded to Cape Horn and thus, Drake would have been its first discoverer. TCorroboration for this assertion includes the record kept by Francis Fletcher, the chaplain for Drake, who described it as an island 30 miles long from north to south, square in shape and with a lake in the center. Fletcher (1637, pp. 87-88) wrote that: "The vttermost cape or hedland of all these Hands, stands neere in 56 deg., without which there is no maine nor Hand to be scene to the Southwards, but that the Atlanticke Ocean and the South Sea, meete in a most large and free scope... In this Island were growing wonderfull plenty of the small berry with us named currants, or as the comon sort call them small raisins."

Riesenberg affirmed, however, that in Cape Horn it is impossible to find "water, firewood and herbs of great virtue." Therefore he does not give credit to Chaplain Fletcher's description. However, today we know that Cape Horn can provide woody shrubs, berries, and edible plants. They were reported later in Captain Cook's trip. The "small grapes" mentioned by Fletcher in October could correspond to the Prickly Heath berries (*Gaultheria mucronata*), a small shrub that often has ripe fruits the year round.

In 1939, U.S. Navy Lieutenant Commodore Felix Riesenberg, who had been captain of both sailboats and

Es en este punto donde, de acuerdo al registro de la nave, anclaron en un cabo que llamaron Isla Elizabeth. El relato del piloto da Silva en su *Diario* sobre este hecho fue interpretado por Riesenberg en 1939, quien señala que el 24 de octubre arribaron a una isla solitaria encontrando un fondeadero seguro donde permanecieron cuatro días y tres noches. Hallaron fondo a 20 brazas (36,6 m), desembarcaron y encontraron agua, leña y "hierbas de gran virtud" a una latitud de 57°20'S, es decir, a 81 millas al sur del Cabo de Hornos.

De acuerdo a numerosos historiadores, la Isla Elizabeth habría correspondido en realidad al Cabo de Hornos y así Drake sería su primer descubridor. Los antecedentes para esta aseveración son los registrados por el capellán de Drake, Francis Fletcher, quien desembarcó en la isla un 28 de octubre y la describió, varios años más tarde, como una isla de 30 millas de extensión de norte a sur, de forma cuadrada y con un lago al centro. Fletcher (1637, pp. 87-88) señala que: "el cabo más extremo de todas estas islas, se halla cerca de los 56 grados y más allá del mismo no se ve al sur tierra alguna ni isla. El Océano Atlántico y el Mar del Sur se encuentran en absoluta libertad... En esta isla crecían, con maravillosa abundancia, unas uvas pequeñas".

Riesenberg afirma, sin embargo, que en Cabo de Hornos es imposible encontrar "agua, leña y hierbas de gran virtud". Por lo tanto, no otorga crédito a lo descrito por Fletcher. Hoy sabemos que el Cabo de Hornos puede proporcionar arbustos leñosos y plantas comestibles. Esto fue informado más tarde por el capitán Cook. Las "pequeñas uvas" de Fletcher podrían haberse referido a frutos de chaura (*Gaultheria mucronata*), un arbusto bajo que suele mantener frutos maduros de la temporada anterior a la salida del invierno austral.

En 1939 el capitán en barcos de vela y vapor y Teniente Comodoro de la Marina Estadounidense, Felix Riesenberg,

In the archipelagoes of the Cape Horn Biosphere Reserve grow shrubs, which offered edible fruits to sailors like Francis Drake. Among these fruits, berries of "chaura" or Prickly Heath (Gaultheria mucronata) and "murtilla" or Diddle-dee (Empetrum rubrum) stand out. These low bushes produce abundant red fruits during most of the year. (Photos Ricardo Rozzi, top, and Paola Vezzani, left.

En los archipiélagos de la Reserva de la Biosfera Cabo de Hornos crecen arbustos leñosos que han ofrecido frutos comestibles a navegantes como Francis Drake. Entre ellos destacan la chaura (Gaultheria mucronata) y la murtilla (Empetrum rubrum), arbustos bajos que producen abundantes frutos rojos durante la mayor parte del año. (Fotos Ricardo Rozzi, arriba, y Paola Vezzani, izquierda).

steamships, proposed another hypothesis about the drift of Captain Drake and Elizabeth Island. From a review of the data recorded by the pilot da Silva, Elizabeth Island would be southwest of Cape Horn. Howevever, subsequent explorations did not yield results about an island or anchorage as far south and west of Cape Horn, and the shallowest point found was at 2,500 fathoms. Riesenberg located the *Pelican* anchorage at 74°30'W and identified Elizabeth Island's position on Burnham Bank or Pactolus Bank, an isolated sandbar described by Captain Burnham in 1885 and verified by the US, British and German hydrographic offices at 57°6'S as the northern limit and 74°20'W. Based on the aforementioned, Riesenberg concluded that Elizabeth Island would actually correspond to Burnham Bank. The current absence of this island could be due to various reasons, according to Riesenberg, but the fact is that the "Drake's ghost island" would not have corresponded to Cape Horn and that it has disappeared from the southern seas.

Recently, Ricardo Rozzi and collaborators (2017) have conceived another hypothesis: this island could have corresponded to the temporary emergence of a submerged mountain that remains close to the surface of the water, Mount Sars. However, the presence of "water and Firewood and herbs of great virtue" are difficult to explain in this context. In addition, Sars seamount is further south at 59°43'S and 68°51'W. Nevertheless, this is an interesting hypothesis that deserves careful review in the future.

Whatever the resolution of the mystery of Elizabeth Island, Drake and his crew managed to recover from this storm and on October 28 they raised anchor and with the help of a south wind sailed north for two days reaching Noir Island on October 30. From there they sailed, making several more stops, through Peru and finally arrived at the Port of San Francisco in California.

propuso otra hipótesis acerca de la deriva del capitán Drake y la Isla Elizabeth. A partir de una revisión de los datos registrados por el piloto da Silva, la Isla Elizabeth se encontraría al sudoeste del Cabo de Hornos. Sin embargo, sondeos realizados con posterioridad no arrojaron resultados de una isla o fondeadero tan al sur y al oeste del cabo, y lo más superficial ha sido 2.500 brazas. Riesenberg ubica el fondeadero de la *Pelican* a 74°30'O e identificó la posición de la Isla Elizabeth sobre el Banco Burnham o Banco Pactolus, un banco de arena aislado descrito por el capitán Burnham en 1885 y comprobado por las oficinas hidrográficas de EE.UU., Gran Bretaña y Alemania a 57°6'S como límite norte y 74°20'O. Con base en lo anterior, Riesenberg concluyó que la Isla Elizabeth correspondería en realidad al Banco Burnham. La actual ausencia de esta isla podría deberse, según el mencionado autor, a diversas razones, pero lo cierto es que la "isla fantasma de Drake" no habría correspondido al Cabo de Hornos y que ha desaparecido de los mares del sur.

Recientemente Ricardo Rozzi y colaboradores (2017) han sugerido otra hipótesis: esta isla podría haber correspondido a una emergencia temporal de la cima de un monte submarino que se mantiene cercano a la superficie del agua, el Monte Sars. Sin embargo, la presencia de "agua y leña y hierbas de gran virtud" es difícil de explicar en este contexto. Además, el Monte Sars se encuentra a 59°43'S y 68°51'O. No obstante, es una hipótesis interesante que merece una revisión cuidadosa en el futuro.

Cualquiera sea la resolución del misterio de la Isla Elizabeth, Drake y su tripulación lograron recuperarse de esta tormenta y el 28 de octubre con viento sur levantaron ancla y navegaron al norte durante dos días llegando hasta la Isla Noir donde recalaron el 30 de octubre. Desde ahí y con otras recaladas, Drake pasó por Perú y llegó finalmente al Puerto de San Francisco en California.

▲ *The Gray-headed Albatross (*Thalassarche chrysostoma*) is a species classified by the International Union for Conservation of Nature (IUCN) as "Endangered". They nest in the Diego Ramirez Islands and during the reproductive season account for 99% of the Chilean population of this species; 17,000 pairs have been registered in Diego Ramirez while only 8 pairs in San Ildefonso Islets. (Photo Omar Barroso).*

*El albatros de cabeza gris (*Thalassarche chrysostoma*) es una especie clasificada por la Unión Internacional para la Conservación de la Naturaleza (UICN) como "En Peligro". Nidifica en las Islas Diego Ramírez que durante la estación reproductiva concentran más del 99% de la población chilena de esta especie: 17.000 parejas en Diego Ramírez y solo 8 parejas censadas en los Islotes San Ildefonso. (Foto Omar Barroso).*

In order to settle jurisdictional issues with Portugal regarding the Moluccan Islands after the voyage of Magellan, the Spanish Crown set up a second expedition with a fleet of seven ships under the authority of the Commander García Jofre de Loaysa, which sailed in July 1525. According to De Rosales, one of the captains of the fleet was Francisco de Hoces. They passed the Strait of Magellan in mid-April of 1526 and at the end of May "they entered the South Sea ... although they did not enjoy much of the tranquility, because five days later they were battered by a horrendous storm that scattered and defeated them... " (de Rosales 1667, p. 29). Francisco de Hoces, commanding the ship San Lesmes, would have been the first European to cross the South Sea and that is why in the Hispanic world it is called Mar de Hoces, later also known as Drake's Sea or Drake Passage, in remembrance of the drift of Captain Drake.

This passage is located among the stormy seas that extend between Cape Horn and the Antarctic Peninsula, covering a linear distance of some 1,000 km. The option to round Cape Horn was of great strategic relevance in the face of the Spanish dominion of the continent. Additionally, the chance event of a storm and the tenacity of Captain Drake caused a change in the world's outlook from one of there being a great abyss at the end of the world with a great waterfall, to a reaffirmation of the idea that the globe is round and an understanding of the extension of the oceans as a continuous mass of aquatic flows on this spherical planet.

Con el objeto de dirimir temas jurisdiccionales con Portugal respecto a las Islas Molucas luego del viaje de Magallanes, la Corona de España armó una segunda expedición con una flota de siete barcos al mando del Comendador García Jofre de Loaysa que zarpó a fines de julio de 1525. De acuerdo a De Rosales, uno de los capitanes de la flota era Francisco de Hoces. Luego que pasaron el Estrecho de Magallanes a mediados de abril de 1526 y a fines de mayo "entraron en el Mar del Sur… si bien no gozaron mucho de la tranquilidad, porque cinco dias después fueron convatidos de una horrenda borrasca que los esparció y derrotó…" (de Rosales 1667, p. 29). Francisco de Hoces, al mando de la nave San Lesmes, habría sido el primer europeo en cruzar el Mar del Sur y por eso en el mundo hispano se le llama Mar de Hoces, más tarde conocido también como Mar de Drake o Paso Drake, en recuerdo de la deriva del capitán inglés.

Este paso se ubica en los tormentosos mares que se extienden entre el Cabo de Hornos y la Península Antártica, cubriendo una distancia lineal de 1.000 km entre estos dos puntos. La opción de circunnavegar el Cabo de Hornos cobraba gran relevancia estratégica frente al dominio español. Además, la contingencia de una tormenta y la tenacidad del capitán Drake llevaron a cambiar la cosmovisión desde la creencia en un abismo al fin del mundo, donde el mar caía como una gran catarata, hacia reafirmar la redondez de la Tierra y comprender la extensión de los océanos como una continuidad de masas y flujos acuáticos en este planeta esférico.

(Next page). "... and the seas raging after their former manner... The winds were such as if the bowels of the earth had set all at libertie, or as if all the clouds under heaven had beene called together to lay their force upon that one place." About Captain Drake's drift in October 1578, from Chaplain Francis Fletcher's Manuscript, 1637, p. 85. (Photo Hans Muhr).

(Página siguiente). "… y los mares rugiendo a su antigua manera… Los vientos eran como si las entrañas de la tierra los hubieran liberado a todos, o como si todas las nubes bajo el cielo hubieran sido convocadas para poner su fuerza sobre ese único lugar". Acerca de la deriva del capitán Drake en octubre de 1578, Manuscrito del Capellán Francis Fletcher, 1637, p. 85. (Foto Hans Muhr).

"... about evening we saw land againe,... which was the land that lay South from the straits of Magellan... all high hilly land, covered over with snow, ending with a sharpe point, which we called Cape Horne, it lieth under fiftie seven degrees and fortie eight minutes." About the discovery of Cape Horn, January 29, 1617, Schouten's narratives in Purchas, 1625, p. 244. Cape Horn, southern cliff of Pirámide Hill (425 m altitude) on Isla Hornos. (Photo Ricardo Rozzi).

"... en la tarde vimos tierra de nuevo,... era tierra que se extiende al sur del estrecho de Magallanes... , toda tierra alta montañosa, cubierta de nieve, terminando en una punta afilada, que llamamos cabo de Horne, a los cincuentaisiete grados y cuarentaiocho minutos". Acerca del decubrimiento del Cabo de Hornos, 29 de enero de 1617, narrativa de viaje de Schouten en Purchas, 1625, p. 244. Cabo de Hornos, acantilado sur del Cerro Pirámide (425 m de altitud) en la Isla Hornos. (Foto Ricardo Rozzi).

3
The 17th Century: Discovery of the Cape Horn
Siglo XVII: Descubrimiento del Cabo de Hornos

Francisca Massardo & Ricardo Rozzi

Cape Horn is a bare rock boulder that rises 425 meters above the sea level at 55°53'S and 67°11'30"W at the southern tip of the American Continent. South of this cape extends one of the most feared marine passages on Earth, the Drake Passage. With no other visible land to the west or east, and with Antarctica 1,000 kilometers to the south of Cape Horn, the sea in the Drake Passage is the most violent in the world. Cape Horn has been an iconic geographical landmark for navigation since its discovery in 1616, over four hundred years ago. Furious winds, gigantic waves, strong currents from the west that can last for days and even weeks, along with hail, rain, ice, and frozen rigging are, according to many, a nightmare for the navigator.

Long before European exploration began, the ancestral inhabitants of these remote lands sailed the waters of the Cape Horn Archipelago, where archaeological dates have been recorded up to 1,400 years BP. The ancestors of the Fuegian Yahgan arrived to the islands and archipelagoes south of the Beagle Channel at least 7,500 years ago. They left cultural remnants on numerous beaches and coastal areas of Navarino Island and other islands further south. During the historical period, during the 17th, 18th and 19th centuries, numerous records of European navigators mention the presence of groups of Fueguian people who navigated in the channels of Cape Horn in their fragile canoes built with bark of the evergreen beech (*Nothofagus betuloides*).

El Cabo de Hornos es un peñón de roca desnuda que emerge 425 metros sobre el mar a los 55°53'S y 67°11'30"O en el extremo austral del continente americano. Al sur de este cabo se encuentra el paso marino más temido por los navegantes de todas las naciones. Sin otra tierra visible al oeste ni al este, y con la Antártica a 1.000 km, el Paso Drake se extiende como uno de los mares más violentos del globo. El Cabo de Hornos es el hito geográfico más representativo para la navegación desde su descubrimiento en 1616, hace más de cuatrocientos años. Vientos furiosos, olas gigantescas, corrientes desde el oeste que pueden durar días completos y hasta semanas, granizo, lluvia, hielo, aparejos congelados, son según muchos, una pesadilla para el navegante.

Antes que los europeos, los habitantes originarios de estas tierras remotas surcaban las aguas del Archipiélago de Cabo de Hornos, donde se han registrado fechados arqueológicos de hasta 1.400 años AP. Los ancestros de los yagán o yámana arribaron a las islas y archipiélagos al sur del Canal Beagle hace al menos 7.500 años y han dejado remanentes culturales en numerosas playas y sectores costeros de la Isla Navarino y más al sur. Durante el período histórico los registros de los navegantes europeos de los siglos XVII, XVIII y XIX mencionan la presencia de grupos yagán en sus frágiles canoas de corteza de coigüe de Magallanes (*Nothofagus betuloides*) en los canales de Cabo de Hornos.

Willem Schouten: The Discovery of the Cape Horn Route

At the end of the fifteenth century the Dutch began to challenge the Portuguese and Spanish monopolies on trade routes to the East Indies. Three expeditions had been financed by wealthy Dutch merchants who owned a series of companies that formed the Vereenigde Oost-Indische Compagnie (VOC). They were interested in using a route to the East via the Strait of Magellan. The first expedition was commanded by Captain Jacob Mahu in 1598, the second one sailed in June 1599 under Captain Oliver van Noort, and the third one entered the Strait of Magellan in 1614 under Captain Joris van Spilbergen. These three expeditions had a high cost of human life (both Europeans and natives), but proved that the route to the East through the strait was feasible. However, those Dutch vessels that were not owned by VOC were prohibited from navigating the Cape of Good Hope route and the Strait of Magellan route. This prohibition had a dominating effect since there were no other marine paths to sail towards the Indies. For this reason, VOC members had the privilege of the route to the East for the spice trade.

Willem Schouten: Descubrimiento de la Ruta del Cabo de Hornos

A fines del siglo XV los holandeses comenzaron a desafiar los monopolios portugués y español sobre las rutas comerciales a las Indias Orientales. Tres expediciones habían sido financiadas por ricos comerciantes holandeses organizados en una serie de compañías que formaban la Vereenigde Oost-Indische Compagnie (VOC). Ellos estaban interesados en utilizar una ruta al Oriente vía el Estrecho de Magallanes. La primera expedición estuvo al mando del capitán Jacob Mahu en 1598, la segunda zarpó en junio de 1599 a cargo del capitán Oliverio van Noort, y la tercera ingresó al Estrecho de Magallanes en 1614 al mando del capitán Joris van Spilbergen. Estas tres expediciones tuvieron un alto costo en vidas humanas (europeas y nativas), pero probaron que la vía a Oriente a través del estrecho era factible. Sin embargo, los barcos holandeses que no eran propiedad de la VOC tenían prohibida la navegación por las rutas del Cabo de Buena Esperanza y del Estrecho de Magallanes. Esta prohibición tenía el carácter de absoluta puesto que no había otros derroteros para navegar hacia las Indias. Por esta razón, sólo los miembros de la VOC tenían el privilegio para las rutas y comercio de especias.

◄ *The Black-browed Albatross (*Thalassarche melanophris*) frequently flies over Cape Horn and has accompanied the navigators and explorers that discovered the area. While these albatrosses are highly mobile, the archipelago provides a habitat that is crucial for their feeding and therefore high concentrations of albatross population can be found here. Today there is concern about the conservation of this species which finds protection in the Cape Horn Biosphere Reserve. (Photo Omar Barroso).*

*El albatros de ceja negra (*Thalassarche melanophris*) sobrevuela habitualmente el Cabo de Hornos, y ha acompañado a los navegantes que lo descubrieron y lo han explorado. Estos albatros son altamente móviles, pero en este archipiélago concentran poblaciones que encuentra aquí un importante hábitat para su alimentación. Hoy esta especie tiene problemas de conservación y encuentra protección en la Reserva de la Biosfera Cabo de Hornos. (Foto Omar Barroso).*

Isaac Le Maire was a wealthy merchant who had had disagreements with VOC, of which he had been a co-founder. Moreover, he aimed to create a monopoly of his own for the spice market. At almost 70 years old, Le Maire, who was originally from Antwerp, Belgium, but had settled in Holland, established his own shipping company, the Compagnie Australe. He then began to look for an alternative route to the Strait of Magellan, which at the time was under the control of the Spaniards and the VOC and under constant threat of attack by English privateers.

The version that was probably most widespread describing the makeup of the archipelago of western Patagonia related to the 1578 story of drift of Sir Francis Drake's ship. The existence of a seaway south of the Strait of Magellan as kept secret by the British Crown due to the extraordinary potential strategic and geopolitical power its use implied. However, the information about the possible existence of a route south of the Strait of Magellan and its extreme danger was leaked and reached the ports of Holland.

Le Maire received the information about a possible second route to the Pacific Ocean from the story of Drake's drift and probably also from the earlier story told by Spanish navigator Francisco de Hoces. He believed in the alternative route inferred by Drake and the Spaniards and decided to send an expedition that had to be done in complete secrecy.

In the Dutch port of Texel, in northern Holland (52°39'N; 5°4'E), Isaac Le Maire contacted Captain Willem Cornelius Schouten, a sailor born in the city of Hoorn in 1567. An experienced sailor and a good leader, Schouten organized two small boats, the 360 tons *Unity* (*Eendracht* in Dutch) with a 75 man crew and the 110 tons *Hoorn*, with a crew of 22 men. Rejecting prevailing criteria, Schouten decided to take a crew half the size of other captains having considered the expected mortality

Isaac Le Maire era un rico comerciante que había tenido desacuerdos con la VOC, de la que había sido uno de sus co-fundadores. Más aun, tuvo la pretensión de crear un monopolio propio para el mercado de especias. De casi 70 años y oriundo de Amberes, Bélgica, pero asentado en Holanda, Le Maire formó su propia compañía naviera, la Compagnie Australe. Luego, comenzó a buscar una ruta alternativa al Estrecho de Magallanes, en ese momento en manos de los españoles y de la VOC, además bajo amenaza permanente de los corsarios ingleses.

La versión probablemente más difundida en el siglo XVI acerca de la condición archipelágica de la Patagonia occidental tuvo relación con la deriva de la nave de Sir Francis Drake en 1578. Esta información sobre la existencia de una vía marítima al sur del Estrecho de Magallanes se mantuvo en secreto por la corona británica por su enorme importancia estratégica y el poder geopolítico que implicaba. No obstante, la posible existencia de una ruta al sur del Estrecho de Magallanes y su extremo peligro se filtró, probablemente de boca en boca, hasta llegar a los puertos de Holanda.

Le Maire tomó la información sobre la posibilidad de un segundo paso hacia el Océano Pacífico de la deriva de Drake y probablemente también de aquella generada antes por el navegante español Francisco de Hoces. Como haya sido, Le Maire creyó en la vía alternativa inferida por Drake y los españoles y decidió enviar una expedición que debía hacerse en completo secreto.

En el puerto holandés de Texel, al norte de Holanda (52°39'N; 5°4'E), Isaac Le Maire se puso en contacto con el capitán Willem Cornelius Schouten, nacido en la ciudad de Hoorn en 1567. Experimentado marino, además de un buen líder, Schouten organizó dos barcos pequeños, el *Concordia* (*Eendracht* en holandés) de 360 toneladas y 75 tripulantes, y el *Hoorn*, de 110 toneladas y 22 hombres. Con un criterio opuesto al prevaleciente en su época, Schouten decidió llevar la mitad de la tripulación que cualquier otro capitán

rate of a crew was 50%. He recruited the best crew he could find, in addition to having excellent food in the cellar and clothing suitable for the southern climate. Although the objectives of this voyage were kept absolutely secret, the preparations for the expedition attracted the attention of people who supposed they would go to the Indies using the route that passed by the Cape of Good Hope.

The ships sailed from the port of Texel on June 14, 1615. The *Unity* had Captain Willem Schouten together with Jacob Le Maire, Isaac's 31-year-old son and commercial representative of Le Maire's potential businesses, and his brother Daniel. Jan Schouten, brother of Willem, was the captain of the *Hoorn*. Only the captains and the young Le Maire knew the geographical target of the trip. The crew of both ships were informed about the true objective once out on the high seas and "everyone was very happy, hoping to find a lot of wealth in that discovery" (de Rosales 1667, p. 60). At the same time, it could still not be divulged that the expedition was looking for the route south of the Strait of Magellan.

When they had passed Sierra Leone, in Africa, the tusk of a narwhal (*Monodon monoceros*) pierced the *Hoorn's* hull. The small whale was stuck and began accumulating seaweeds. At the end of the year, they crossed the equator and in Puerto Deseado, Argentina (47°45'S; 65°55'W), they were able to rest and repair the *Hoorn*. To clean off the accumulation of algae, they used fire that, unfortunately, got out of control and burned the boat completely. After saving everything they could from the Hoorn, the two crews embarked on the *Unity*. With all the crew aboard the *Unity* they saw the Falkland Islands, and entered a channel they recorded at 54°46'S (a mistake that can be attributed to the use of primitive instruments since the center of this strait is actually at 54°52'S). They named this channel Le Maire Strait in honor of the director of the expedition. They also

hubiera llevado considerando que se esperaba la mortalidad del 50% de ella. Reclutó los mejores tripulantes que pudo encontrar, además de contar con excelentes alimentos en la bodega y ropa adecuada para el clima austral. Aunque los objetivos de esta expedición se mantuvieron en absoluto secreto, sus preparativos atrajeron la atención de la gente suponiéndose que irían a las Indias a través de la Ruta del Cabo de Buena Esperanza.

Las naves zarparon del puerto de Texel el 14 de junio de 1615. En el *Concordia* embarcaron su capitán, Willem Schouten, junto con Jacob Le Maire, hijo de 31 años de Isaac y representante comercial de los negocios potenciales de Le Maire, y su hermano Daniel. Jan Schouten, hermano de Willem, era el capitán del *Hoorn*. Sólo los capitanes y el joven Le Maire conocían el destino del viaje. El verdadero objetivo se les informó a ambas tripulaciones en alta mar y "se alegraron sumamente todos consibiendo esperanzas de hallar muchas riquezas en aquel descubrimiento" (de Rosales 1667, p. 60). A la vez, ya no podría divulgarse que la expedición iba en busca de la ruta al sur del Estrecho de Magallanes.

Cuando habían pasado Sierra Leona, en África, un colmillo de narval (*Monodon monoceros*) atravesó el casco del *Hoorn*. La pequeña ballena quedó incrustada empezando a acumular algas. A fines de año cruzaron el ecuador y en Puerto Deseado, Argentina (47°45'S; 65°55'O), pudieron descansar y reparar el Hoorn. Para limpiar la acumulación de algas utilizaron fuego que desafortunadamente se descontroló y quemó el barco por completo. Después de salvar todo lo que pudieron del incendio del *Hoorn*, las dos tripulaciones se embarcaron en el *Concordia* y a los pocos días avistaron las Islas Malvinas. Entraron a un canal que registraron a 54°46'S (con un error que se atribuye al uso de instrumentos primitivos, puesto que el centro de este estrecho está a 54°52'S). Llamaron a este canal como Estrecho Le Maire en honor al director de la expedición. También avistaron y bautizaron la Isla de los

spotted and named Isla de los Estados as Land of the State because they thought it was part of the mainland.

Leaving the Le Maire Strait, the *Unity* was at the mercy of the wind for two days and did not record land sightings to the south or west, possibly due to the large waves. They noticed islands which they named the Barnevelts after the surname of one of their Dutch commercial rivals and they registered the location at 57° (although they are actually at 55°55'S).

They then spotted the last point of land and Schouten made sure he could see no other land as he assumed that they had reached the southernmost point of the continent. They rounded this point at 8 pm on January 29, 1616 and in honor of their hometown, they called it Cape Hoorn (Kaap Hoorn). Schouten calculated the latitude as 57°48'S, which demostrate a discrepancy of 110 miles because in fact, the latitude is 55°58'S. After 12 days of wind and bad weather, the *Unity* arrived at Cape Deseado, on the west side of the Archipelago of Tierra del Fuego.

Thus, more than 40 years after Captain Drake's *Pelican* drifted, the narrative of Schouten's journey points out: "The 29. we had a Northeast wind, and held our course South-west, and saw two Islands before us, lying West Southwest from us: about noone we got to them, but could not saile above them, so that we held our course North: about them they had drie gray cliffes, and some low cliffes about them, they lay under 57 degrees, Southward of the Equinoctiall line, we named them Barnevells Islands, from them we sayled West Northwest: about evening we saw land againe, lying North West and North North-west from us, which was the land that lay South from the Straights of Magelan which reacheth South-ward, all high hilly land, covered over with snow, ending with a sharpe point, which we called Cape Horne, it lieth under 57 degrees and and 48 minutes" (Schouten 1625, p. 23) .

Estados como Tierra de los Estados pensando que era parte continental.

Saliendo del Estrecho Le Maire, el *Concordia* estuvo a merced del viento por dos días y no registró avistamientos de tierra al sur ni al oeste, posiblemente debido a las grandes olas. Avistaron islotes que bautizaron como Barnevelts por el apellido de uno de sus rivales comerciales holandeses, y los registraron a 57° (aunque en realidad están a 55°55'S).

Divisaron entonces el único punto terrestre y Schouten se aseguró de no avistar otra tierra por lo que supusieron que aquel era el más austral del continente. Rodearon este punto a las 8 pm del 29 de enero de 1616 y en honor a su hogar lo llamaron Cabo de Hoorn (Kaap Hoorn). Schouten calculó la latitud como 57°48'S, con una discrepancia de 110 millas porque en realidad la latitud establecida es 55°58'S. Después de 12 días de viento y mal tiempo, el *Concordia* arribó al Cabo Deseado, en el lado oeste del Archipiélago de Tierra del Fuego.

Así, más de 40 años después de la deriva del *Pelican* del capitán Drake, la narrativa del viaje de Willem Schouten señala: "El 29. Tuvimos viento noreste y mantenemos el rumbo suroeste, y vimos dos islas ante nosotros, al oeste sudoeste de nosotros: cerca del mediodía las alcanzamos pero no pudimos navegar cerca así que mantuvimos nuestro rumbo al norte: tenían acantilados secos y grises y algunos acantilados bajos, estaban a 57 grados, hacia el sur de la línea equinoccial, los llamamos islas Barnevells, desde ahí navegamos oeste noroeste: en la tarde vimos tierra de nuevo, al noroeste y norte noroeste de nosotros, era tierra que se extiende al sur del estrecho de Magallanes que penetra al sur, toda tierra alta montañosa, cubierta de nieve, terminando en una punta afilada, que llamamos Cabo de Horne, a los 57 grados y 48 minutos" (Schouten 1625, p. 23) .

Jesuit historian Diego de Rosales describes the odyssey of discovery "On the twenty-ninth of the same month, they discovered three mountainous and craggy islands, or moderate circumference, at 57 degrees: calling them Bernalfeldas, in honor of Juan Alten Bernalfeldo, the attorney general of Holland and West Frisia. A little while later, they came upon a large and established promontory that they named Cape Horn in memory of William Schouten's homeland, at 57 degrees abd 48 minutes from the equinoctial line toward the Arctic Pole. This cape is difficult to bend because of the furious currents that crash on it and the impetuous gusts of wind. Some have spent more than a month passing by it. But Le Maire climbed to 59 degrees and 30 minutes which shortened the journey and was able to turn away from the fury of the currents" (p. 63).

Although the just outcome would have been if Captain Schouten continued his journey and returned victorious to the port of Hoorn with his valuable cargo, this did not happen. While the *Unity* crossed the Pacific Ocean safely, Jan Schouten died on the way to the Moluccan Islands. In addition, after docking in Batam, Indonesia, on September 17, 1616, laden with spices and products from the East, the governor, under the influence of one of Le Maire's former business partners and commercial enemies, refused to believe the passage south of the Strait of Magellan and accused Schouten of violating the VOC's regulations. "They defended themselves by claiming that a new route had been discovered and that the law only forbade navigation for the Cape of Good Hope and the Strait of Magellan. They did not give credence because they did not have news of the new strait and it was the judgment of the military that they condemn what they did not know" (de Rosales 1667, p. 64).

The *Unity* was confiscated and its crew dispersed. Captain Willem Schouten, along with Jacob and Daniel Le Maire were sent back to Europe in December of that

El jesuita de Rosales describe la odisea del descubrimiento "A veinte y nueve del mismo mes descubrieron tres islas montuosas y enrriscadas, de moderada circunferencia, en 57 grados: llamáronlas Bernalfeldas, en honor de Juan Alten Bernalfeldo, Abogado General de Holanda y Wesfrisia. Poco mas adelante montaron un grande y desarrollado promontorio que le nombraron Cabo de Horna, en memoria de la patria de Guillermo Escouten, en 57 grados y 48 minutos de la línea equinocial hazia el Polo Artico. Este cabo es dificultoso de doblar por las furiosas corrientes que se despeñan sobre ella y las impetuosas vocanadas de viento. Algunos se an tardado mas de un mes en passarlo. Pero Le Maire subió a 59 grados y 30 minutos, con que abrevió el viage y se apartó del furor de las corrientes" (p. 63).

Aunque lo justo hubiera sido que el capitán Schouten continuara su viaje y retornara victorioso con una valiosa carga al puerto de Hoorn, esto no ocurrió. Si bien el *Concordia* cruzó el Océano Pacífico hacia las Indias, Jan Schouten murió en la travesía hacia las Islas Molucas. Además, cuando el barco atracó en Batam, Indonesia, el 17 de septiembre de 1616 con las bodegas cargadas de especias y productos de Oriente, bajo la influencia de uno de los ex-socios y enemigos comerciales de Le Maire, el gobernador se negó a creer acerca del paso al sur del Estrecho de Magallanes y acusó a Willem Schouten de violar las disposiciones de la VOC. "Ellos se defendian alegando el nuevo camino que avian descubierto, y que la lei solo vedaba la navegacion por el cabo de Buena Esperanza y Estrecho de Magallanes. No les dieron crédito porque les faltaban las noticias del nuevo Estrecho, y es dictamen de la malicia humana condenar lo que se ignora" (de Rosales 1667, p.64).

El *Concordia* fue confiscado y su tripulación dispersada. El capitán Schouten con Jacob y Daniel Le Maire fueron enviados de vuelta a Europa en diciembre de ese año,

year. Jacob died en route. When they arrived in Hoorn in the middle of 1617, Isaac Le Maire quickly and widely disseminated the results of the trip, sued the VOC, and won the suit. Two years later, in 1619, he regained the right to restitution of the *Unity*. However, it never sailed again, because the Compagnie Australe had dissolved by then. Isaac Le Maire died in 1624 and Willem Schouten in 1625. They never made a fortune on their discovery.

The Cape Horn Route as a Commercial Route

Thanks to the dissemination of information carried out by Isaac Le Maire, the alternative route to the Strait of Magellan by Cape Horn was confirmed. The Nodal brothers, hurriedly sent by the Spanish crown, proved to the world that the voyage and data collected by Schouten were accurate and that indeed, this route threatened the Spanish power in the New World.

During the remainder of the 17th century and in the 18th century, Spanish, French, English and Portuguese ships used this route for military, merchant and scientific purposes. During the 19th century, maritime traffic was intense and, although the waters of Cape Horn are dangerous, many times this route was preferred over the Strait of Magellan, where unpredictable winds and currents frequently made the journey take a huge amount of time.

In his *Historia Jeneral del Reyno de Chile*, the Jesuit of Rosales (1667) compares the routes to the East Indies, the Strait of Magellan and the route by Cape Horn, citing the Spanish cosmographer Diego Ramirez, who accompanied the expedition of the Nodal brothers in 1619, "...comparing the navigation through the two straits, the route to the South Sea through the Magellan is better because through its channels, one can sail on tides without wind, find deep anchor every night in safe bays and ports, find plenty and good water, endless

muriendo Jacob en el viaje. Cuando llegaron a Hoorn a mediados de 1617, Isaac Le Maire difundió rápida y ampliamente los resultados del viaje, demandó a la VOC y ganó la demanda. Dos años más tarde, en 1619, recuperó el derecho a la restitución del *Concordia*. Sin embargo, la Compagnie Australe se había disuelto para ese entonces. Isaac Le Maire murió en 1624 y Willem Schouten en 1625. Nunca hicieron fortuna con su descubrimiento.

La Ruta del Cabo de Hornos Como Vía Comercial

Gracias a la difusión realizada por Isaac Le Maire se confirmó la vía alternativa al Estrecho de Magallanes por el Cabo de Hornos. Los hermanos Nodal, enviados a toda prisa por la corona española, probaron al mundo que la navegación y los datos de Schouten eran verdaderos y que efectivamente esta ruta amenazaba el poderío español en el Nuevo Mundo.

Durante lo que quedaba del siglo XVII y en el siglo XVIII barcos españoles, franceses, ingleses y portugueses utilizaron esta vía con propósitos militares, mercantes y también científicos. Durante el siglo XIX el tráfico marítimo fue intenso y, si bien es cierto las aguas del Cabo de Hornos son peligrosas, fueron en muchos casos la ruta preferida al Estrecho de Magallanes, que con sus vientos y corrientes impredecibles frecuentemente implica unan cantidad de tiempo enorme.

En su *Historia Jeneral del Reyno de Chile*, el jesuita de Rosales (1667) compara las vías de paso hacia las Indias Orientales, el Estrecho de Magallanes y la ruta del Cabo de Hornos citando al cosmógrafo español que acompañó la expedición de los hermanos de Nodal en 1619, Diego Ramírez, "... que valanzadas las navegaciones de los dos Estrechos, es mexor el passage al Mar del Sur por el de Magallanes, porque por sus canales se puede navegar con mareas a falta de viento, dar fondo todas ha noches en bahias y puertos seguros, hallarse mucha y muy buena agua, infinita leña y madera

firewood and wood to build, abundant birds, fish and shellfish; there are more amenities for rest; the ships don't have to work as hard as in the San Vicente or Le Maire, by not having such deep seas and having to shield against the winds. The days spent passing through the Magellan are greater than those spent through the other; but although a shorter route, the elevation increases the storms and fighting them takes much time, much work, and much patience." (p. 69).

De Bougainville concurs with Diego Ramírez, as he points out in the account of his trip of 1767, "Despite the difficulties we are going through in the Strait of Magellan, I always suggest preferring this route to Cape Horn, from September to the end of March. There is abundant water, wood and shellfish and I do not doubt that scurvy would do more damage to a crew that had reached the western sea, rounding Cape Horn, than the one that had gone through the Strait of Magellan" (p. 72). For his part, de Rosales concludes that "the truth is that both ways are difficult and have cost many lives and money. Whatever time is gained en the Le Maire is lost when rounding Cape Horn, since other fleets have lost almost two months due to the currents which make them roll so that what is won in ten days with a favorable wind is lost in one hour and when climbing to a higher elevation, they suffer cruel storms and risk a miserable shipwreck" (p. 69).

Since its discovery there are numerous ships that have been shipwrecked around Cape Horn, which despite the dangers it represents for navigation and the numerous lives it has claimed in its history, was the alternative commercial route to the Strait of Magellan from the 18th century until the beginning of the 20th century, its use declining with the opening of the Panama Canal in 1914. The first ship that circled Cape Horn was a small wooden ship, the *Unity*, in 1616, and the last was a huge steel Finnish ship, the *Pamir,* that transported barley from Australia to England in 1949.

para fabricas, aves, pescado y marisco en abundancia; ay mas comodidad para descansar; no trabaxan tanto los navios como en el de San Vicente o Le Maire, por no ser tan gruesas las mares y tener mas abrigo contra los vientos. Los dias que se pueden tardar en passar el de Magallanes son poco mas que los que se gastan en el otro; pues aunque es mas corto, su mucha altura aumenta las tempestades, y en forzexar contra ellas se consume mucho tiempo, mucho trabaxo y mucha paciencia". (p. 69).

De Bougainville coincide con Diego Ramírez, como señala en el relato de su viaje de 1767: "A pesar de las dificultades que atravesamos en el Estrecho de Magallanes, sugiero siempre preferir esta ruta a la del cabo de Hornos, desde el mes de septiembre hasta fines de marzo. Allí hay abundante agua, maderas y mariscos y no dudo que el escorbuto haría más daño a una tripulación que hubiera llegado al mar occidental doblando el cabo de Hornos, que aquella que haya entrado por el estrecho de Magallanes" (p. 72). De Rosales concluye que "lo cierto es que entrambos caminos son difficultosos y que han costado muchas vidas y haziendas. Lo que se abrevia en el de Le Maire se dilatan en doblar el cabo de Hornos, en que se han tardado otras armadas casi dos meses, porque las corrientes las hacian rodar, de manera que lo grangeado en diez dias con viento favorable lo perdian en una hora, y si para desviarse se remontan a mayor altura, padessen crueles tormentas y riesgos de miserable naufragio" (p. 69).

Desde su descubrimiento son numerosos los barcos que han naufragado al rodear el Cabo de Hornos que no obstante los peligros que representa para la navegación y a las numerosas vidas que ha cobrado en su historia, fue la ruta comercial alternativa al Estrecho de Magallanes desde el siglo XVIII hasta principios del XX, decayendo su uso con la apertura del Canal de Panamá en 1914. El primer barco que rodeó el Cabo de Hornos fue el *Concordia* en 1616, pequeño y de madera, y el último un enorme barco finlandés de acero que transportaba cebada desde Australia hacia Inglaterra, el *Pamir* en 1949.

The Cape Horn Route Today

Cape Horn is no longer part of a regular commercial route. It is a way for yachts and Cape Horners, for boating as sports, a route to Antarctica, for tourist cruise ships, for large tonnage freighters too big to pass through the Panama Canal, aircraft carriers, and scientific research expeditions.

The last remaining witnesses of the modern navigators who use the passage are the two Chilean Navy lighthouses located on Horn Island. And the sculpture "Cape Horn" by the Chilean artist José Balcells that represents an albatross in flight, a giant bird of the southern seas, along with a poem by Chilean artist Sara Vial:

"I am the albatross that awaits you at the end of the world.
I am the forgotten soul of the dead sailors
who crossed Cape Horn from all the seas of the earth.
But they did not die in the furious waves,
today they fly in my wings, towards eternity,
in the last crack of the Antarctic winds."

La Ruta del Cabo de Hornos Hoy

El Cabo de Hornos ya no es parte de una ruta comercial regular. Es una vía para yatistas y *cape horners*, para la navegación deportiva, una ruta hacia la Antártica, para cruceros de visita turística, para cargueros de alto tonelaje demasiado grandes para pasar por el Canal de Panamá, portaaviones y expediciones de investigación científica.

Los dos faros de la Armada de Chile ubicados en la Isla Hornos son los únicos testigos de los navegantes modernos que utilizan este paso. Y la escultura "Cabo de Hornos" del artista chileno José Balcells que representa un albatros en vuelo, un ave gigante de los mares australes, junto con un poema de la artista chilena Sara Vial:

"Soy el albatros que te espera en el final del mundo.
Soy el alma olvidada de los marinos muertos
que cruzaron el Cabo de Hornos desde todos los mares de la tierra.
Pero ellos no murieron en las furiosas olas,
hoy vuelan en mis alas, hacia la eternidad,
en la última grieta de los vientos antárticos".

◄ *Albatross sculpture by the Chilean artist José Balcells on Hornos Island. (Photo Omar Barroso).*

Monumento al Albatros del escultor chileno José Balcells en la Isla Hornos. (Foto Omar Barroso).

(Next page). View of the world's southernmost forested watershed located on Horn Island. At far right the post of the Chilean Navy. (Photo Cristián Campos Melo). >

(Página siguiente). Vista de la cuenca forestada más austral del planeta, ubicada en la Isla Hornos. Al lado derecho de la imagen se aprecia la Alcaldía de Mar de la Armada de Chile. (Foto Cristián Campos Melo).

Nodal Brothers and the Diego Ramírez Islands

Los Hermanos Nodal y las Islas Diego Ramírez

Located between the South American and Antarctic biogeographic domains, the group of small islands and islets of the Diego Ramírez Archipelago covers about 8 km with the highest latitude of 56°32'2''S and represents the southernmost point of the Americas. The archipelago consists of two groups of islands, rocks and reefs, separated by an expanse of 3.7 km in width. The main group is located to the south and is formed by the islands Bartolomé and Gonzalo, separated from each other by the Nodales Channel. The islands of the Diego Ramírez Archipelago have an oceanic climate, characterized by an annual rainfall of approximately 1,500 mm and average annual temperature of 5.2C° (41.4 °F). They are exposed to strong winds, predominantly from the west, which transport large saline loads that contribute to nutrient flows between marine, freshwater and terrestrial ecosystems.

The coasts of the Diego Ramírez Archipelago are located at the southern end of the continental shelf of Magallanes, and together with the Ildefonso islets, are the last South American rocky remnants that face the Drake Passage. The rocky coasts are characterized by their great exposure to waves, which is reflected in the great abundance and coverage of populations of

Ubicado entre los dominios biogeográficos sudamericano y antártico, el grupo de pequeñas islas e islotes del Archipiélago Diego Ramírez abarca unos 8 km con la mayor latitud de 56°32'2''S, que representa el punto más austral del continente americano. El archipiélago está formado por dos grupos de islotes, rocas y arrecifes, separados entre sí por una extensión de 3,7 km de ancho. El grupo principal es el ubicado al sur y está formado por las islas Bartolomé y Gonzalo, separadas entre sí por el Canal Nodales. Las islas del Archipiélago Diego Ramírez tienen clima oceánico, caracterizado por una precipitación anual de aproximadamente 1.500 mm y temperatura anual promedio de 5,2C°. Están expuestas a fuertes vientos, predominantemente del oeste, que transportan grandes cargas salinas que contribuyen a los flujos de nutrientes entre ecosistemas marinos, dulceacuícolas y terrestres.

Las costas del Archipiélago Diego Ramírez se ubican en el extremo sur de la plataforma continental de Magallanes, y junto con los Islotes San Ildefonso, son los últimos vestigios rocosos sudamericanos que enfrentan el Paso Drake. Las costas rocosas se caracterizan por su gran exposición al oleaje, que se refleja en la gran abundancia y cobertura de poblaciones del alga *Durvillaea antarctica*,

The American southern Rockhopper penguin (Eudyptes chrysocome chrysocome) has large breeding colonies in the Diego Ramírez Archipelago, which today provides a refuge for the conservation of this vulnerable species. (Photo Omar Barroso).

El pingüino de penacho amarillo (Eudyptes chrysocome chrysocome) tiene grandes colonias de cría en el Archipiélago Diego Ramírez, que proporciona hoy un refugio para la conservación de esta especie vulnerable. (Foto Omar Barroso).

the algae *Durvillaea antarctica*, reaching coverage over 50%. However, it is also possible to find some protected bays located on the northeast ends of the Bartolomé and Gonzalo islands. The predominant substrate of these islands is a rocky one and is characterized by steep slopes and high degree of erosion due to constant sea swells.

Thanks to the wide dissemination of data collected by Isaac Le Maire, the existence of an alternative route to the Strait of Magellan by Cape Horn was confirmed. Faced with this grave news, which significantly reduced Spain's control over the New World, the Spanish Crown quickly organized an expedition of two 80-ton caravels and 40 crewmen led by the Nodal brothers, "brave soldiers and skilled sailors" (de Rosales 1667, p.65) together with the cosmographer Diego Ramírez de Arellano.

Bartolomé and Gonzalo García de Nodal, young captains of the Royal Navy, both had experience in capturing and sinking English, French, Turkish, and Moorish ships. The flagship of the expedition, *Our Lady of Atocha* was commanded by Bartolomé, while Gonzalo took charge of *Our Lady of the Good Success*, which sailed from Lisbon on September 27, 1618.

From Cape Virgins, they entered the Le Maire Strait, which they renamed San Vicente, and the Staten Island, they baptized as Cape San Bartolome. They discovered the Bay of Good Success on January 23, 1619, where they anchored and met with natives with whom they had a peaceful encounter.

On February 5, 1619, they rounded Cape Horn, correcting Schouten's latitude at 56°31'S, still different from the current one (55°57'49"S; 67°13'14"W). The wind did not allow them to disembark and on February 13, a storm

llegándose a encontrar coberturas superiores a un 50%. No obstante, también es posible encontrar algunas bahías protegidas ubicadas en dirección noreste en las islas Bartolomé y Gonzalo. El sustrato predominante en estas islas es el rocoso y se caracteriza por presentar una gran pendiente y un alto grado de erosión debido a las constantes marejadas del lugar.

Gracias a la difusión realizada por Isaac Le Maire se confirmó la vía alternativa al Estrecho de Magallanes por el Cabo de Hornos. Frente a esta lapidaria noticia que reducía notablemente su dominio del Nuevo Mundo, la corona española organizó a toda velocidad una expedición de dos carabelas de 80 toneladas y 40 tripulantes a cargo de los hermanos Nodal, "valerosos soldados y diestros marineros" (de Rosales 1667, p. 65) junto con el cosmógrafo Diego Ramírez de Arellano.

Bartolomé y Gonzalo García de Nodal, jóvenes capitanes de la Armada Real, tenían ambos experiencia en apresar y hundir barcos ingleses, franceses, turcos y moros. La nave capitana de la expedición, *Nuestra Señora de Atocha* fue comandada por Bartolomé, mientras Gonzalo se hizo cargo de *Nuestra Señora del Buen Suceso*, que zarparon de Lisboa el 27 de septiembre de 1618.

Desde el Cabo Vírgenes entraron por el Estrecho Le Maire, al que rebautizaron San Vicente, y a la Isla de los Estados bautizada como Cabo de San Bartolomé; descubrieron la Bahía del Buen Suceso el 23 de enero de 1619, donde anclaron y se encontraron con nativos con quienes tuvieron un encuentro pacífico.

El 5 de febrero de 1619 rodearon el Cabo de Hornos corrigiendo la latitud de Schouten a 56°31'S, todavía diferente de la actual (55°57'49"S; 67°13'14"O). El viento no les permitió desembarcar y el 13 de febrero una

led them to 58°S. The account of De Rosales (1667) states: "The next day, at sunrise, the water turned again to the south with such force and severity that without wind, or with very little wind, within three hours they had been through to the South Sea; but the current that was pushing south and the sea against the North were so magnificent that they caused shivers and seem to break the sea over the ships. ... Once calm, they returned to the task and with the variable winds mixed with hail, rain, and snow they would advance, then retreat, and at other times be constrained against the wind. They climbed out of the squalls at 63 degrees and 57 and 20 minutes. They discovered a large island which they names Diego Ramirez in memory of their cosmographer, and at 57 degrees and 22 minutes saw other islets covered with snow" (p. 67).

On February 25, they spotted the western entrance of the Strait of Magellan, which they carefully explored to the east mouth until they reached Cape Vírgins, the starting point for this first professional circumnavigation expedition in Tierra del Fuego.

Their names were given to the two main islands of the Diego Ramírez group and to the channel between them. On the other hand, the trip of the Nodal brothers was considered extraordinarily successful "for its brevity as well as for its curiosity, because in going and returning... it did took no longer than nine months and twelve days, sailing five thousand leagues with the two caravels,... God provided to them with special providence; neither the fluctuating weather, now cold, now warm, now changing with extremes; nor the variable skies and their severity of their movements caused one single death, and instead those that had been ill were healed" (de Rosales 1667, p.68).

In their successful expedition, the Nodal brothers proved to the world that Schouten's navigation and data about a second way to reach the Pacific Ocean were true, and

borrasca los derivó hasta los 58°S. El relato de Rosales (1667) señala: "El dia siguiente al amanecer volvió el agua para el sur con tanta fuerza y rigor, que sin viento, o muy poco, dentro de tres horas estubieron embocados en la Mar del Sur; pero la corriente que iba para el Austro y la mar contra el agua para el Norte, eran tan sobervias que causaban grima y parecia que rompia la mar sobre los navios. ... Sosegada, volvieron a buscarla y con la variedad de vientos envueltos en granizo, lluvia y nieve, ya se adelantaban, ya volvian, y otras veces los detenian contra el viento. Subieron arrojados de las borrascas hasta 63 grados en 57 y 20 minutos. Descubrieron una grande isla que en memoria de su comosgrafo la apellidaron de Diego Ramirez, y en 56 grados y 22 minutos otros islotes encapotados de nieve" (p. 67).

El 25 de febrero avistaron la entrada oeste del Estrecho de Magallanes que exploraron cuidadosamente hasta la boca este llegando al Cabo Vírgenes, punto de partida para esta primera expedición profesional de circunnavegación de Tierra del Fuego.

Sus nombres se dieron a las dos islas principales del grupo Diego Ramírez y al canal entre ellas. Por otra parte, el viaje de los hermanos Nodal se consideró extraordinariamente exitoso "assi por su brevedad como por su curiosidad, pues en ida y vuelta,... no tardaron mas de nueve meses y doze dias, aviendo navegado cinco mil leguas con las dos carabelas,... Usó Dios con ellos de particular providencia; pues ni la diversidad de temples, ya frios, ya cálidos, ya excessivamente destemplados; ni la variedad de cielos e inclemencias de sus movimientos, causaron a ninguno la muerte, sino que ántes bien sanaron los que iban enfermos" (de Rosales 1667, p. 68).

En su exitosa expedición, los hermanos Nodal probaron al mundo que la navegación y los datos de Schouten sobre una segunda vía para llegar al Océano Pacífico eran

that this route effectively threatened Spanish power in the New World. One of the milestones for the Nodal brother's successful journey was that not a single man had died during the trip and they also returned all in excellent health, something anomalous for a time when the return of only 50% of the original crew was calculated.

Science and Conservation in Diego Ramirez Islands

During the 17th and 19th centuries, the Diego Ramirez Islands were visited by sea lion hunters, a practice that ended in 1892 when an ordinance was issued to protect seals and sea lions from the southern channels and archipelagoes.

In 1951, the tradition of scientific studies began when the Chilean Navy installed the Post of Vigilance and Meteorological Station on Gonzalo Island. With the establishment of the Navy station on Gonzalo Island, protection and control of species that were being decimated was implemented, meteorological records were initiated and scientific expeditions were made possible, taking particular advantage of periodic trips made by ships supplying logistical support and supplies to the naval station.

In 1958, the French naturalist Edgar Aubert de la Rue made the initial observations on the vegetation and birds of the archipelago. In 1969, Richard Hough added naturalistic and historical observations. In 1972, Edmundo Pisano, a Chilean botanist and co-founder of the Institute of Patagonia of the University of Magallanes, landed on the island Gonzalo and did the first extensive floristic survey of this archipelago. In 1980-1981, together with Chilean ornithologist Roberto Schlatter, Pisano completed a survey on the flora, fauna and geology of the Gonzalo Island.

Rooted in this tradition of close collaboration between the Chilean Navy and the University of Magallanes,

verdaderos y que efectivamente esta ruta amenazaba el poderío español en el Nuevo Mundo. Uno de los hitos del éxito de los Nodal fue que ni un solo hombre había muerto durante el viaje y que además volvieron todos en excelente estado de salud, algo anómalo para una época en la cual se calculaba el regreso de sólo el 50% de la dotación original.

Ciencia y Conservación en las Islas Diego Ramírez

Durante los siglos XVII y XIX las Islas Diego Ramírez fueron visitadas por cazadores de lobos marinos, práctica que concluyó en 1892 cuando se dictó una ordenanza para proteger las focas y lobos marinos de los canales y archipiélagos australes.

En 1951, la tradición de estudios científicos comenzó cuando se instaló el puesto de Vigilancia y Estación Meteorológica de la Armada de Chile en la Isla Gonzalo. Con ello, se implementó efectivamente el control y protección de especies que estaban siendo diezmadas, se iniciaron registros meteorológicos y se hizo posible la realización de expediciones científicas, especialmente aprovechando los viajes periódicos de los barcos de aprovisionamiento y apoyo logístico a las instalaciones navales.

En 1958, el naturalista francés Edgar Aubert de la Rue hizo las observaciones iniciales sobre la vegetación y las aves del archipiélago. En 1969, Richard Hough añadió observaciones naturalistas e históricas. En 1972 Edmundo Pisano, botánico chileno y cofundador del Instituto de la Patagonia de la Universidad de Magallanes, desembarcó en la Isla Gonzalo y realizó el primer levantamiento florístico extensivo de este archipiélago. En 1980-1981, junto al ornitólogo chileno Roberto Schlatter, Pisano completó una prospección sobre la flora, fauna y geología de la Isla Gonzalo.

Arraigado en esta tradición de estrecha colaboración entre la Armada de Chile y la Universidad de Magallanes,

the Sub-Antarctic Biocultural Conservation Program has systematized a series of expeditions and in 2016, established a Long-Term Ecological Studies site on Gonzalo Island, which today takes on regional, national and global relevance. On a regional scale, this site will help to implement the Diego Ramírez-Drake Passage Marine Park. In fact, for this purpose, the Program has signed cooperative agreements with the Chilean Navy and the Chilean Ministry of the Land. At the national level, it will provide the southernmost point in continental Chile for environmental monitoring, and in this function it has signed collaborative agreements with the Ministry of the Environment and the Sub-Secretary of Fisheries and Aquaculture. At the international level, this site will colaborate with sites established on Horn Island, in the Omora Park on Navarino Island, and in the Yendegaia National Park to establish a long-term research and monitoring network that fills a geographical gap in environmental monitoring worldwide.

In February 2018, a decree was signed wich established the Diego Ramírez-Drake Passage Marine Park. The marine park deals involves the protection of an area of 144,000 km^2 that includes the Diego Ramírez Archipelago, the austral ocean and seamounts located under the Drake Sea.

el Programa de Conservación Biocultural Subantártica ha sistematizado una serie de expediciones y ha establecido en la Isla Gonzalo un sitio de Estudios Ecológicos a Largo Plazo en el año 2016, que hoy adquiere relevancia regional, nacional y mundial. A escala regional, este sitio contribuirá a implementar el Parque Marino Diego Ramírez-Paso Drake. En efecto, con este propósito el Programa ha suscrito convenios de colaboración con la Armada de Chile y con el Ministerio de Bienes Nacionales. A nivel nacional aportará el punto más austral en Chile continental para el monitoreo ambiental, y en esta función ha suscrito convenios de colaboración con el Ministerio del Medio Ambiente y la Subsecretaría de Pesca y Acuicultura. A nivel internacional este sitio consolida, junto a los sitios establecidos en la Isla Hornos, el Parque Omora en la Isla Navarino y en el Parque Nacional Yendegaia, una red de investigación y monitoreo a largo plazo que llena un vacío geográfico en el monitoreo ambiental a nivel mundial.

En febrero de 2018 se firmó el decreto que declara el Parque Marino Diego Ramírez-Paso Drake. Se trata de la protección de una superficie de 144.000 km^2 que incluye el Archipiélago Diego Ramírez, el océano austral y los montes submarinos bajo el Mar de Drake.

(Next page). "They discovered a large island that they named Diego Ramirez in memory of their cosmographer, and at 56 degree and 22 minutes other islets covered with snow." About the discovery of Diego Ramirez Islands on February 1619 narrated by the Jesuit priest Diego de Rosales, 1667, p.68. The image shows the two largest islands of the Diego Ramírez Archipelago: Isla Gonzalo (front) and Isla Bartolomé (back). (Photo Omar Barroso).

(Página siguiente). "Descubrieron una grande isla que en memoria de su comsgrafo la apellidaron de Diego Ramirez, y en 56 grados y 22 minutos otros islotes encapotados de nieve". Acerca del descubrimiento de las Islas Diego Ramírez en febrero de 1619, narrado por el jesuita Diego de Rosales en 1667, p. 68. La imagen muestra las dos islas de mayor amaño en el Archipiélago Diego Ramírez: Isla Gonzalo (al frente) e Isla Bartolomé (atrás). (Foto Omar Barroso).

▲ View of Hermite Island looking south from Bayly Island. Between both islands we can appreciate Franklin Sound. In the background the mountain chain of Hermite Island rises from the east to the west. (Photo Ricardo Rozzi).

Vista de la Isla Hermite tomada hacia el sur desde la Isla Bayly. Entre ambas islas se aprecia el Seno Franklin. Al fondo, la cadena montañosa de la Isla Hermite se eleva en sentido este-oeste. (Foto Ricardo Rozzi).

▲ The Dutch admiral Jacques L'Hermite recorded abundant numbers of geese and other birds in 1624 at the Saint Martin Cove on Hermite Island (photo Jorge Herreros). Inset: Nest with geese eggs (photo Paola Vezzani).

En Caleta Saint Martin, Isla Hermite, en 1624 el almirante holandés Jacques L´Hermite registró abundantes gansos salvajes y otras aves (foto Jorge Herreros). En el recuadro un nido de ganso (foto Paola Vezzani).

The Expedition of Jacques L'Hermite

After the return of the Nodal brothers to Spain, the Netherlands prepared an impressive expedition to Cape Horn. In 1623, under the command of Admiral Jacques L'Hermite, a fleet of 11 high tonnage ships with more than 1600 men began a Dutch military exploratory voyage to South America, sponsored by Prince Maurice of Orange-Nassau. In February 1624, they entered the Le Maire Strait to explore the archipelagoes and the coasts of southeastern Tierra del Fuego.

On February 6, 1624 they spotted Cape Horn, rounded it, but were swept southeast until 58°30'S. After several days they managed again to sight Cape Horn and spotted two islands that did not appear on their maps. They named one of them L'Hermite Island in honor of the Admiral and anchored in a bay which they named the Gulf of Nassau. It was here that a bloody episode occurred with the indigenous people. Due to a storm, nineteen crew members had remained on land and were unarmed. Seventeen of them were killed and five of them quartered on the beach by the locals. Because of this, the Dutch considered the indigenous people savage and cannibalistic, although they did not witness acts of cannibalism. The fleet remained on these lands for one month providing valuable information about the Schapenham, Orange, and Windhond bays. With the undefeated fleet, they proceeded Peru where L'Hermite died.

The geographic survey, and the first encounters with Yahgan groups were recorded by the L'Hermite group, and much of the toponymy is still valid today.

La Expedición de Jacques L'Hermite

Luego del regreso de los Nodal a España, Holanda preparó una imponente expedición al Cabo de Hornos. En 1623 una flota de 11 barcos de alto tonelaje y más de 1.600 hombres al mando del almirante Jacques L'Hermite inició una empresa militar holandesa exploratoria en América del Sur patrocinada por el príncipe Maurice de Orange-Nassau. En febrero del año siguiente entraban por el Estrecho Le Maire para explorar los archipiélagos y las costas del sureste fueguino.

Así el 6 de febrero de 1624 avistaron el Cabo de Hornos, lo rodearon pero fueron arrastrados hacia el sureste hasta los 58°30'S. Luego de varios días lograron ver nuevamente el Cabo de Hornos y avistaron dos islas que no figuraban en sus cartas. Nominaron una de ellas como Isla L'Hermite en honor al Almirante y anclaron en una bahía a la que denominaron Golfo de Nassau. En este sitio ocurrió un sangriento episodio con los nativos, puesto que debido a una tormenta 19 tripulantes tuvieron que permanecer en tierra desarmados. Diecisiete fueron asesinados y cinco descuartizados en la playa, por lo que los holandeses los consideraron salvajes y caníbales si bien no presenciaron actos de canibalismo. La flota permaneció en estas tierras durante un mes aportando valiosa información sobre las bahías Schapenham, Orange y Windhond. Con la flota invicta, siguieron al Perú donde murió L'Hermite.

El levantamiento geográfico y los primeros encuentros con grupos yagán quedaron registrados por L'Hermite, como también mucha de la toponimia hoy vigente.

(Next page). Sunrise view of Hermite Island, from the Nassau Bay. (Photo Stuart Harrop). >

(Página siguiente). Vista al amanecer en la Isla Hermite desde la Bahia Nassau. (Foto Stuart Harrop).

"The Sea lions occupy most of the Sea Coast, the Sea bears take up their aboad in the isle... I am neither a botanist nor a Naturalist and have not words to describe the productions of Nature either in the one Science or the other." Captain James Cook Journal in Christmas Sound, January 3, 1775. Male of South American fur seal (*Arctophoca australis*) in the Cape Horn Biosphere Reserve. (Photo Jorge Herreros).

"Los lobos marinos ocupan la mayor parte de la costa marina, los osos marinos se alojan en la isla.... no soy botánico ni naturalista y no tengo palabras de ninguna ciencia para describir la producción de la naturaleza". *Diario* del Capitán James Cook en el Seno Navidad, 3 de enero de 1775. Macho de lobo marino de dos pelos (*Arctophoca australis)* en la Reserva de la Biosfera Cabo de Hornos. (Foto Jorge Herreros).

4

The 18th Century: Early Precursors to Darwin's Expeditions to Cape Horn
Siglo XVIII: Precursores de las Expediciones de Darwin a Cabo de Hornos

Francisca Massardo, Elizabeth Reynolds & Ricardo Rozzi

Early navigators mapped and opened trade routes across the Pacific Ocean that embroiled nations of Europe i territorial disputes. Ferdinand Magellan drew the map of a strait discovered in 1520 in the southern part of South America, thus opening the route for navigation from the Atlantic to the Pacific oceans. That route is the Strait of Magellan. Spanish expeditions, along with the drift of Sir Francis Drake's ship inferred the existence of a second passageway between the Atlantic and Pacific oceans further south of the Strait of Magellan. In 1616, Willem Cornelius Schouten discovered a new route through the Le Maire Strait, and during the voyage he sighted an island to the south. The highest point of the island, a cape, was named Cape Horn. Then, the expeditions of the Nodal brothers and the Dutchman Jacques L'Hermite confirmed the second passageway and named it the Cape Horn Route.

Although several circumnavigations around the globe had already taken place at the beginning of the 18th century, the Pacific Ocean remained a relatively unexplored space. At that time the existence of a continent in the Southern Hemisphere was thought to equal the land mass of the Northern Hemisphere. The exploration of the southern coast of Australia in 1642 confirmed that it was not connected with other land masses and the mystery of the great continent to the south was still not clarified. Spain and the Netherlands no longer had the naval power of the seventeenth century and now England and France took the lead in the race of discoveries and their potential advantages.

Los primeros navegantes trazaron mapas y abrieron rutas comerciales a través del Océano Pacífico que involucraron tempranamente disputas territoriales entre naciones de Europa. Hernando de Magallanes trazó la cartografía del estrecho descubierto en 1520 al sur de Sudamérica abriendo la ruta para la navegación desde el Océano Atlántico hacia el Pacífico, la Ruta del Estrecho de Magallanes. Las expediciones españolas y la deriva de Sir Francis Drake infirieron una segunda vía de paso entre los océanos Atlántico y Pacífico más al sur del Estrecho de Magallanes. En 1616 Willem Cornelius Schouten descubrió una nueva ruta por del Estrecho Le Maire y durante la travesía avistó una isla hacia el sur. El punto más alto de la isla, un cabo, fue bautizado como Cabo de Hornos. Las expediciones de los hermanos Nodal y del holandés Jacques L'Hermite confirmaron este segundo paso bautizado como la Ruta del Cabo de Hornos.

Aunque a principios del siglo XVIII ya se habían realizado varias circunnavegaciones alrededor del globo, el Océano Pacífico seguía como un espacio poco explorado. En esa época se pensaba en la existencia de un continente en el Hemisferio Sur que balanceara la masa terrestre del Hemisferio Norte. El reconocimiento de la costa sur de Australia en 1642 confirmó que no estaba conectada con otras masas de tierra y el misterio del gran continente al sur no pudo ser aclarado. España y Holanda ya no tenían el poderío naval del siglo XVII y ahora Inglaterra y Francia tomaban la delantera en la carrera de los descubrimientos y de sus ventajas potenciales.

Captain James Cook: Scientific Expeditions to Cape Horn

In the 18th century, the cartography of a large part of the globe was complete, but the maps were not reliable due to faults in the measurement of longitude and therefor it was necessary to improve the precision in the design of chronometers. Sextants and quadrants also needed improvement and the English Parliament and the Admiralty demanded advancements.

The first expedition whose specific objectives were to review the cartographic survey of key reference points and at the same time the search for the *Terra Australis Incognita* was that of Captain John Byron. In 1764, Byron sailed from Plymouth in charge of the *Dolphin* and the *Tamar*, revised the mapping of the Strait of Magellan adding to and improving the cartography, and also explored the Falkland Islands recording a lot of whale activity that, in fact, caused damage to the *Dolphin*. In 1766, the expedition of Captain Wallis aboard the repaired *Dolphin* and Captain Carteret in command of the *Swallow* arrived to the area, but bad weather separated the ships which then continued their voyages independently. Wallis entered the Strait of Magellan and then following a northerly course, discovered Tahiti and other islands. For his part, Carteret followed a latitude of 60°S where the mysterious continent was supposed to be. Then continuing northward, he mapped the islands of the Melanesian and Polynesian archipelagoes. Wallis

El Capitán James Cook: Expediciones Científicas a Cabo de Hornos

En el siglo XVIII se contaba con la cartografía de gran parte del globo terráqueo, pero los mapas no eran confiables por fallas en la medida de la longitud y se hacía necesario aumentar la precisión de las determinaciones en la fabricación de los cronómetros. Sextantes y cuadrantes también debían ser mejorados y el Parlamento Inglés y el Almirantazgo requerían nuevas determinaciones.

La primera expedición que tuvo como objetivo específico revisar la cartografía de puntos de referencia clave y a la vez la búsqueda de la *Terra Australis Incognita* fue la del capitán John Byron. En 1764 Byron zarpó de Plymouth a cargo del *Dolphin* y del *Tamar*, revisó el mapeo del Estrecho de Magallanes agregando y mejorando la cartografía y además exploró las Islas Malvinas registrando mucha actividad de ballenas que de hecho provocaron averías en el *Dolphin*. En 1766 la expedición del capitán Wallis a bordo del *Dolphin* reparado y el capitán Carteret al mando de la *Swallow* llegó al área, pero el mal tiempo separó las naves que hicieron su viaje independientemente. Wallis entró al Estrecho de Magallanes y siguiendo viaje al norte descubrió Tahiti y otras islas. Por su parte, Carteret navegó a la altura de la latitud 60°S donde se suponía debía estar el continente misterioso, y siguiendo al norte hizo la cartografía de las islas de los archipiélagos Melanesia y Polinesia. Wallis y Carteret utilizaron la Ruta del Cabo de

While navigating in the region of Cape Horn, Captain Cook was impressed by the abundance of sea mammals, such as the endemic Chilean dolphin or tonina (Cephalorhynchus eutropia), photographed here in the fjords of Pia Glacier in the Northwest Arm of the Beagle Channel. (Photo Paola Vezzani).

Mientras navegaba en la región del Cabo de Hornos, el Capitán Cook se impresionó con la abundancia de mamíferos marinos, tales como el endémico delfín chileno o tonina (Cephalorhynchus eutropia), fotografiado en los fiordos del Glaciar Pía, Brazo Noroeste del Canal Beagle. (Foto Paola Vezzani).

and Carteret were highly praised by British scientific organizations, in addition to being forerunners to the successful voyages made by Captain James Cook a few years later. The French were not left behind in this race and, in 1766, the captain Louis Antoine de Bougainville, an intellectual and member of the Royal Society of Sciences of London, traveled to the southern region on the frigate *La Boudeuse*. Captain Bougainville revised the mapping of the Strait of Magellan and entered the Pacific Ocean in 1768. On board was the botanist Philibert Commerson and his assistant Jean Baret (who turned out to be Jeanne) who made important contributions to the knowledge of the flora of the South Pacific.

The voyages of Byron, Wallis, Carteret and Bougainville improved the knowledge about the cartography of the world, as well as the naturalistic aspects. Nevertheless, the question of the *Terra Australis* continued unresolved. The English felt pressured by the successes of Bougainville in the search for the continent south of the 60° and looked to astronomy to help improve the precision and accuracy of instruments used to determine locations on the globe. It was the Royal Society and the British Admiralty that then decided to send a new expedition to the southern seas.

James Cook and the Southern Region of the Planet

In 1662 the British Royal Society was responsible for scientific advances in Britain and proposed a journey of scientific discovery to the south. For this scientific society, the main objective was to observe the transit of Venus between the Earth and Sun since they thought that by knowing this, astronomers could measure the distance between the Earth, other planets, and the Sun, and therefore resolve some of controversies about the determination of the longitude. For the Admiralty, the purpose of the trip was to find a quick route to India and China from the north that avoided passing through the

Hornos y fueron muy elogiados por las organizaciones científicas británicas, además de ser los precursores de los exitosos viajes del capitán James Cook unos años más tarde. Los franceses no se quedaron atrás en esta carrera y en 1766 el capitán Louis Antoine de Bougainville, un hombre culto y miembro de la Royal Society de ciencias de Londres, viajó a la región austral en la fragata *La Boudeuse*. El capitán Bougainville revisó la cartografía de Estrecho de Magallanes y entró al Océano Pacífico en 1768. El botánico de a bordo Philibert Commerson y su asistente Jean Baret (que resultó ser Jeanne) hicieron importantes contribuciones al conocimiento de la flora del Pacífico sur.

Los viajes de Byron, Wallis, Carteret y Bougainville aumentaron el conocimiento de la cartografía mundial, como también de los aspectos naturalistas, no obstante el gran tema de la *Terra Australis* seguía sin resolución. Se hacía urgente resolver los problemas astronómicos que ayudaran a mejorar la precisión de las determinaciones de localización en el globo, asimismo los ingleses se sintieron muy presionados por las actividades de Bougainville en la búsqueda del continente al sur de los 60°. La Royal Society y el Almirantazgo decidieron entonces el envío de una nueva expedición a los mares del sur.

James Cook y la Región Austral del Planeta

En 1662 la British Royal Society, que era la responsable de los avances científicos en Gran Bretaña, propuso un viaje de descubrimiento científico hacia el sur. Para esta sociedad científica el objetivo principal era observar el tránsito de Venus entre la Tierra y el sol porque se pensaba que con ello los astrónomos podrían medir la distancia entre la Tierra y los otros planetas y el sol, permitiendo además resolver algunas controversias sobre la determinación de las longitudes. Para el Almirantazgo, el objetivo del viaje era buscar una ruta rápida a la India y a la China por el norte que evitara los

Cape of Good Hope and through the southernmost tip of the South America. At the same time, the Admiralty wanted to clear the rumors about a large continent south of Cape Horn whose possession could be advantageous for commercial exploitation or as a potential colony.

James Cook was a 40-year-old lieutenant in the Royal Navy with extensive navigating experience and great interest in discovering new lands. With knowledge of geography, topography, and astronomy, and with mathematical skill, his scientific intellect was highly recognized and in fact, he later became a member of the Royal Society. The instructions for Lieutenant Cook were clear: look for this elusive continent south of Cape Horn, take possession of any region without sovereignty and at the same time collaborate with the Royal Society.

Commander Cook's First Expedition (1768 - 1771)

Cook was appointed commander of the 370 tons *Endeavour*, with a crew of 80 men and equipped with the best instruments and charts for the time. He left the port of Plymouth on August 26, 1768. On his first voyage between 1768 and 1771, Cook sailed with a scientific team led by the young naturalist and botanist Joseph Banks. The group included the royal astronomer Charles Green, the Swedish naturalist and enthusiastic ex-pupil of Karl Linnaeus, Dr. Carl Solander and assistant naturalist Herman Diedrich Sporing. Also aboard with Banks were two of his sketch artists, his secretary, four personal assistants, plus the landscape painter Alexander Buchan and the botanical illustrator Sydney Parkinson.

After landing in Africa and Brazil, Cook headed for Tierra del Fuego where they arrived in 1768. Commander James Cook's ethnographical reports piqued the curiosity of Europeans about indigenous people— and his first ethnographic record was a description of

pasos por el Cabo de Buena Esperanza y por el extremo sudamericano. A la vez, el Almirantazgo quería despejar los rumores sobre un gran continente hacia el sur del Cabo de Hornos cuya posesión podría ser ventajosa para la explotación comercial o como colonia potencial.

James Cook era un teniente de la Marina Real de 40 años, con amplia experiencia de navegación y gran interés en el descubrimiento de nuevas tierras. Era además reconocida su mentalidad científica puesto que tenía habilidades matemáticas y conocimientos profundos de geografía, topografía y astronomía, y de hecho llegó más tarde a ser miembro de la Royal Society. Las instrucciones para el teniente Cook fueron claras: buscar este esquivo continente al sur del Cabo de Hornos, tomar posesión de cualquier región sin soberanía y a la vez colaborar con la Royal Society.

Primera Expedición del Comandante Cook (1768 - 1771)

Cook fue nombrado comandante de la *Endeavour*, de 370 toneladas y 80 tripulantes que disponía de los mejores instrumentos y cartas de navegación para la época, y salió del puerto de Plymouth el 26 de agosto de 1768. En su primer viaje entre 1768 y 1771, Cook navegó con un equipo científico liderado por el joven naturalista y botánico Joseph Banks. El grupo incluía al astrónomo real Charles Green, al naturalista sueco y entusiasta ex-alumno de Carl Linneo, al Dr. Carl Solander y al asistente de naturalista Herman Diedrich Sporing. Además se incluían dos dibujantes de Banks, el paisajista Alexander Buchan y el artista botánico Sydney Parkinson, su secretario y cuatro sirvientes personales.

Después de recalar en África y en Brasil, Cook enfiló hacia Tierra del Fuego donde arribaron en 1768. Los reportes etnográficos del comandante despertaron la curiosidad de los europeos acerca de los indígenas. Su primer registro etnográfico fue una descripción de los nativos de Tierra del

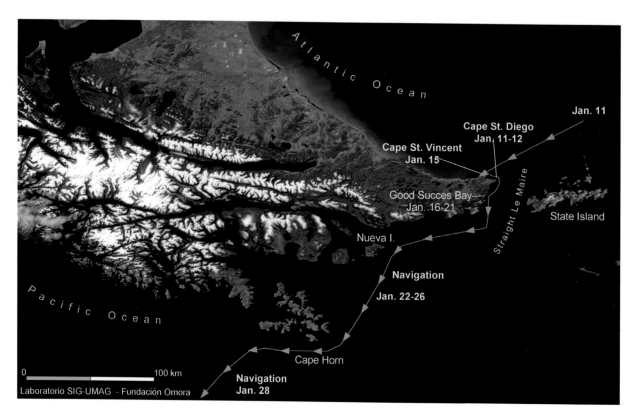

In the map:

Atlantic Ocean

Jan. 11

Cape St. Diego
Jan. 11-12

Cape St. Vincent
Jan. 15

Good Succes Bay
Jan. 16-21

Straight Le Maire

State Island

Nueva I.

Navigation
Jan. 22-26

Pacific Ocean

0   100 km

Laboratorio SIG-UMAG - Fundación Omora

Cape Horn

Navigation
Jan. 28

In January 1769, Captain James Cook arrived in the area of Cape Horn. After spending ten days exploring the southeastern edge of Tierra del Fuego Island in the area of Cape San Diego and Good Success Bay, he continued towards the south, navigating through the Le Maire Strait towards the coast of Nueva Island and from there set course to Cape Horn and the Diego Ramírez Islands. Map prepared in the GIS Omora Park - CERE/UMAG Laboratory.

En enero de 1769, el capitán James Cook arribó al área del Cabo de Hornos. Luego de pasar unos diez días explorando el extremo sudeste de la Isla Grande de Tierra del Fuego en la zona del Cabo San Diego y Bahía del Buen Suceso, continuó viaje hacia el sur navegando desde el Estrecho Le Maire hacia el litoral este de la Isla Nueva y desde ahí puso rumbo a Cabo de Hornos e Islas Diego Ramírez. Mapa preparado en el Laboratorio SIG Parque Omora - CERE/UMAG.

the people living in Tierra del Fuego. On Wednesday, January 11, 1769, he wrote that he "Saw some of the natives who made smoke in several places, which must have been done as a signal to us as they did not continue it after we passed" (p. 24). On the same day Joseph Banks noted: "We saw the land of Tierra del Fuego and by 8 O'clock we were well in with it... It's appearance was not near barren as the writer of Lord Anson's voyage has represented it, the weather exceedingly moderate so we stood along shore about 2 leagues off; we could see trees distinctly through our glasses and observe several smokes made probably by the natives as a signal to us" (p. 214).

On January 12, 1769, Cook sighted the "land near the entrance of Strait le Maire E.N.E. distance 7 leagues" (p. 25). Weather prevented his entrance into the strait so he "hauled under Cape San Diego." On January 15, 1769, after the third attempt through the strait, his scientific team was allowed to go ashore at a small cove "which appeared to our view a little to the eastward of Cape St. Vincent" (p. 26). The scientific team did not encounter indigenous people during their first trip ashore the southern tip of South America—"but met with several of their old huts" and gathered "several plants, flowers, etc., most of them unknown in Europe, and in that alone consisted their whole value" (Cook 1768, p. 26), which as it turned out were more than 100 species, all unknown. When the science team returned to the ship, they set sail and "plied to windward." At 2 pm the next day, anchored in the Bay of Good Success. This time, Cook went ashore with Joseph Banks and Dr. Solander "to look for a watering place and to speak with the natives who were assembled on the beach to the number of 30 or 40" (pp. 26-27). Cook described them as average sized people with dark copper skin coloring and long black hair. "They paint their bodies in streaks, mostly red and black". Cook's first ethnography was brief and specific. Banks described the social exchange as friendly.

Fuego el miércoles 11 de mayo de 1769. Cook anotó en su *Diario* "Vi que algunos nativos habían hecho fogatas en varios sitios que deben haber sido señales para nosotros, porque no las volvían a hacer una vez que pasábamos" (p. 24). Ese mismo día Joseph Banks registró en su *Diario* "Avistamos Tierra del Fuego y a las 8 del reloj estábamos ya bien internados"... "su aspecto no es tan desolado como lo representó el escritor del viaje de Lord Anson, el clima es además moderado de manera que desde la playa y a lo largo de 2 leguas pudimos distinguir perfectamente los árboles con los anteojos, y observamos varias fogatas, probablemente hechas por los nativos como señal para nosotros" (p. 214).

El 12 de enero de 1769, Cook divisó la "tierra cerca de la entrada del Estrecho Le Maire E.N.E. a una distancia de 7 leguas" (p. 25). El mal tiempo impidió su ingreso al estrecho, de manera que el comandante decidió anclar en el Cabo San Diego. Luego de un tercer intento de pasar por el estrecho, el 15 de enero de 1769 el equipo científico fue autorizado para desembarcar en una pequeña bahía "que nos pareció un poco más al este del Cabo San Vicente" (p. 26). El grupo no encontró nativos durante su primer desembarco en las tierras al sur de Sudamérica "pero vimos varias chozas abandonadas" y colectó "varias plantas, flores, etc., la mayoría desconocidas en Europa, y cuyo valor radica sólo en eso" (Cook 1768, p. 26), que en realidad fueron más de 100 especies desconocidas. Cuando retornaron a la nave, desplegaron velas y anclaron a las 2 de la tarde del día siguiente en la Bahía del Buen Suceso. Esta vez Cook bajó a tierra con Joseph Banks y el Dr. Solander "para buscar un lugar para reabastecerse de agua y para hablar con los 30 o 40 nativos que estaban reunidos en la playa" (pp. 26-27), describiéndolos como de contextura mediana, piel cobriza y pelo negro largo. "Pintan sus cuerpos con líneas, principalmente rojas y negras ... cubiertos con pieles de guanaco y lobo marino". El primer registro etnográfico de Cook fue breve y específico. Por su parte, Banks describió el intercambio social como amistoso.

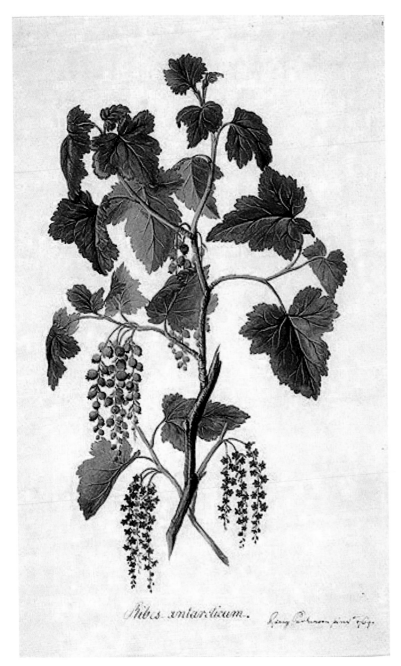

Ribes antarcticum.

Print of the wild currant bush Ribes magellanicum *illustrated by Sydney Parkinson, nature artist aboard the* Endeavour *during the first Cook expedition. The artist illustrated the three principal identification organs of the species: leaves (upper part of the print), developing fruits (central part) and flowers (the lower part). This species was identified by Parkinson as* Ribes antarcticum, *the name which appears at the base of the print. Later, in 1812 Poiret described the specie as* Ribes magellanicum. *(© The Trustees of The Natural History Museum, London).*

Lámina del arbusto zarzaparrila Ribes magellanicum *ilustrado por Sydney Parkinson, artista naturalista a bordo del* Endeavour *en la primera expedición del capitán Cook. El artista ilustra los tres órganos principales para la identificación de esta especie: hojas (parte superior), frutos en formación (parte central) y flores (parte inferior de la lámina). Esta especie fue identificada por Parkinson como* Ribes antarcticum, *nombre que aparece en la base de la lámina. Más tarde, en 1812 Poiret describió la especie como* Ribes magellanicum. *(© The Trustees of The Natural History Museum, London).*

The form of the leaves of the wild currant's (zarzaparrilla in Spanish) is very similar to those of a grape vine (parra). Since this bush grows wild, like a weed (or zarza), the Spanish called it zarzaparrilla. Hanging from the branch we see blooms with numerous small red flowers with 5 green sepals, 5 red petals, 5 yellow stamens and 1 central pistil (detail at the right). (Photos John Schwenk).

La forma de las hojas de la zarzaparrilla es muy similar a la de las hojas de la parra. Como este arbusto crece como maleza o zarza en forma silvestre, los españoles lo llamaron zarzaparrilla. Colgando desde la rama se observan las inflorescencias compuestas de numerosas flores rojas pequeñitas con 5 sépalos verdes, 5 pétalos rojos, 5 estambres amarillos y 1 pistilo al centro (detalle a la derecha). (Fotos John Schwenk).

Detail of the mature zarzaparrilla fruits, whose form is like small grapes or currants, and since this bush grows wild the English explorers named it "wild currant." We see a close up of immature fruits, which resemble those of the print by Parkinson. (Photo Margaret Sherriffs).

Detalle de las frutos maduros de zarzaparrilla cuya forma se parece a la de pequeñas uvitas o pasas (= currant), y como este arbusto crece en forma silvestre (= wild), los expedicionarios ingleses lo nominaron wild currant. Un detalle de frutos inmaduros muestra que se asemejan a los de la lámina de Parkinson. (Foto Margaret Sherriffs).

INHABITANTS of the Island of TERRA-DEL FUEGO in their Hut.

▲ *One of the most popular prints from Cook's first expedition to Cape Horn is this illustration from Good Success Bay of a hut made from the Magellanic coigüe tree (Nothofagus betuloides) and sea lion skins with a Selknam or Ona family around a camp fire. (©The British Library Board - British Library).*

Una de las láminas más difundidas de la primera expedición de Cook a Cabo de Hornos, ha sido esta ilustración elaborada en la Bahía del Buen Suceso de una choza construida con ramas de coigüe de Magallanes (Nothofagus betuloides) y cueros de lobo marino, con una familia selknam u ona en torno al fogón. (©The British Library Board - British Library).

While Cook and his crew restocked the ship, the science team continued the search for more specimens. Disaster befell the small group when a snowstorm hit and they were stranded overnight in extremely cold weather. On January 17, 1769, Cook recorded in his journal that two team members died of exposure during the storm (p. 28). Banks recounting of the difficult journey back to the boat due to the debilitating and extreme weather and the intense cold (even though it was summer in the Southern Hemisphere) and of the death of two black servants from exposure (p. 221).

Weather kept the ship in the bay until January 21. On January 22, Cook prepared his ship to round Cape Horn, ensuring anything that could be lost was stowed. They navigated through the Le Maire Strait with alternating calm and wind. On January 25, Cook spotted the 1,400-foot rock triangle at Cape Horn, but the fog prevented him from confirming it. On January 26 at 2 o'clock in the afternoon the weather cleared enough to identify the cape "bearing W.S.W. distant about 6 leagues" (p. 30). Only on January 28, 1769, was Cook able to confirm that the *Endeavour* had rounded Cape Horn, and set its position at 55°59'S; 68°13'W, very close to its actual position at 55°58'S; 67°16'W. That afternoon he identified the Diego Ramírez Islands "to the north at a distance of about 8 leagues." As the islands lie west of Cape Horn, "sighting [the Isle Diego Ramirez] due north meant that they had rounded the Horn with astonishingly little trouble" adding that Captain Wallis had taken three months to pass through the Strait of Magellan during the same season. After this the *Endeavour* set course to the west.

Captain Cook's Second Expedition
(1772 - 1775)

Cook who had been promoted to captain began his second voyage only a few weeks after he had returned from the first. This time the Admiralty had prepared two

Mientras Cook y su tripulación reabastecían la nave, el equipo científico se internó buscando especímenes. El desastre sobrevino cuando una tormenta de nieve obligó al grupo a permanecer en el exterior durante la noche y el frío se volvió intenso. El 17 de enero Cook escribió en su *Diario* que dos miembros del equipo habían muerto (p. 28). Banks narró estos hechos confusamente mostrando lo difícil del retorno al barco debido al debilitamiento extremo, al intenso frío (incluso en verano en el Hemisferio Sur) y al cansancio que culminó con dos muertos por congelamiento, ambos sirvientes negros (p. 221).

El clima mantuvo al barco en la bahía hasta el 21 de enero. El 22 Cook preparó su nave para rodear el Cabo de Hornos estibando todo aquello que pudiera soltarse en la travesía. Navegaron a través del Estrecho Le Maire con calma y viento, alternadamente. El 25 de enero el comandante avistó el triángulo de roca de 1.400 pies del Cabo de Hornos, pero la niebla le impidió confirmarlo. Al día siguiente, a las 2 de la tarde el clima aclaró lo suficiente para identificar el cabo "cerca de 6 leguas al W.S.W." (p. 30). Sólo el 28 de enero de 1769 Cook confirmó que el *Endeavour* había rodeado el Cabo de Hornos y fijó su posición en 55°59'S, 68°13'W, muy cerca de su posición real en los 55°58'S, 67°16'W. Esa tarde identificó las Islas Diego Ramírez "hacia el norte a una distancia de unas 8 leguas". Como las islas quedan al oeste del Cabo de Hornos "avistar [las islas] al norte significaba que habían pasado el Cabo de Hornos casi sin problemas", agregando que el capitán Wallis se había tomado tres meses para pasar por el Estrecho de Magallanes durante la misma estación del año. Después de esto el *Endeavour* puso rumbo hacia el oeste.

Segunda Expedición del Capitán Cook
(1772 - 1775)

El segundo viaje de Cook, ahora ascendido a capitán, se inició sólo unas pocas semanas después de haber regresado del primero. Esta vez el Almirantazgo preparó

ships: the 462-ton Resolution with a crew of 112 people, which was commanded by Cook, and the Adventure, which was under the command of Captain Tobias Furneaux and had a crew of 81, including officers. The objective was to continue to investigate the continent toward the South Pacific in order to explore the Antarctic circle, and map the possible discoveries in the south.

Captain Cook's second voyage to the Cape Horn area – between 1772 and 1775 aboard the *Resolution*– had less dramatic consequences and his ethnographic records were superior to his previous descriptions. Cook had improved his ability to make objective observations. The new leader of the scientific team was the German Johann Reinhold Forster, after the botanist Banks gave up the trip because, "his cabin was not comfortable enough." J. R. Forster's assistant was his son, the young Georg Forster. The Forsters generated remarkable reproductions of the birds of Tierra del Fuego and Antarctica. Other members of the scientific team were William Wales and William Bayley, mathematicians and astronomers sent to assist Cook Cook with more precise longitudinal recordings. William Hodges was the new artist of the group since the previous illustrators, Parkinson and Buchan, died during the first voyage. In Cape Town, a Swedish botanist and naturalist who had studied with Karl Linnaeus, came aboard as assistant to the Forsters.

Both ships departed from Plymouth on July 13, 1772 navigating southward from the west. In January 1773, they were the first ships to cross the Antarctic circle. The *Adventure* continued to New Zealand and then then on to England becoming the first ship to circumnavigate the globe from west to east. The *Resolution*, meanwhile, approached Cape Horn from the west, from the Pacific to the Atlantic, in December of 1774.

On board the *Resolution* Cook sailed through the western entrance of the Strait of Magellan and spotted Cape Deseado (now Cape Pillar) on the northwest tip of

dos barcos, el *Resolution* de 462 toneladas, 112 personas a bordo y cuyo comandante era Cook, y el *Adventure*, con 81 tripulantes incluidos los oficiales al mando del capitán Tobias Furneaux. El objetivo era continuar la búsqueda del continente hacia el Pacífico sur con el fin de explorar el círculo antártico, y cartografiar los posibles descubrimientos en el sur.

Este segundo viaje al área del Cabo de Hornos -entre 1772 y 1775 a bordo del *Resolution*- tuvo consecuencias menos dramáticas y sus registros etnográficos fueron superiores. Cook había mejorado su habilidad para realizar observaciones objetivas. El nuevo líder del equipo científico fue el alemán Johann Reinhold Forster debido a que el botánico Banks desistió del viaje porque "su cabina no era lo suficientemente cómoda". El asistente de J. R. Forster fue su hijo, el joven Georg Forster, ambos generaron notables reproducciones de las aves de Tierra del Fuego y de la Antártica. Otros miembros del equipo científico fueron William Wales y William Bayley, matemáticos y astrónomos enviados para asistir a Cook en el registro de las longitudes con alta precisión. William Hodges fue el nuevo artista del grupo ya que Parkinson y Buchan murieron en el primer viaje. En Ciudad del Cabo se embarcó como asistente de los Forster un botánico y naturalista sueco que había estudiado con Carl Linneo.

Ambas naves zarparon de Plymouth el 13 de julio de 1772 acercándose hacia el sur desde el oeste. En enero de 1773 fueron los primeros barcos en cruzar el círculo antártico. El *Adventure* siguió hacia Nueva Zelanda y luego continuó hacia Inglaterra siendo el primer barco que circunnavegó el globo desde el oeste hacia el este. El *Resolution*, por su parte, se aproximó al Cabo de Hornos desde el oeste pasando desde el Océano Pacífico hacia el Atlántico en diciembre de 1774.

A bordo del *Resolution*, Cook navegó por la entrada oeste del Estrecho de Magallanes avistando el Cabo Deseado (ahora Cabo Pilar) en el extremo noroeste de la Isla

Desolation Island. Because of this sighting, Cook concluded that he had reached the west coast of Tierra del Fuego. That day he wrote in his *Diary* "I have now done with the Southern Pacific Ocean, and flatter my self that no one will think that I have left it unexplored, or that more could have been done in one voyage towards obtaining that end than has been done in this" (p. 399). Cook passed Cape Noir on December 18, 1774, and landed on the east side of York Minster Island to restock the *Resolution*. They anchored on December 21, 1774 in what Cook called Christmas Sound. The next day he sent two officers to sketch the canal while he and the botanists explored the northern area of the bay. Cook and his group saw huts of the indigenous people and the captain described the place "doomed by Nature to everlasting sterility". Nevertheless, he found fresh water and wood for fuel. On one of the islands he found wild celery near a group of indigenous huts, of which Wales wrote "the best wild celery I have ever tasted, and I Think but little inferior to the Garden Cellery in England." The nearby islands supplied gull and goose eggs for the weary travelers. In spite of everything, the area proved to be so abundant that Cook was willing to reward his crew with a great Christmas feast.

That same day Cook discovered that nine indigenous canoes had visited the ship during his absence. The next day, on December 25, 1774, the local inhabitants returned for another visit. Cook took them for the selknam he had met on his first voyage, when he was anchoring in the Bay of Good Success, but the latter were probably Yahgans. With respect to this visit Cook noted in his diary, "They were half starved, without a beard; among them, no tall person was seen. They were almost naked; their only dress was a seal skin" (p. 403). Cook made a special note about the bonfires that the natives carried in their canoes, "The women and children remained in their canoes, built with tree barks and in each there is a bonfire, around which the poor creatures are squeezed" (p. 404). His final observation about the native people states: "Among all the

Desolación. Con este avistamiento Cook concluyó que había alcanzado la costa oeste de Tierra del Fuego. Ese día escribió en su *Diario:* "Acabo de llegar al Océano Pacífico Sur, y tengo la ilusión que nadie pensará que lo he dejado sin explorar, o que podría haber hecho más en un viaje para obtener ese fin de lo que se ha hecho en este" (p. 399). Cook pasó el Cabo Noir el 18 de diciembre de 1774 y atracó al lado este de la Isla York Minster para reabastecer al *Resolution*. Anclaron el 21 de diciembre de 1774 en lo que el capitán llamó Seno Christmas (Seno Navidad). Al día siguiente envió a dos oficiales a bosquejar el canal mientras él y los botánicos exploraban el área norte de la bahía. Cook y su grupo vieron chozas de los nativos y el capitán describió el lugar "condenado por la naturaleza a una esterilidad perpetua". No obstante, halló agua fresca y leña para combustible. En una de las islas encontró apio silvestre cerca de un grupo de chozas indígenas del que Wales escribió: "El mejor apio silvestre que he probado y sólo algo inferior al apio cultivado en Inglaterra". Las islas cercanas suministraron huevos de gaviotín y ganso para los fatigados viajeros. A pesar de todo, el área probó ser tan abundante que Cook estuvo dispuesto a recompensar a su tripulación con un gran banquete de Navidad.

Ese mismo día el capitán descubrió que nueve canoas indígenas se habían acercado al barco durante su ausencia. Al día siguiente, el 25 de diciembre de 1774, los nativos volvieron para otra visita. Cook los tomó por los selknam que había encontrado en su primer viaje, cuando anclaba en la Bahía del Buen Suceso, pero estos últimos eran probablemente un grupo yagán. Con respecto a esta visita Cook anotó en su *Diario*: "Estaban medio famélicos, sin barba; entre ellos no se veía ninguna persona alta. Estaban casi desnudos; su único vestido era una piel de foca" (P. 403). Cook hizo una nota especial sobre las fogatas que los nativos llevaban en sus canoas: "Las mujeres y los niños permanecían en sus canoas, construidas con cortezas de árboles y en cada una hay una fogata, en torno a la cual se apretujan las pobres criaturas" (404). Su observación final sobre los nativos

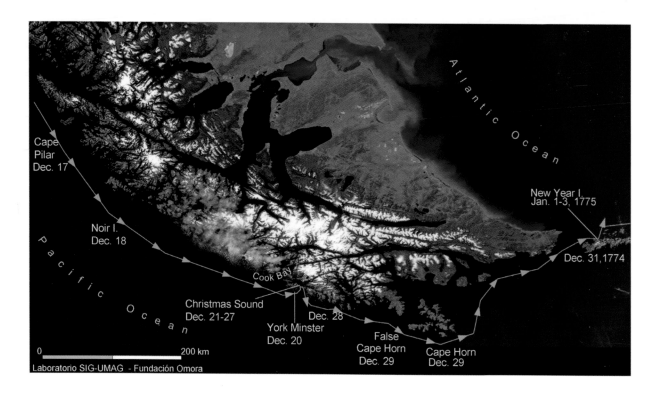

Map labels:

Atlantic Ocean

Pacific Ocean

Cape Pilar
Dec. 17

Noir I.
Dec. 18

New Year I.
Jan. 1-3, 1775

Dec. 31, 1774

Cook Bay

Christmas Sound
Dec. 21-27

York Minster
Dec. 20

Dec. 28

False
Cape Horn
Dec. 29

Cape Horn
Dec. 29

0   200 km

Laboratorio SIG-UMAG - Fundación Omora

In December 1774, six years after his first voyage around Cape Horn, Captain Cook returned to the austral archipelagoes of South America. In contrast to the first voyage, this second time he arrived from the west through the Pacific Ocean commanding the Resolution. He departed from New Zealand, after performing an extensive exploration of the waters and archipelagoes around the Antarctic Circle. On his first trip, Cook had demonstrated that New Zealand was not connected to a larger landmass after circumnavigating it and tracing almost the entire east coast of Australia. And yet, it was still believed that the Terra Australis would be found even further south. On his second voyage, Cook visited the sub-Antarctic islands of South Georgia and the South Sandwich Islands and predicted that the Antarctic land lay beyond the ice barrier. Map prepared in the GIS Omora Park - CERE/UMAG Laboratory.

En diciembre de 1774, seis años después de su primer viaje alrededor del Cabo de Hornos, el capitán Cook regresó a la región archipelágica austral de Sudamérica. En contraste con el primer viaje, en esta segunda oportunidad arribó desde el oeste por el Océano Pacífico al mando de la nave Resolution. Había zarpado desde Nueva Zelanda después de realizar una extensa exploración de las aguas que rodean el Círculo Antártico. En su primer viaje, Cook había demostrado circunnavegando Nueva Zelanda que ésta no estaba unida a una masa de tierra más grande en el sur, y trazó casi toda la costa oriental de Australia. Sin embargo, todavía se creía que la Terra Australis se encontraba aún más al sur. En su segundo viaje, visitó las islas subantárticas Sandwich del Sur y Georgias del Sur, y predijo que la tierra antártica se encontraba más allá de la barrera de hielo. Mapa preparado en el Laboratorio SIG Parque Omora - CERE/UMAG.

peoples I have seen in the world, this seems to be the most helpless. They are condemned to live in one of the most inhospitable climates in the world and lack the necessary sagacity to provide themselves with what life can do, to some extent, more comfortable" (in Murphy 2004, p. 155) Despite Cook's comment, the original inhabitants of that region had been there for several thousands of years, according to later data.

The Christmas meal was probably the best one the crew had had in months, if not years. They were served roasted and boiled geese along with goose pie and Madeira wine, which according to Captain Cook was, "the only article of our provisions that was mended by keeping; so that our friends in England did not perhaps, celebrate Christmas more cheerfully than we did" (p. 404).

On December 28, 1774, Cook resumed the voyage. On the 29th, they passed Cape Horn toward the Atlantic Ocean. On December 31, 1774, Cook sighted islands he called the New Year Islands. He anchored to restock the ship near the eastern-most island, which he named Observatory Island. Members of the crew went ashore to hunt seals, collect sea birds and fish. The sailors noticed a different type of sea lion that Cook called "sea bear." The hunting party returned to the *Resolution* laden with wild game and fish. On January 1, 1775, Cook sent men to the shore "to skin and cut off the fat of the surplus carcasses of seals who yet remained dead a shore, for we had already got more carcasses on board than necessary, and I went my self in another boat to collect birds." Cook named a newly discovered port, New Years Harbour, where the crew found sea lions and "an innumerable quantity of Gulls as to darken the air when disturbed."

In 1775 they reached South Georgia Islands and Sandwich Islands, and from there the *Resolution* continued to Cape Town. The expedition was a success for Cook and helped dispel rumors about the great continent south of 55°S.

señala: "Entre todos los pueblos que he visto en el mundo, éste parece ser el más desamparado. Están condenados a vivir en uno de los climas más inhóspitos del mundo y carecen de la sagacidad necesaria para proveerse de lo que puede hacer la vida, en alguna medida, más confortable" (en Murphy 2004, p. 155). No obstante su comentario, los habitantes originarios de esa región llevaban ahi varios miles de años, de acuerdo a datos posteriores.

La cena de Navidad fue quizás la mejor comida que la tripulación había probado en meses. Se sirvió ganso asado y hervido y vino de Madeira, que según el capitán Cook fue "el único artículo de nuestras provisiones que mejoró con el almacenaje, de manera que ni siquiera nuestros amigos en Inglaterra podrían haber celebrado Navidad tan alegremente como lo hicimos nosotros" (p. 404).

El 28 de diciembre de 1774 Cook recomenzó la navegación. El 29 pasaron el Cabo de Hornos hacia el Atlántico. El 31 de diciembre de 1774 Cook avistó las islas que llamaría Islas Año Nuevo. La tripulación desembarcó para cazar lobos marinos y colectar aves marinas y peces; cumpliendo estas labores los marineros avistaron otro tipo de lobo marino que el capitán llamó "oso de mar". Los cazadores volvieron al *Resolution* cargados de carne silvestre y peces. El 1 de enero de 1775, Cook envió gente a la playa para "desollar y cortar la grasa de los que todavía estaban muertos en la playa, porque ya teníamos a bordo más carcasas de las necesarias, y fui en otro bote a colectar aves". Cook llamó Caleta Año Nuevo al puerto recientemente descubierto, donde la tripulación encontró lobos marinos y "una innumerable cantidad de gaviotas, tantas, que oscurecen el cielo cuando las perturbamos".

En 1775 llegaron a las islas South Georgia y Sandwich y desde ahí el *Resolution* siguió a Ciudad del Cabo. La expedición fue un éxito para Cook y ayudó a disipar los rumores sobre el gran continente al sur de los 55°S.

A kelp goose couple in Christmas Sound illustrated by Johann and Georg Forster. This goose shows a marked sexual dimorphism. The female has a dark coloration that mimics the shoreline rocks of the sub-Antarctic ecoregion; the male has an attention getting snow white color with jet black eyes and bill. With this coloration the male is easily detected by the predators which he distracts, protecting the female and goslings during the reproductive season. (© The Trustees of The Natural History Museum, London).

Pareja de carancas en Seno Navidad ilustrada por Johann y Georg Forster. Esta especie de ganso presenta un marcado dimorfismo sexual: la hembra posee una coloración oscura que la mimetiza con las rocas litorales de la ecorregión subantártica, el macho posee un llamativo color nieve con ojos y pico negro. Con esta coloración el macho es fácilmente detectable por los depredadores a quienes distrae, protegiendo a la hembra y los polluelos durante la época de crianza. (© The Trustees of The Natural History Museum, London).

▲ *The kelp goose* (Chloephaga picta) *is a species of marine goose unique to the Southern Hemisphere. In the photograph, a female feeds on sea weed on the north coast of Navarino Island at the estuary of the Robalo River in the Omora Ethnobotanical Park. This species is endemic to the archipelago and channels of the Magellanic Sub-Antarctic Ecoregion, including the Malvinas Islands (also known as the Falklands), and their conservation requires special attention. (Photo Omar Barroso).*

La caranca (Chloephaga picta) *es la única especie de ganso marino en el Hemisferio Sur. En la fotografía una hembra se alimenta de algas en la costa norte de la Isla Navarino, en la desembocadura del río Róbalo en el Parque Etnobotánico Omora. Esta especie es endémica de los archipiélagos y canales de la ecorregión subantártica de Magallanes, incluyendo las Islas Malvinas (Falkland), y su conservación requiere especial atención. (Foto Omar Barroso).*

▲ View from the west of Cape York at the southern tip of Waterman Island. On this cape rises the peak of York Minster, named by Capitan Cook for its likeness to the York Cathedral in England. (Photo Ricardo Rozzi).

Vista desde el oeste del Cabo York en el extremo sur de la Isla Waterman. En este cabo se eleva el peñón York Minster, denominado así por el capitán Cook por su similitud con la catedral de York en Inglaterra. (Foto Ricardo Rozzi)

▲ View from the east of Cape York, where we can see the towers that make this natural monument appear like the architecture of the York Cathedral. (Photo Ricardo Rozzi).

Vista desde el este del Cabo York donde se aprecian las torres que asemejan a este monumento natural con la arquitectura de la catedral de York. (Foto Ricardo Rozzi).

Captain James Cook sailed for eleven years across the Pacific Ocean. During the three voyages he rounded Cape Horn twice, and generated relevant knowledge that contributed to the understanding of the entire South Pacific area. He produced precise maps, calculated longitude accurately, tested and approved the K1 chronometer. Cook took possession of new lands for the British Empire, which led to the colonization of Australia and New Zealand. He also was the first to explore the Antarctic circle. Finally, he made valuable cultural and anthropological observations and developed a good relationship with the ethnic groups of the southern seas, although he was killed by an attack by one of them during an event that still remains confused. The scientists who accompanied him on his trips produced drawings and paintings of animal and plant species, landscapes, cultural aspects, and generated collections of specimens of incalculable value for science. The collections of plants, of bird skins, descriptions, drawings and paintings, contributed to an increase of knowledge, in the Western world, about the ethnography, botany, biology and unique landscapes of the Cape Horn area.

He commented that the southwest coast of Tierra del Fuego may be compared to the coast of Norway "with respect to inlets." He made interesting observations about the currents and included extensive lists and descriptions of wildlife in the vicinity—notably penguins and various species of sea lions. Concluding his entries, he wrote "I am neither a botanist nor a Naturalist and have not words to describe the productions of Nature either in the one Science or the other." Despite his humble estimate of his own abilities, Cook's journals continue to inspire global interest in the dynamic marine- and landscapes, and flora and fauna, of the Cape Horn region—now protected as the southernmost Biosphere Reserve in the world.

El capitán James Cook navegó once años por el Océano Pacífico. Durante sus tres viajes, en dos de los cuales dobló el Cabo de Hornos, generó conocimientos relevantes sobre la toda el área del Pacífico sur. Produjo cartografía con precisión, calculó longitudes con exactitud, probó y aprobó el cronómetro K1. Cook tomó posesión de nuevas tierras para el Imperio Británico que llevaron a la colonización de Australia y Nueva Zelanda. Fue ademas el primer explorador del círculo antártico. Finalmente, realizó valiosas observaciones culturales y antropológicas y desarrolló una buena relación con los grupos étnicos de los mares del sur, si bien murió atacado por uno de ellos en una situación todavía confusa. Los científicos que lo acompañaron en sus viajes produjeron dibujos y pinturas de especies animales y de plantas, paisajes, aspectos culturales y generaron colecciones de especímenes de incalculable valor para la ciencia. Las colecciones de plantas, de pieles de aves, descripciones, dibujos y pinturas, contribuyeron al aumento del conocimiento de Occidente sobre la etnografía, botánica, biología y paisajes únicos del área del Cabo de Hornos.

Comentó en su *Diario* que la costa sudoeste de Tierra del Fuego "con respecto a los islotes" puede compararse con las costas de Noruega. Realizó interesantes observaciones sobre las corrientes marinas, incluyó extensas listas y descripciones de la vida silvestre, especialmente pingüinos y varias especies de lobo marino. El capitán Cook concluyó: "No soy botánico ni naturalista y no tengo palabras de ninguna ciencia para describir la producción de la naturaleza". A pesar de la modesta estimación de sus propias capacidades, los Diarios de Cook todavía inspiran interés debido a la descripción de los paisajes marinos, terrestres, flora y fauna de la región del Cabo de Hornos, hoy protegidos por la Reserva de la Biosfera Cabo de Hornos.

provident b.

Apium antarticum

Print of wild celery illustrated by Sydney Parkinson, nature artist aboard the Endeavour on the first Cook expedition. At the base of the print this species is described as Apium antarcticum, but the description by Thouars in 1808 gave it the scientific name Apium australe. This species is distributed throughout the sub-Antarctic region, including southern South America, New Zealand and Australia. (© The Trustees of The Natural History Museum, London).

Lámina del apio silvestre ilustrada por Sydney Parkinson, artista naturalista a bordo del Endeavour en la primera expedición del Capitán Cook. En la base de la lámina esta especie recibe el nombre de Apium antarcticum, pero en la descripción por Thouars en 1808 su nombre científico fue definido como Apium australe. Esta especie se distribuye por toda la región subantártica incluyendo el sur de Sudamérica, Nueva Zelanda y Australia. (© The Trustees of The Natural History Museum, London).

▲ Wild celery (Apium australe) is a species that grows in abundance along the shores of the Cape Horn Biosphere Reserve, where it has been eaten for hundreds of years by the original Yahgan and Kawésqar groups. In the same way it delighted Captain Cook's crew in the Christmas supper celebrated at Christmas Sound in 1774. (Photo Margaret Sherriffs).

El apio silvestre (Apium australe) es una especie que crece en abundancia en el litoral de la Reserva de la Biosfera Cabo de Hornos, donde ha sido consumida desde hace cientos de años por poblaciones originarias de la etnia yagán y kawésqar. De la misma manera deleitó a la tripulación del capitán Cook en la cena de Navidad celebrada en Seno Navidad en 1774. (Foto Margaret Sherriffs).

After the Trips of Captain Cook

The voyages of Captain Cook left the bar very high in terms of accuracy and precision of observations, and set a precedent for the expeditions that followed. In 1785 France sent an expedition with scientific, ethnological, political and commercial objectives with two ships under the command of Jean Francois de Galaup, Count of Lapérouse, a member of the Geographical Society which passed Cape Horn in August of that year. Among the participants of the expedition was an astronomer, three naturalists, a mathematician and three sketchers. The two vessels were wrecked, probably near the Solomon Islands. Other expeditions were sent by Great Britain, France and Russia. From the beginning of the 19th century, interest in exploration of Antarctica opened up and the number of expeditions sent by Great Britain and the United States increased. By 1840, all of the islands in the Southern Ocean had been identified.

However, interest had focused on Antarctica, and at the beginning of the 19th century there was still much to study in the Strait of Magellan and the lands further south. For this reason, in 1826 the British Admiralty organized one of the expeditions that achieved the most fame in Western history. The *Adventure* and *Beagle* ships were prepared and sent under the command of Captain Phillip Parker King in order to carry out a precise topographic survey of the waters of Tierra del Fuego.

Después de los Viajes del Capitán Cook

Los viajes del capitán Cook dejaron la vara muy alta en términos de exactitud y precisión de sus observaciones y sentaron un precedente para las expediciones que siguieron. En 1785 Francia envió una expedición con objetivos científicos, etnológicos, políticos y comerciales con dos naves al mando de Jean Francois de Galaup, conde de Lapérouse, miembro de la Sociedad Geográfica que dobló el Cabo de Hornos en agosto de ese año. Entre los participantes de la expedición había un astrónomo, tres naturalistas, un matemático y tres dibujantes. Los dos barcos habrían naufragado cerca de las Islas Salomón. Otras expediciones fueron enviadas por Gran Bretaña, Francia y Rusia. Desde principios del siglo XIX se abrió el interés en la exploración antártica y fueron varias las expediciones enviadas por Gran Bretaña y Estados Unidos. En 1840 todas las islas del Mar del Sur estaban identificadas.

No obstante el interés se había centrado entonces en la Antártica, a principios del siglo XIX todavía quedaba mucho por estudiar en el Estrecho de Magallanes y las tierras de más al sur. Por esta razón, en 1826 el Almirantazgo Británico organizó una de las expediciones que ha alcanzado más fama en la historia Occidental. Las naves *Adventure* y *Beagle* fueron preparadas y enviadas bajo las órdenes del capitán Phillip Parker King con el objeto de realizar un levantamiento topográfico preciso de las aguas de Tierra del Fuego.

The southern or two-legged fur seal (Arctophoca australis) called "sea bear" by Captain Cook, today represents an endangered species that finds a refuge in the fjords and archipelagos of the Cape Horn Biosphere Reserve. (Photo Jorge Herreros).

El lobo fino austral o de dos pelos (Arctophoca australis) llamado "oso de mar" por el capitán Cook, representa hoy una especie amenazada que encuentra un refugio en los fiordos y archipiélagos la Reserva de la Biosfera Cabo Hornos. (Foto Jorge Herreros).

(Next page). Cook Bay west of Hoste Island, protected by the Alberto de Agostini National Park. (Photo Omar Barroso).

(Página siguiente). Bahía Cook al oeste de la Isla Hoste, protegida por el Parque Nacional Alberto de Agostini. (Foto Omar Barroso).

"One evening (11th) the air was unusually clear, and many of the mountains in that direction [South] were distinctly defined. We... were watching the gradual appearance of snow-capped mountains which had previously been concealed, when, bursting upon our view, as if by magic, a lofty mountain appeared towering among them; whose snowy mantle, strongly contrasted with the dark and threatening aspect of the sky, much enhanced the grandeur of the scene." Captain King Narratives, January 11th, 1827, p. 26. Mount Sarmiento's summit. (Photo Paola Vezzani).

"Cierta tarde, (el día 11) la atmósfera estaba extrañamente clara, y muchas de las montañas en aquella dirección [Sur] se perfilaban nítidamente... Contemplábamos la aparición gradual de montañas nevadas que hasta entonces permanecieran ocultas, cuando una cumbre majestuosa surgió de golpe ante nuestra vista, como por arte de magia, dominándolo todo con su altura. Un manto de nieve que contrastaba violentamente con el aspecto sombrío y amenazador del cielo, enalteciendo la solemnidad de la escena". Narrativa del Capitán King, 11 de enero de 1827, p. 42. Cumbre del Monte Sarmiento. (Foto Paola Vezzani).

5

The 19th Century: Origin of Darwin's Expedition to Cape Horn
El Siglo XIX: Origen de la Expedición de Darwin a Cabo de Hornos

Ricardo Rozzi & Francisca Massardo

The observations made by Charles Darwin in the Magellan region between December 1832 and June 1834, can only be fully understood if one considers the first expedition of the two vessels, *HMS Beagle* and *HMS Adventure* that were led by Captain Phillip Parker King in the area between 1826 - 1830, due to the following two reasons:

1) Darwin carefully reviewed the notes included in Captain King's travel diary in order to contrast or develop his own observations.

2) Many of the routes navigated and places visited by Darwin in the Magellan region correspond to the areas explored during the first expedition led by Captain King.

In order to facilitate the understanding of this context, we briefly present the main events and observations made by Captain King, commander of the ship *Adventure* and Captain Pringle Stokes, commander of *HMS Beagle*, during their first expedition to the southern tip of South America.

Las observaciones que Charles Darwin hizo en Magallanes entre diciembre de 1832 y junio de 1834 sólo se pueden comprender cabalmente si se considera la primera expedición que las embarcaciones *HMS Beagle* y *HMS Adventure* hicieran al área entre 1826 y 1830, a cargo del capitán Phillip Parker King, debido al menos a dos razones:

1) Darwin revisó minuciosamente las notas incluidas en el diario de viaje del capitán King para contrastar u orientar sus propias observaciones.

2) Muchas de las rutas navegadas y de los lugares visitados por Darwin en Magallanes corresponden a las áreas exploradas durante la primera expedición del capitán King.

Para facilitar la comprensión de este contexto, exponemos sucintamente los principales eventos y observaciones que el capitán King, al mando de la nave *Adventure* y el capitán Pringle Stokes, al mando del *HMS Beagle*, hicieran durante la primera expedición al extremo austral de Sudamérica.

Captain Phillip Parker King: A Direct Precursor of Darwin's Work in South America (1826-1828)

The Beagle *in the Magellan Region in 1826-1827*

In mid-December 1826, two scouting ships sent by the British Admiralty sailed from the Atlantic Ocean toward the Pacific, around Cape Virgins in the entrance of the Strait of Magellan. Considering the progress made by the maritime transport systems and the opening of new trade routes to the newly independent South American nations, the English crown considered it essential to survey, in detail, the hydrography of the remote, vast and complex geographical area offering promising southern trade routes that the British wanted to control.

The Royal Navy was one of the world's most powerful navies, and under the command of Captain Phillip Parker King, in December 17, 1826, it would begin one of the most extensive operations in the history of hydrography. The two ships, *HMS Adventure*, a 300-ton vessel commanded by King himself, and *HMS Beagle*, of 225 tons commanded by Captain Pringle Stokes, entered along the strait and toured for the next four months in order to conduct the first phase of the hydrographic survey.

El Capitán Phillip Parker King: Un Precursor Directo del Trabajo de Darwin en Sudamérica (1826-1828)

El Beagle *en la Región de Magallanes en 1826 y 1827*

A mediados de diciembre de 1826, dos naves de exploración enviadas por el Almirantazgo Británico doblaban desde el Océano Atlántico en dirección hacia el Pacífico, rodeando el Cabo Vírgenes en la boca este del Estrecho de Magallanes. Considerando el avance alcanzado por los sistemas de transporte marítimo y la apertura de nuevas rutas comerciales hacia las recién independizadas naciones sudamericanas, la corona inglesa consideraba indispensable levantar la hidrografía de la remota, extensa y compleja región geográfica austral que ofrecía promisorias vías de comercio que los británicos deseaban controlar.

La Armada Real Británica era un de las más poderosas del mundo y bajo el mando general del capitán Phillip Parker King, el 17 de diciembre de 1826 iniciaba una de las campañas más extensas en la historia de la hidrografía. Dos naves, el *HMS Adventure* de 300 toneladas comandado por el mismo King y el *HMS Beagle*, de 225 toneladas comandado por el capitán Pringle Stokes, se adentraron a lo largo del estrecho y durante cuatro meses lo recorrieron para llevar a cabo la primera fase de este levantamiento hidrográfico.

◄ *Captain King explored the western coasts of Tierra del Fuego, where the King penguin (Aptenodytes patagonicus), the largest penguin species living outside of the Antarctica, can be found. (Photo Jorge Herreros).*

El capitán King exploró las costas occidentales de Tierra del Fuego, donde se encuentra la especie de pingüino más grande que vive fuera de la Antártica, el pingüino rey (Aptenodytes patagonicus). (Foto Jorge Herreros).

Captain King, a thirty-five year old hydrographer, carefully studied the stories of navigators such as: Sarmiento, Cordova, Wallis, Byron and Bougainville, and based on those accounts planned to explore the southern archipelago in the summer months. However, he was still surprised by the strong currents that moved from west to east in the Strait of Magellan. It took him almost 10 days to go from Cape Virgins to the San Gregorio Bay. King records: "Masses of large seaweed, [Fuscus giganteus] drifting with the tide, floated past the ship. A description of this remarkable plant, although it has often been given before … It has also the advantage of indicating rocky ground : for wherever there are rocks under water, their situation is, as it were, buoyed by a mass of seaweed on the surface of the sea, of larger extent than that of the danger below… If there be no tide, or if the wind and tide are the same way, the plant lies smoothly upon the water, but if the wind be against the tide, the leaves curl up and are visible at a distance, giving a rough, rippling appearance to the surface of the water"(King Narrative, Dec. 1827, p. 13).

King had received the orders from the Admiralty that "an accurate Survey should be made of the Southern Coasts of the Peninsula of South America, from the southern entrance of the River Plata, round to Chiloe; and of Tierra del Fuego; and You are to avail yourself of every opportunity of collecting and preserving Specimens of such objects of Natural History as may be new, rare or interesting…" (King Narrative, pp. xv, xvii). For this reason, the collection and observation of the natural history was not a secondary activity, rather an integral part of the King's mission. Five years later his records offered essential guidance to the young naturalist

El capitán King, hidrógrafo de 35 años, estudió cuidadosamente los relatos de los navegantes Sarmiento, Córdova, Wallis, Byron y Bougainville, y basado en esta lectura planificó explorar el archipiélago austral en los meses de verano. Sin embargo, esto no previno que fuera sorprendido por las fuertes corrientes marinas que corren de oeste a este en el Estrecho de Magallanes, tomándole casi 10 días el paso desde Cabo Vírgenes hasta la Bahía San Gregorio. King registra cómo "grandes montones de algas, [Fuscus giganteus] pasaban flotando por el costado, arrastrados por la corriente. No estará demás aquí una descripción de planta tan notable… tiene la ventaja de denunciar el fondo rocalloso, pues donde quiera haya rocas submarinas su situación está como aboyada por una masa de estas algas, llamadas comúnmente kelp por los marinos, en la superficie del agua… si no hay marea, o si el viento y marea corren en la misma dirección, la planta descansa blandamente sobre el agua; pero si el viento es contrario a la marea las hojas se rizan hacia arriba y son visibles a gran distancia, dando a la superficie del agua apariencia de cabrilleo o marejadilla" (Narrativa de King, diciembre de 1827, pp. 28-29).

El capitán había recibido la orden del Almirantazgo de realizar "un levantamiento exacto de las costas meridionales de la Península de Sud América, desde la entrada Sud del Río del Plata hasta Chiloé, y de la Tierra del Fuego; y… aprovechará usted de toda oportunidad para coleccionar y conservar muestras de ejemplares de historia natural que sean nuevos, raros o interesantes…" (Narrativa de King, pp. 8, 10). Por esta razón las colectas y observaciones de historia natural no eran una actividad anexa, sino parte integral de la misión de King. Sus registros ofrecieron cinco años más tarde una orientación esencial al joven naturalista Charles Darwin,

◄ *The kelps are remarkably beautiful, and provide a critical habitat for numerous biological species in the Cape Horn Biosphere Reserve. (Photo Paola Vezzani).*

Los bosques de algas pardas (o kelps) poseen una gran belleza y proveen un hábitat crítico para numerosas especies biológicas en la Reserva de la Biosfera Cabo de Hornos. (Foto Paola Vezzani).

▲ Captain King was surprised by the large number of guanaco (Lama guanicoe guanicoe) and the number of bones of hunted specimens of this species they found near the Strait of Magellan. Today this species is abundant in the Chilean and Argentinean Patagonia. Intensively hunted during the 19th and 20th centuries its populations were reduced to almost its extinction. Now this species is fully recovered in Patagonia and the Chilean Husbandry Service conducts careful management programs. (Photo Jorge Herreros).

El capitán King se sorprendió por la gran cantidad de guanacos (Lama guanicoe guanicoe) y el número de huesos de especímenes cazados de esta especie que encontraron cerca del Estrecho de Magallanes. Hoy esta especie es abundante en la Patagonia chilena y argentina. Intensamente cazada durante los siglos XIX y XX, sus poblaciones se redujeron hasta casi su extinción. Ahora esta especie se ha recuperado en la Patagonia, y el Servicio Agrícola y Ganadero de Chile desarrolla cuidadosos programas de manejo. (Foto Jorge Herreros).

Charles Darwin, who referred to them recurrently to develop his observations and draw conclusions about the natural history and biogeography of the south while he revisited the sites described by King.

In San Gregorio Bay, King was reunited with Stokes and the crew of the *Beagle* and together they explored the area "open, low, and covered with good pasturage... Not a tree was seen; a few bushes [*Berberis*] alone interrupted the uniformity of the view" (King Narrative, 1839, December 1826, p. 16). They sighted guanacos, horses, foxes and ostriches, and when they detected traces of human presence nearby, they also found numerous bones of guanaco. In his account, King then described in great detail his first meeting with the Tehuelche or Aonikenk indigenous people (or Patagonians, as the English called them).

Afterward, both ships sailed westward, making observations about Elizabeth Island and Cape Black and arrived on January 9, 1827, at Port Famine, the encampment King has established in the Strait. The captain marked in his notes: "From Cape Negro [westward] the country assumed a very different character... the vegetation in the Strait, is so different from that of Cape Gregory and other parts of the Patagonian coast"(pp. 21-22). King described the thick vegetation of the western coast, in contrast to the barren eastern Patagonian coast, including species of trees and bushes covered with flowers and/or fruit. On January 11, 1827, after several days of heavy rain, which had prevented them from continuing their plans for further exploration, he recorded his astonishment about the mountainous landscape of Tierra del Fuego and the western region in general: "One evening (11th) the air was unusually clear, and many of the mountains in that direction [South] were distinctly defined. We... were watching the gradual appearance of snow-capped mountains which had previously been concealed, when, bursting upon our view, as if by magic, a lofty mountain

quien recurrió a ellos continuamente para desarrollar sus observaciones y elaborar conclusiones sobre la historia natural y biogeografía austral, al re-visitar los sitios ya descritos por King.

En la Bahía San Gregorio, se reencontró con Stokes y la tripulación del *Beagle* y juntos exploraron la "región abierta, baja y cubierta de buenos pastos... No se vio un árbol, y tan sólo algunos arbustos [*Berberis*] interrumpían la uniformidad del paisaje" (Narrativa de King, diciembre de 1826, p. 31). Avistaron guanacos, caballos, zorros y ñandúes, al mismo tiempo que detectaron huellas de presencia humana reciente, encontrando numerosas osamentas de guanaco. En su relato, King describió luego con mucho detalle su primer encuentro con los patagones, como llamaban los ingleses a los tehuelches o aonikenk.

Luego, ambas naves zarparon hacia el oeste realizando observaciones de la Isla Isabel y Cabo Negro para arribar el 9 de enero de 1827 al cuartel general que King dispuso en el estrecho: Puerto del Hambre. El capitán caracteriza en sus notas cómo "a partir de Cabo Negro [hacia el oeste] el territorio cambiaba enteramente de aspecto... la vegetación del Estrecho difería mucho del Cabo Gregorio y demás costa patagónica" (pp. 38-39). Continuó describiendo la espesa vegetación de las costas occidentales que, en contraste con las áridas costas patagónicas orientales, incluían especies de árboles y arbustos cubiertos de flores y/o frutos. Después de varios días de una lluvia intensa que les impidió realizar sus planes de prospección, el 11 de enero de 1827 registró su asombro frente al paisaje montañoso de Tierra del Fuego y de la región occidental en general: "Cierta tarde, la atmósfera estaba extrañamente clara, y muchas de las montañas en aquella dirección [Sur] se perfilaban nítidamente... Contemplábamos la aparición gradual de montañas nevadas que hasta entonces permanecieran ocultas, cuando una cumbre majestuosa surgió de golpe ante

▲ *It is not infrequent to catch sight of the Ñandu (*Rhea pennata pennata*), isolated or in groups, feeding in the Patagonian pampas. (Photo Ricardo Matus).*

No es infrecuente avistar al ñandú, Rhea pennata pennata, *solitario o formando grupos, alimentándose en las pampas patagónicas. (Foto Ricardo Matus).*

appeared towering among them; whose snowy mantle, strongly contrasted with the dark and threatening aspect of the sky, much enhanced the grandeur of the scene" (p. 26).

Mount Sarmiento at that time was regarded as the highest peak in the region. At 2,404 meters high, the summit is known for being very difficult to spot, which happens only a few days a year and for a few hours. The name of this peak comes from Pedro Sarmiento de Gamboa, who in 1584 founded the first Spanish settlement in the Strait of Magellan. The city of King Philip was named Port Famine after his tragic fate. Having settled this port, on January 15, 1827, King, on the deck of the *Adventure*, gave the orders to sail the boats. The *Hope*, under the command of an assistant hydrographer and navigator Thomas Graves, would cross toward the souther coast of the Strait of Magellan and record the area to the southeast of Port Famine. At the same time and under the command of Stokes, the *Beagle* sailed toward the Pacific Ocean with the mission of mapping key navigation points at the western end of the Strait of Magellan: Cape Pillar on Desolation Island, the Evangelists Islets and Cape Victoria.

King remained at base camp in Port Famine and worked on surveying the nearby coast. As a part of this work, on February 9, 1827, accompanied by the botanist and collector James Anderson and *Adventure* lieutenant and surgeon, John Tarn, Captain King visited the Eagle Bay and ascended the highest mountain in that area, which they called Mount Tarn because it was the surgeon who first reached its summit of 830 meters. During the ascent, King characterized the vegetation changes along the altitudinal profile:

"Our way led through thick underwood, and then, with a gradual ascent, among fallen trees, covered with so thick a coating of moss, that at every step we sunk up to the knees

nuestra vista, como por arte de magia, dominándolo todo con su altura. Un manto de nieve que contrastaba violentamente con el aspecto sombrío y amenazador del cielo, enalteciendo la solemnidad de la escena" (p. 42).

El Monte Sarmiento se consideraba la cumbre más elevada de la región. Con 2.404 metros de altitud, su cumbre se caracteriza por ser muy difícil de avistar, lo que ocurre sólo algunos días al año y durante unas pocas horas. El nombre de esta cumbre proviene de Pedro Sarmiento de Gamboa, quien en 1584 fundó el primer asentamiento español en el Estrecho de Magallanes, la ciudad del Rey Felipe, que luego de su trágico destino fue bautizada como Puerto del Hambre. Establecido en este puerto, el 15 de enero de 1827, desde cubierta del *Adventure,* King dio las órdenes de zarpe a los botes. El *Hope*, bajo el comando del hidrógrafo ayudante, el piloto Thomas Graves, debía cruzar hacia la costa sur del Estrecho de Magallanes y recorrer el área al sureste de Puerto del Hambre. Al mismo tiempo, el *HMS Beagle,* bajo el comando de Stokes, zarpaba por primera vez hacia el Océano Pacífico con la misión de mapear la salida oeste del Estrecho de Magallanes en puntos fundamentales para la navegación: el Cabo Pilar en la Isla Desolación, los Islotes Evangelistas y el Cabo Victoria.

King permaneció en el campamento de base en Puerto del Hambre y trabajó en el levantamiento de la costa cercana. Como parte de este trabajo, el 9 de febrero de 1827, junto con el botánico y colector James Anderson y el teniente y cirujano del *Adventure*, John Tarn, el capitán recorrió la Bahía Águila y ascendió al monte más elevado de esa área, al que denominaron Monte Tarn porque fue el cirujano el primero que alcanzó su cumbre de 830 metros de altitud. Durante el ascenso, King caracteriza los cambios de vegetación a lo largo del perfil altitudinal:

"Nuestra ruta atravesaba por un espeso matorral, y luego ascendía gradualmente por entre árboles caídos, cubiertos de una capa de musgo tan gruesa que a cada

▲ *The regions around the Cape Horn Biosphere Reserve have impressed foreign sailors for a long time. Conrad Martens was the British scientific illustrator and painter aboard* HMS Beagle *as she carried the young Charles Darwin up the Chilean channels. Martens recorded their expedition in watercolor much as we do today with photography. This painting depicts Mount Sarmiento, the highest peak along the shores of the Strait of Magellan, towering over the Canal, as Martens saw it in 1833. (© National Maritime Museum, Greenwich, London).*

Los paisajes de la Reserva de la Biosfera Cabo de Hornos han impresionado a los marinos desde siempre. Conrad Martens fue el dibujante y pintor científico oficial a bordo del HMS Beagle *que condujo al joven naturalista Charles Darwin a los canales chilenos. Martens registró la expedición en acuarelas como hoy se hace con la fotografía. Esta pintura representa al Monte Sarmiento, el punto más alto en el Estrecho de Magallanes, tal como lo viera Martens desde el* Beagle *en 1833. (© National Maritime Museum, Greenwich, London).*

Today, we can still admire the great hanging glacier of Mount Sarmiento. However, the ice masses of the Darwin Range are decreasing under the effects of global climate change. During Captain King's expedition, Mount Sarmiento was considered the highest peak in the region. With its 2,404 meters (7,888 feet) of altitude, the summit of this mount is characterized by the difficulty in spotting it. Darwin was fascinated by the fact that he could see this peak only a few days a year and for a few hours. Today, under the scenario of global climate change it is more frequent to observe this sublime summit of the Darwin Cordillera. (Photo Paola Vezzani).

Hoy, todavía podemos admirar el gran glaciar colgante del Monte Sarmiento. Sin embargo, las masas de hielo de la Cordillera Darwin están disminuyendo bajo los efectos del cambio climático global. Durante la expedición del capitán King, el Monte Sarmiento se consideraba la cumbre más alta de la región. Con sus 2.404 metros de altitud esta montaña se caracteriza por su difícil avistamiento. A Darwin le fascinó el hecho que esta cumbre se pudiera ver sólo unos pocos días al año y durante algunas horas. Hoy, bajo el escenario de cambio climático global es más frecuente observar esta cumbre sublime de la Cordillera Darwin. (Foto Paola Vezzani).

before firm footing could be found. After about three quarters of an hour spent in this way, we reached an open space, where we rested, and I set up the barometer. Here we found a cypress of very stunted growth... Here and there we observed the boggy soil was faced with a small plant [*Chamitis* sp.] of a harsh character, growing so thick and close as to form large tufts, over which we walked as on hard ground. We struggled through several thickets of stunted beech-trees, with a thick jungle of *Berberis* underneath, whose strong and sharp thorns penetrated our clothes at every step... We resumed the ascent, and passed over, rather than through, thickets of the crumply-leaved beech, which, from their exposure to the prevailing winds, rose no higher than twelve or fourteen inches from the ground, with widely-spreading branches, so closely interwoven, as to form a platform that bore our weight in walking. We next traversed an extent of table-land, much intersected by ponds of water..." (pp. 39-41).

The similarities between King's story and Darwin's annotations made seven years later, during his own ascent of Mount Tarn, are amazing.

On February 10, 1827, the *Hope* returned to the encampment after traveling down the southeast portion of the Strait, rounding near Cape Valentine and entering at the coast south of Dawson Island. Graves's report included a meeting and interactions with families of native canoeists and a description of the vegetation found on the road, with emphasis on the dense forest on Dawson Island, which grew all the way "to the shores of the water." The account was so interesting that King decided to go in person to visit this "great body of water in the south" mentioned in Graves's report, which seemed to be a deep channel, or a sound.

paso nos hundíamos hasta la rodilla antes de pisar firme... a los tres cuartos de hora por este camino llegamos a un claro, donde descansamos y armé el barómetro. Aquí hallamos un ciprés de talla muy mezquina... más adelante... el suelo pantanoso estaba cubierto de una pequeña planta [*Chamitis* sp.] de carácter áspero, que crece tupida y compacta formando anchas matas macizas sobre las que caminábamos como sobre suelo duro... Atravesamos varios bosquecillos de haya achaparrada, que tenían debajo un espeso matorral de *Berberis*, cuya fuerte y aguda espina perforaba a cada paso nuestra ropa... proseguimos por encima más que a través de bosquecillos de hayas de hoja rizada, árbol que a causa de su exposición al viento dominante no alcanza una altura mayor de 12 a 14 pulgadas del suelo, con un ramaje tan extendido y entretejido que formaba una plataforma capaz de de sostener nuestro peso al caminar.... Cruzamos luego una extensión de meseta donde abundaban los charcos de agua..." (pp. 60-61).

Es sorprendente la similitud entre el relato de King y las anotaciones que Darwin hiciera siete años más tarde, durante su propio ascenso al Monte Tarn.

El 10 de febrero de 1827 regresó el *Hope* al cuartel general luego de recorrer el sector sureste del estrecho, doblando por el Cabo San Valentín y entrando por la costa sur de la Isla Dawson. El informe de Graves incluía el encuentro y comunicación con familias de nativos canoeros y una descripción de la vegetación encontrada en la ruta, con énfasis en el bosque denso de la Isla Dawson, que llegaba "hasta las orillas mismas del agua". El recuento resultó tan interesante que King decidió ir en persona a recorrer ese "gran espejo de agua hacia el sur", mencionado por Graves, que parecía ser un canal o un seno profundo.

The landscapes of rainforests that Captain Phillip Parker King observed in the western coasts of Tierra del Fuego were is sharp contrast to the barren eastern Patagonian coast. (Photo Paola Vezzani).

Los paisajes de exuberantes bosques lluviosos que el capitán Phillip Parker King observó en las costas occidentales de Tierra del Fuego, contrastaban profundamente con las áridas costas patagónicas orientales. (Foto Paola Vezzani).

▲ *When climbing the Mount Tarn, it is possible to see the* coigue de Magallanes*, the Evergreen Beech (*Nothofagus betuloides*) growing small and thick over the snow in mid-May, a little taller than the high Andean cushion plant Bolax sp. characteristic of the sub-Antarctic high Andean sub-Antarctic. (Photo Ricardo Rozzi).*

*Durante el ascenso al Monte Tarn se ve el coigue de Magallanes (*Nothofagus betuloides*) creciendo bajo y achaparrado como un matorral que sobresale de la nieve de fines del otoño, sólo un poco más alto que un cojín de Bolax sp., arbusto característico del altoandino subantártico. (Foto Ricardo Rozzi).*

Two views of the high Andean landscape during the ascent of Mount Tarn in May. Captain King wrote: "Here we found a very small sized cypress... further down... the marshy ground was covered with a small plant [Chamitis sp.] of rough character, growing in dense and compact clumps, forming massive wide sections on which we walked and it was a hard as the ground... ." (Photos Ricardo Rozzi). ▶

Dos perspectivas durante el ascenso al altoandino del Monte Tarn a mediados de mayo. El capitán King escribió: "Aquí hallamos un ciprés de talla muy mezquina... más adelante... el suelo pantanoso estaba cubierto de una pequeña planta [Chamitis sp.] de carácter áspero, que crece tupida y compacta formando anchas matas macizas sobre las que caminábamos como sobre suelo duro...". (Fotos Ricardo Rozzi).

A week later, on February 17, the Hope once again crossed the Strait toward the south and entered through Gabriel Channel. The captain described the coast south of the Channel as, "thickly covered with trees and luxuriant underwood, which, being chiefly evergreen, improve the scenery greatly, particularly in the winter season." The description of Waterfall Port (*Puerto Cascada*), at the southern mouth of Gabriel Channel, represents the captain's excitement, "it is impossible adequately to describe the scene. I have met with nothing exceeding the picturesque grandeur of this part of the Strait" (p. 50).

From Waterfall Port, the *Hope* headed southeast toward the Almirantazgo Sound, examinig Fitton Bay and Cape Rowlett, and naming the ports Cooke and Brook, where they met a family of native canoeists. The group landed in different parts of the bay, naming the peaks Esperanza and Seymour. They entered Puerto Parry where they saw an enormous amount of geese, ducks and cormorants.

Port Ainsworth, named by B. Ainsworth -an officer aboard *Adventure* and member of this expedition- was visited later when observations were made at what is today called Marinelli Glacier, "an immense glacier, from which, during the night, large masses broke off and fell into the sea with a loud crash, thus explaining the nocturnal noises we had often heard at Port Famine, and which at the time were thought to arise from the eruption of volcanoes." (King Narrative, February 1827, p. 57).

Near Port Ainsworth "Porpoises and seal were not scarce in this inlet, and in the entrance there were many whales" (p. 58). The detailed description that Captain King gives of the landscape, vegetation, geology, and especially of the canoers is extremely interesting to read today since, two centuries of colonizing human intervention have not caused apparent changes in the vegetation of these remote

Una semana más tarde, el *Hope* cruzó de nuevo el estrecho hacia el sur y se internó a través del Canal Gabriel el 17 de febrero. El capitán describió la costa sur de dicho canal como "completamente cubierta de árboles y de exuberante maleza, que, siendo la mayor parte perenne, embellece grandemente el paisaje, particularmente en la estación de invierno". La descripción de Puerto Cascada, en la boca sur del Canal Gabriel, denota emoción: "es imposible describir la belleza del paisaje. Jamás he hallado algo que exceda en pintoresca grandeza a esta parte del estrecho" (p. 50).

Desde allí el *Hope* enfiló hacia el sureste, hacia el Seno Almirantazgo, reconociendo la Bahía Fitton y Cabo Rowlett, bautizando los puertos Cooke y Brook, donde tuvieron un encuentro con una familia de canoeros. El grupo desembarcó en diferentes puntos del seno bautizando las cumbres Esperanza y Seymour. Entraron hacia Puerto Parry donde avistaron una enorme cantidad de gansos, patos y cormoranes.

El Puerto Ainsworth -bautizado por B. Ainsworth, oficial del *Adventure* y miembro de esta expedición- fue visitado luego haciendo observaciones del hoy llamado Glaciar Marinelli, "inmenso ventisquero, del que suelen desprenderse de noche grandes trozos que caen al mar con estrépito, lo que nos explicó los ruidos nocturnos que habíamos oído frecuentemente en Puerto Hambre y que entonces creyéramos provenir de erupción volcánica" (Narrativa de King, febrero de 1827, p. 57).

Cerca de Puerto Ainsworth "no escaseaban delfines y lobos marinos, y en la entrada había muchas ballenas" (p. 58). La detallada descripción que el capitán King hace de los paisajes, la vegetación, la geología y especialmente de los canoeros, resulta extremadamente interesante de leer hoy, cuando por un lado dos siglos de intervención antrópica colonizadora no han determinado cambios aparentes en la vegetación de estos paisajes remotos de

landscapes of Ainsworth Bay and other parts of the Almirantazgo Sound. On the other hand, colonization has led to the extinction of those indigenous canoeists as well as drastic reductions in the populations of large mammals and, more recently, a marked reduction in glaciers. In order to moderate and redirect these trends, in 2005, Ainsworth Bay was incorporated as a marine buffer (protective) zone within the Cape Horn Biosphere Reserve. This has contributed to the recovering of a population of southern elephant seal (*Mirounga leonina*).

In February and March of 1827, the *Beagle* explored the northwestern archipelagic area of Cape Froward with a mission to fix the latitudinal and longitudinal coordinates registered for the western mouth of the Strait, and then returned to Port Famine during the first days in April. The stormy weather, high winds, along with the rescue operation of the shipwrecked crew of a sealer in December 1826, delayed their work. Stokes's narrative indicates that his daily mission was to avoid wrecking the ship and that they were in danger at all times. Stokes described that in his route westward, he was forced to anchor in Cape Tamar and from there had to travel the area in a cutter, leaving Lieutenant Skyring in charge of the *Beagle*. In Cape Tamar, Stokes met a group of canoeists. He described their clothes, habits and body language, emphasizing the love they expressed towards their children. Days later, with many difficulties, the *Beagle* sailed westward in an attempt to reach Cape Pillar and the Evangelists Islets, but Stokes's narrative remains focused on the dangerous reefs, the gusts coming down perpendicularly on the water called *williwaws* by the navigators of the strait, and the many dangers they braved during the mapping of the western mouth of the strait.

On the way back the *Beagle* reunited with King and the crew of the *Adventure* in Port Famine and on April 27,

Bahía Ainsworth y otros fiordos del Seno Almirantazgo. Por otro lado, ha provocado la extinción de las comunidades de canoeros de los pueblos originarios en esta área, como también la drástica reducción de las poblaciones de los grandes mamíferos marinos y más recientemente un marcado retroceso de los hielos glaciares. Con el fin de moderar y reorientar estas tendencias, el 2005 Bahía Ainsworth fue incorporada como área tampón (de protección) marina dentro de la Reserva de la Biosfera Cabo de Hornos. En este lugar se recuperan hoy poblaciones del elefante marino austral (*Mirounga leonina*).

En febrero y marzo de 1827, el *Beagle* exploró el sector archipelágico al noroeste del Cabo Froward con la misión de fijar latitudes y longitudes en la boca oeste del estrecho, y regresó a Puerto del Hambre los primeros días de abril. El clima tempestuoso, los vientos huracanados, junto con la operación de salvataje de la tripulación de un lobero naufragado en diciembre de 1826, los retrasó en su tarea. La narrativa de Stokes denota que su misión diaria era prácticamente evitar el naufragio de su nave, en peligro a cada momento. Además describió que en su ruta hacia el oeste se vio obligado a anclar en Cabo Tamar y desde allí había recorrido el área en un cúter, dejando a la *Beagle* a cargo del teniente Skyring; en dicho cabo se encontraron con un grupo de canoeros de quienes Stokes describió vestimenta, hábitos y expresiones corporales, enfatizando el cariño expresado hacia los niños. Días después y con muchas dificultades, el *Beagle* remontó hacia el oeste en el intento de alcanzar el Cabo Pilar y los Islotes Evangelistas, pero la narrativa del capitán sigue centrada en los peligrosos arrecifes, las ráfagas huracanadas que descienden perpendicularmente sobre el agua llamadas *williwaws* por los navegantes del estrecho, y los numerosos peligros que arrostraron en su levantamiento cartográfico de la boca occidental del estrecho.

De vuelta el *Beagle* en Puerto del Hambre, se reunió con King y la tripulación del *Adventure*, y el 27 de abril de 1827

▲ *Parry Bay is one of the most beautiful and scenic areas of the Almirantazgo Sound. The wildlife is rich and diverse and marine birds and sea lions still can be seen. (Photo Jordi Plana).*

La Bahía Parry es una de las áreas de mayor belleza escénica del Seno Almirantazgo. La vida silvestre es rica y diversa y todavía pueden observarse aves marinas y leones marinos. (Foto Jordi Plana).

1827, both ships headed toward the eastern mouth of the Strait of Magellan towards Montevideo, ending the first phase of the survey.

The Expeditions of the Beagle in 1828

On January 10, 1828, the *Adventure* along with the newly acquired schooner, *Adelaide*, commanded by now Lieutenant Thomas Graves, passed (for the second time) through Cape Virgins to continue to survey the Strait of Magellan, as ordered by the Admiralty. Like the previous year, strong winds and currents forced the ships to remain in Possession Bay for several days. Once the weather was calm, and after several attempts, they were able to surmount the First Narrow and anchor in Saint Gregory Bay where they landed. They explored the area up to Mount Aymond, and made observations on the plains where they hunted geese, ducks, a snipe and other birds, some of which they cooked in huge fires. Then, they saw large fires on the north and south coasts which they interpreted as a response and a welcome sign from the "Natives."

On January 13, 1828 the two ships anchored in Port Famine and were later joined by the *Beagle* on January 28. During February, they explored the area and King concluded that the last winter had been more benign, as Mount Sarmiento and other snow covered mountains exhibited bare spots, but "Every thing else, however, indicated a bad season, and the berberis bushes and arbutus shrubs had scarcely any show of fruit; which was rather a disappointment, as the berries of the former plant proved an agreeable addition to our food last year. However, there was no scarcity of birds, and with the seine we procured plenty of fish..." (p. 119).

This time, King chose the schooner *Adelaide* to explore the coasts of Boqueron Point and Useless Bay on the island of Tierra del Fuego, south of the small bay where

ambas naves enfilaron hacia la boca oriental del Estrecho de Magallanes rumbo a Montevideo, dando por terminada esta primera fase del levantamiento.

Las Expediciones del Beagle en 1828

El 10 de enero de 1828, por segunda vez el *Adventure* junto a la recién adquirida goleta *Adelaide* al mando del ahora teniente Thomas Graves, pasaban frente al Cabo Vírgenes para continuar el levantamiento del Estrecho de Magallanes requerido por el Almirantazgo. Lo mismo que el año anterior, fuertes vientos y corrientes obligaron a las naves a permanecer en Bahía Posesión por varios días. Sólo después de varios intentos, una vez que el clima estuvo calmo, pudieron remontar la Primera Angostura y fondear en la Bahía San Gregorio, donde desembarcaron. Exploraron el área hacia el Monte Aymond, y realizaron observaciones en las llanuras donde cazaron gansos, patos, una becasina y otras aves, algunas de las cuales cocinaron en grandes fogatas, registrando respuesta con grandes fuegos de las costas norte y sur que interpretaron como señales de bienvenida de "los naturales".

El 13 de enero de 1828 las dos naves anclaban en Puerto del Hambre donde más tarde, el 28 de enero, se les unió el *Beagle*. Durante febrero exploraron el área y King dedujo que el invierno pasado había sido más benigno, puesto que el Monte Sarmiento y otras montañas exhibían puntos desnudos de nieve, aunque "todo señalaba una mala estación y los matorrales de berberis y arbustos de arbutus apenas si tenían señales de fruta; lo que resultaba una desilusión ya que las bayas habían constituido un aditamento muy agradable a nuestra alimentación. En cambio, no escaseaban las aves y la red nos procuró mucho pescado" (p.119).

En esta ocasión, King prefirió explorar con la goleta *Adelaide* las costas de Punta Boquerón y Bahía Inútil, al sur de la pequeña bahía donde hoy se encuentra la ciudad

the city of Porvenir is located today. Then, during March 1828, they continued the exploration to the west, on the shores of Dawson Island and south to the Magdalena Channel, without going into Almirantazgo Sound. On the northwest coast of Dawson Island, King anchored at Port San Antonio where he described the vegetation, and was especially impressed by the plant of Fuchsia (*Fuchsia magellanica*) and the sighting of the small hummingbird, the Green-Backed Firecrown (*Sephanoides sephanioides*).

On April 1, 1828, they sailed from San Nicolas Bay to Port Gallant, "As a secure cove, Port Gallant is the best in the Strait of Magalhaens" (p. 132). However, due to heavy snowfall and strong winds, they had to remain anchored and this allowed them to perform observations and collections in Caleta Gallant. They were amazed by the number of seabirds, and in this creek they collected a specimen of a second species of steamer duck "*Micropterus patachonicus*... that differs from the *M. brachypterus* not only in colour but in size, being a smaller bird, and having the power of raising its body, in flight, out of the water. We called it the 'Flying Steamer.'" (p. 133). In the muddy beaches of Caleta Gallant they also found "an abundance of mussels." They identified three species, and found that the larger *Mytilus magellanicus* was "exceedingly good and wholesome" (p. 133).

During the autumn and winter of 1828, they explored the surrounding areas of Puerto Gallant towards Cayetano, Barbara Channel, Whale Bay to Carlos III

de Porvenir en la Isla Grande de Tierra del Fuego. Luego, durante marzo de 1828 continuaron la exploración hacia el oeste, en las costas de la Isla Dawson y hacia el sur hasta el Canal Magdalena, sin internarse en ningún momento en el Seno Almirantazgo. En la costa noroeste de la Isla Dawson, fondearon en Puerto San Antonio donde King describió la vegetación, impresionado especialmente por las plantas de fuchsia (*Fuchsia magellanica*) y el avistamiento del picaflor chico (*Sephanoides sephanioides*).

El 1 de abril de 1828 zarparon desde la Bahía San Nicolás hacia Puerto Gallant, "el mejor puerto de todos los del estrecho de Magallanes" (p. 167). Sin embargo, debido a fuertes temporales de viento y nevazones debieron permanecer fondeados y esta detención les permitió hacer observaciones y colectas en Caleta Gallant. Quedaron asombrados por la cantidad de aves marinas, y en esta caleta colectaron un ejemplar de una segunda especie de pato vapor "*Micropterus patachonicus*... [que] se diferencia de *M. brachypterus* no sólo por su color sino en tamaño, pues es menor, y tiene el poder de levantarse fuera del agua. Nosotros lo denominamos 'vapor volador' (*Flying Steamer*)" (p. 168). En las playas fangosas de Caleta Gallant hallaron también "gran abundancia de mejillones". Identificaron tres especies, y encontraron que la de mayor tamaño, *Mytilus magellanicus,* era "riquísima y saludable" (p. 168).

Durante los meses de otoño e invierno de 1828 exploraron los sectores aledaños a Puerto Gallant hacia Isla Cayetano, Canal Bárbara, Bahía Ballena hasta la Isla

◄ *In 2005 Ainsworth Bay was incorporated as a marine buffer zone of the Cape Horn Biosphere Reserve. This bay is inhabited by a reproductive colony of the charismatic Southern elephant seal (Mirounga leonina). Below, the humpback whale (Megaptera novaeangliae) can be seen in the fjords of the Cape Horn Biosphere Reserve. (Photos Jordi Plana).*

En el año 2005 la Bahía Ainsworth fue incorporada como área tampón marina dentro de la Reserva de la Biosfera Cabo de Hornos. En esta bahía habita una colonia reproductiva del emblemático elefante marino austral (Mirounga leonina). Abajo, la ballena jorobada (Megaptera novaeangliae) puede avistarse en los fiordos de la Reserva de la Biosfera Cabo de Hornos. (Fotos Jordi Plana).

Island, observing that: "This part of the Strait teems with whales, seals, and porpoises. While we were in Bradley Cove, a remarkable appearance of the water spouted by whales was observed; it hung in the air like a bright silvery mist, and was visible to the naked eye, at the distance of four miles, for one minute and thirtyfive seconds before it disappeared" (p. 131). He described the landscape of this portion of the Strait as: "Exceedingly striking and picturesque. The highest mountains certainly are bare of vegetation; but their sharp peaks and snow-covered summits afford a pleasing contrast to the lower hills, thickly clothed with trees quite to the water's side, which is bordered by masses of bare rock, studded with ferns and moss, and backed by the rich dark-green foliage of the berberis and arbutus shrubs, with here and there a beech-tree, just beginning to assume its autumnal tints." (p. 131).

During those months King had repeated encounters with groups of canoeists. Back in Port Famine, he crudely referred to their appearance, habits and ways of communication, but commented that, "the native peoples of this part are considered by the sealers to be the most mischievously inclined of any in the Strait or Tierra del Fuego. The appearance of our visitors was certainly against them; but they did not commit themselves during our two or three days' communication, by any act which could make us complain, or cause suspicion of their honesty and friendship" (p. 135). On the other hand, his Eurocentric colonialist attitude is expressed when making comments such as, "...It was, however, time that they should know our superiority; for, of late,

Carlos III, observando que "en esta parte del estrecho pululan ballenas, focas y delfines. Mientras estuvimos en caleta Bradley se observó un efecto notable de soplido de ballena. El agua pulverizada flotó en el aire como brillante niebla plateada y fue visible a simple vista desde cuatro millas durante un minuto y treinta segundos antes de esfumarse" (p. 166). El capitán describió el paisaje de este sector del estrecho como "admirable y pintoresco. Las montañas más altas están ciertamente desnudas de vegetación, pero sus picos agudos y cimas nevadas forman agradable contraste con las más bajas, densamente cubiertas de árboles hasta el borde mismo del agua, señalada por masas de roca desnuda guarnecidas de helechos y musgos y respaldadas por el rico follaje verde oscuro de matorrales de berberis y Arbutus, y por una que otra haya que apenas comienza a asumir sus tintes otoñales" (p. 167).

Durante esos meses King tuvo repetidos encuentros con grupos de canoeros. Estando de regreso en Puerto del Hambre se refirió con crudeza a su apariencia, hábitos y formas de comunicación, pero comentó que "los nativos de esta región son considerados por los loberos como los de peor índole entre todos los del estrecho o Tierra del Fuego. En realidad el aspecto de nuestros visitantes les favorecía poco; pero durante los dos o tres días de comunicación no cometieron acto alguno reprochable ni que hiciera dudar de su honradez y amistad" (p. 135). Por otro lado, su actitud colonialista eurocéntrica se expresa cuando realiza comentarios tales como "...era tiempo que [los canoeros] reconocieran nuestra superioridad, pues en los últimos tiempos habían ocurrido varios ataques traidores a barcos

◄ *The presence of parrots at the southern tip of South America surprised Captain King, and other explorers. An Austral parakeet (Enicognathus ferrugineus) in the Cape Horn Biosphere Reserve. (Photo Omar Barroso).*

La presencia de loros en el extremo sur de América del Sur sorprendió al capitán King y a otros exploradores. Una cachaña (Enicognathus ferrugineus) en la Reserva de la Biosfera Cabo de Hornos. (Foto Omar Barroso).

▲ An aerial view of the Parry Sound shows the impressive beauty and pristine landscape. (Photo Eduard Müller).

Una vista aerea del Seno Parry muestra la impresionante belleza y pristinidad del paisaje. (Foto Eduard Müller).

◄ Parry Bay is one of the most beautiful scenic areas of the Almirantazgo Sound. The fruit of the Box-leafed barberry calafate (Berberis buxifolia) is an important food for birds. (Photo Eduard Müller).

Parry Bay is one of the most beautiful scenic areas of the Almirantazgo Sound. The fruit of the Box-leafed barberry calafate (Berberis buxifolia) is an important food for birds. (Photo Eduard Müller).

La Bahía Parry es una de las áreas de mayor belleza escénica del Seno Almirantazgo. Los frutos del calafate (Berberis buxifolia) son un alimento importante para las aves. (Foto Eduard Müller).

several very treacherous attacks had been made by them on sealing vessels, and this party was the most forward and insolent we had seen" (p. 141). King shows a total disregard for the fact that the British invaded, often brutally, a land where people had lived on for hundreds or thousands of years.

During the autumn and winter of 1828, Captain Pringle Stokes was instructed by King to return with *HMS Beagle* to complete the survey of the western region, "between the straight and 47°S to the furthest point one could get in those dangerous and exposed regions" to complete the survey of the western sector. Stokes' notes and descriptions are filled with terrible remarks that express the weariness and loathing caused by the rough voyage through the vast and wild Strait of Magellan. His records contrast sharply with those written over 300 years ago by Antonio Pigafetta, the celebrated Italian scholar and chronicler who sailed on one of the ships of Ferdinand Magellan. Of the same landscapes, he wrote: "through a miracle, we found a strait called the Strait of the Eleven Thousand Virgins;... it has a length of one hundred and ten leagues... and its width is less than a league, ending in another sea which is called the Pacific Ocean; it is bordered by high mountains covered with snow... I don't think that there is a land or a strait in the world more beautiful than this" (Pigafetta's Diary, 1520, pp. 32, 37).

From the events of this *Beagle* expedition, it is apparent that Stokes suffered a severe depression, and later it was made clear that much of the survey work had been done by the officers under the command of the lieutenant and by the assistant hydrographer W.G. Skyring.

The responsibility for maneuvering the *Beagle* to safety also fell to Skyring and a master named Flinn. Stormy weather, the cold, the exhaustion of the crew weakened by the incessant bad weather and disease, the loss of

loberos, y este grupo era el más descarado e insolente de todos los que habíamos visto" (p. 141). King muestra una total desconsideración por el hecho que los británicos invadían, muchas veces brutalmente, una tierra donde los pueblos fueguinos habían habitado durante cientos o miles de años.

Durante los meses de otoño e invierno de 1828, el capitán Pringle Stokes recibió la instrucción de King de volver a explorar con el *HMS Beagle* la región occidental "entre el estrecho y los 47° de latitud sur hasta donde pudiera llegar en aquellas peligrosas y expuestas regiones" para completar el levantamiento del sector occidental. Las notas y descripciones de Stokes están plagadas de comentarios funestos que denotan el cansancio y la repulsión que le provocaba el paisaje agreste, inconmensurable y salvaje del Estrecho de Magallanes. Sus registros contrastan marcadamente con aquellos que más de 300 años antes hiciera Antonio Pigafetta, el célebre cronista italiano a bordo de uno de los barcos de Hernando de Magallanes, quien navegando por los mismos paisajes escribía "Encontramos por milagro un estrecho que llamamos Estrecho de las Once mil Vírgenes;... tiene una longitud de ciento diez leguas... y su anchura es de poco menos de una legua; concluye en otro mar que es llamado Océano Pacífico; se halla bordeado de grandes montañas, cubiertas de nieve... Creo que no hay en el mundo una tierra más linda que ésta ni un estrecho mejor" (Diario de Pigafetta 1520, pp. 32, 37).

De los hechos acaecidos durante esta expedición del *Beagle* se deduce que Stokes sufrió una severa depresión, y más tarde se supo que gran parte del trabajo de levantamiento había sido realizado por sus oficiales al mando del teniente y ayudante de hidrógrafo W.G. Skyring.

Las maniobras que habían mantenido a salvo al *Beagle* también fueron responsabilidad de Skyring y del Master Flinn. El clima tormentoso y frío, el agotamiento de la tripulación debilitada por el incesante mal tiempo y las

128

crew, and the many difficulties encountered in sailing, played an important role in the grim fate of the captain of the *Beagle*.

Pringle Stokes, a dedicated officer about whom not much is written perhaps, in the archives of the Admiralty, was the victim of a deep depression that led him to suicide after arriving back at Port Famine. On August 1, 1828, he shot himself in the head. This shot left him in agony for almost two weeks, before dying after prolonged and intense pain on August 12. His remains now rest in the English Cemetery, near Port Famine, 60 kilometers southeast of the city of Punta Arenas.

After the death of Captain Stokes, King appointed Lieutenant Skyring as acting commander of the *Beagle* awaiting official confirmation. Since Skyring had been, for recent months, the *de facto* captain of the *Beagle*, the expectation was that his appointment would be confirmed by the Commander in Chief of the South American Station, Sir Robert Otway. But it was not to be, and Major Otway appointed a trusted, distinguished, 25 year old sailor, Lieutenant Robert Fitzroy, as captain of *HMS Beagle*.

Therefore, on December 15, 1828, Captain Fitzroy assumed command of the *Beagle*. He was a sensitive man, intelligent and educated, who took an enduring place in the history of science by enlisting the young naturalist Charles Darwin on his second expedition in command of the *HMS Beagle* to the southern lands of South America and other regions of the world.

enfermedades, la pérdida de tripulantes y las múltiples dificultades enfrentadas en la navegación, jugaron un papel importante en el sombrío destino del capitán del *Beagle*.

Pringle Stokes, un oficial abnegado sobre quien no hay mucho escrito excepto, quizás, en los archivos del Almirantazgo, fue víctima de una profunda depresión que lo llevó al suicidio luego del arribo a Puerto del Hambre. El 1 de agosto de 1828 se disparó un tiro en la cabeza que lo hizo sufrir una agonía por casi dos semanas, muriendo el 12 de agosto en medio de prolongados e intensos dolores. Sus restos descansan hoy en el Cementerio Inglés, cerca de Puerto del Hambre, a 60 kilómetros al sureste de la ciudad de Punta Arenas.

A la muerte del capitán Stokes, King nombró al teniente Skyring como comandante interino del *Beagle* hasta su confirmación oficial. Considerando que durante los últimos meses Skyring había sido el capitán *de facto* de la *Beagle*, se esperaba que su nombramiento fuera confirmado por el Comandante en Jefe de la Estación de América del Sur, Sir Robert Otway. Pero no fue así, el comandante Otway nombró capitán del *HMS Beagle* a un joven y distinguido marino de 25 años y de su confianza directa: el teniente Robert Fitzroy.

Por esta razón, el 15 de diciembre de 1828 asumió el mando del Beagle el capitán Fitzroy, un hombre sensible, inteligente y culto, quien tomó un lugar imperecedero en la historia de las ciencias al embarcar en su segunda expedición al mando de *HMS Beagle* hacia las tierras australes y otras regiones de Sudamérica y el mundo al joven naturalista Charles Darwin.

◄ *The Carlos III Island (Photo Ricardo Rozzi) is a site for humpback whale watching (*Megaptera novaeangliae*). (Photo Jordi Plana).*

*La Isla Carlos III (Foto Ricardo Rozzi) es un sitio de avistamiento de fauna marina, como la ballena jorobada (*Megaptera novaeangliae*). (Foto Jordi Plana).*

▲ Cross and plaque in memory of Captain Pringle Stokes in the English cemetery in Port Famine, 60 kilometers from Punta Arenas, capital city of the Magellanic and Chilean Antarctic Region (photos Jaime Ojeda). The original cross is at the Salesian Maggiorino Borgatello Museum inPunta Arenas, and says "In Memory of Commander Pringle Stokes R.N., HMS Beagle, who died from the effects of the anxieties and hardships while surveying the waters and shores of Tierra del Fuego, 12-8-1828 (Photo Cristián Valle).

Cruz y placa recordatoria del capitán Pringle Stokes ubicadas en el cementerio inglés en Puerto del Hambre, a 60 kilometros de la ciudad de Punta Arenas, capital de la Región de Magallanes y Antártica Chilena (fotos Jaime Ojeda). La cruz original se encuentra en el Museo Salesiano Maggiorino Borgatello en la ciudad de Punta Arenas. La inscripción dice: "Comandante Pringle Stokes R. N., H.M.S. Beagle, quien murió por efecto de las ansiedades y penurias mientras cartografiaba las aguas y costas de Tierra del Fuego, 12-8-1828 (foto Cristián Valle).

The popularity of Captain Fitzroy, especially in relation to the work of the naturalist, Darwin, has overshadowed the great significance of the work and observations made by Captain Phillip Parker King. It should be pointed out that King was a brilliant officer, an expert surveyor and cartographer, an artists, a member of the Royal Society and the Royal Linnean Society, and had a team of officers trained in the task of geographical survey under his command. In May 2008, the noted Magellanic historian Mateo Martinic offered a tribute to "the great exploratory and hydrographic venture" of King, when the Chilean Navy inaugurated a monument in his memory at San Juan de la Possession Bay, adjacent to Port Famine, where the base of operations of the British expedition was established.

We hope that the text and illustrations in this chapter help to repair the omission in the history of science, and to illustrate how Charles Darwin had also a great source of inspiration in the travel notes, places visited, and routes followed by Captain King in the extreme South America.

La gran relevancia de las observaciones y trabajo del capitán Phillip Parker King ha quedado, sin embargo, opacada por el renombre alcanzado por el capitán Fitzroy en relación a la labor de Darwin. King fue un oficial de brillante desempeño, experto hidrógrafo y cartógrafo, dibujante, miembro de la Royal Society y de la Royal Linnean Society, y tuvo bajo su mando a un equipo de oficiales y suboficiales adiestrados para la tarea del levantamiento geográfico. En mayo del año 2008, el destacado historiador magallánico Mateo Martinic ofreció un homenaje a "la gran empresa exploratoria e hidrográfica" de King cuando la Armada de Chile inaugurara un monumento en su memoria en la Bahía San Juan de la Posesión, aledaña a Puerto del Hambre donde estuviera establecida la base de operaciones de la expedición británica.

Esperamos que, junto al texto y los recuadros que componen este capítulo, este ensayo contribuya a reparar una omisión en la historia de las ciencias, al ilustrar cómo Charles Darwin también tuvo una gran fuente de inspiración en las notas de viaje, sitios visitados y rutas seguidas por el capitán King en el extremo austral de América.

*(Next page). The Captain King expedition explored the Almirantazgo Sound where a rich marine fauna is found, which includes the aggressive Antarctic predator of penguins, the leopard seal (*Hydrurga leptonyx*). A leopard seal in the Parry Fjord. (Photo Jorge Herreros).*

>

*(Página siguiente). La expedición del capitán King exploró el Seno Almirantazgo donde se encuentra una rica fauna marina, que incluye al agresivo depredador antártico de pingüinos, la foca leopardo (*Hydrurga leptonyx*). Un individuo de foca leopardo en el Fiordo Parry. (Foto Jorge Herreros).*

III

CHARLES DARWIN IN
CAPE HORN

*CHARLES DARWIN EN
CABO DE HORNOS*

"I found a second species on another species of beech in Chile; and Dr. Hooker informs me, that just lately a third species has been discovered on a third species of beech in Van Diemen's Land [Tasmania]. How singular is this relation ship between parasitical fungi and the trees on which they grow, in distant parts of the world! In Tierra del Fuego the fungus in its tough and mature state is collected in large quantities by the women and children, and is eaten uncooked." Darwin 1871, p. 236. Dr. Dalton Hooker was a British botanist and explorer, who was a close friend and colleague of Charles Darwin. The photograph taken at the Omora Ethnobotanical Park, Navarino Island, shows a branch of a *Nothofagus* tree with epiphyte fungi of the genus *Cyttaria* growing on it. (Photo Jorge Herreros).

"Encontré una segunda especie en otras especies de haya en Chile; y el Dr. Hooker me informa que recientemente se ha descubierto una tercera especie en una tercera especie de haya en la Tierra de Van Diemen [Tasmania]. ¡Qué singular es esta relación entre los hongos parásitos y los árboles sobre los que crecen, en las partes más lejanas del mundo! En Tierra del Fuego, el hongo en su estado terso y maduro es recolectado en grandes cantidades por las mujeres y los niños, y se come sin cocinar". Darwin 1871, p. 236. El Dr. Dalton Hooker fue un botánico y explorador inglés, amigo y colega de Darwin. La fotografia tomada en el Parque Etnobotánico Omora muestra una rama de árbol del género *Nothofagus* donde *crecen los* hongos epífitos del género *Cyttaria*. (Foto Jorge Herreros).

6
Darwin Before the Beagle
Darwin Antes del Beagle

Shaun Russell

The book of which this chapter forms part, re-tells the famous story of the 'Voyage of the Beagle' during its time in the channels of Tierra del Fuego in southernmost South America. We take the place of an observer alongside the young naturalist Charles Darwin, and in the company of Captain Robert Fitzroy, the master of *HMS Beagle*. We are helped to visualise their experiences by maps and photos that bring the journey vividly to life. But how had Darwin arrived at these southern lands in December 1832? Where had he come from and what kind of man was he at age 23? What had formed his character and his intellect, his personality and his temperament up to this point?

Charles Darwin's family home for the first 27 years of his life was in Shrewsbury, England. He was born there on February 12, 1809. The ancient town of Shrewsbury is the administrative centre ("County Town") of Shropshire, and lies not far from the border with Wales. Charles's father - Robert Darwin - was a well-regarded local doctor and financial investor, who lived with his family in a large, Georgian house known as "The Mount." Robert's father was Erasmus Darwin, a physician and scholar of botany and zoology, and an amateur inventor and poet. He advocated better education for women and the abolition of slavery. Charles Darwin's mother - Susannah – came from the famous Wedgwood family of pottery owners. Susannah's father - Josiah Wedgwood - was one of Britain's wealthiest

El libro del cual este capítulo forma parte, rememora la famosa historia del "Viaje del Beagle" durante su estadía en los canales de Tierra del Fuego en el sur de Sudamérica. Tomamos un sitio como observadores junto al joven naturalista Charles Darwin en compañía de Robert Fitzroy, capitán del *HMS Beagle*. Nos ayudan a visualizar sus experiencias con mapas y fotos que hacen que este viaje cobre vida. Pero, ¿cómo había llegado Darwin a estas tierras del sur en diciembre de 1832? ¿De dónde provenía y qué clase de hombre era a los 23 años? ¿Cómo se había formado su carácter y su intelecto, su personalidad y su temperamento hasta este momento?

La casa familiar de Charles Darwin durante los primeros 27 años de su vida estuvo en Shrewsbury, Inglaterra. Nació allí el 12 de febrero de 1809. La antigua ciudad de Shrewsbury es el centro administrativo de Shropshire, cerca de la frontera con Gales. El padre de Charles, Robert Darwin, era un respetado médico local e inversor financiero que vivía con su familia en una gran casa georgiana conocida como "El Monte". El padre de Robert fue Erasmus Darwin, un médico y estudioso de botánica y zoología, inventor aficionado y poeta. Erasmus abogó por una mejor educación para la mujer y por la abolición de la esclavitud. La madre de Charles, Susannah, provenía de la famosa familia Wedgwood, comerciantes en porcelana. El padre de Susannah, Josiah Wedgwood, era uno de los industriales

industrialists and also an abolitionist. So Charles Darwin was born into a well-off family who held relatively liberal views for the time.

Charles had four sisters (Marianne, Caroline, Susan and Emily) and an elder brother (Erasmus). The older siblings helped to look after Charles as a young boy, because their mother had died when Charles was only eight years old. The Mount had a large garden and it bordered open fields alongside Britain's largest river, the River Severn. Charles spent much of his youth collecting plants, animals and rock specimens in the local countryside. He also loved pet animals, particularly dogs.

At age eight Charles attended a day-school in Shrewsbury for a year. After his mother died he was moved to a nearby boarding school with his brother Erasmus. Charles found the routine of classics (Latin and Greek) dull and uninteresting, but he later stated that he enjoyed his literature studies, particularly the poems of Lord Byron and the plays of Shakespeare.

Charles pursued his interest in natural history during hiking and collecting trips in the neighbourhood of Shrewsbury, and in the hills of nearby Wales. He and his brother Erasmus set up a 'chemistry lab' in a garden shed at The Mount, where the two boys practised the rudiments of scientific experimentation.

más ricos de Gran Bretaña y también abolicionista. Por lo anterior, Charles nació en una familia acomodada con ideas relativamente liberales para su época.

Charles tenía cuatro hermanas (Marianne, Caroline, Susan y Emily) y un hermano mayor (Erasmus). Los hermanos mayores ayudaron a cuidar a Charles cuando era niño porque su madre murió cuando éste tenía sólo ocho años. El Monte poseía un gran jardín que limitaba con campos abiertos junto al río más grande de Gran Bretaña, llamado Severn. Charles pasó gran parte de su juventud colectando especímenes de plantas, animales y rocas en el campo. También amaba a las mascotas, particularmente a los perros.

A los ocho años asistió a la escuela en Shrewsbury durante un año, pero después de la muerte de su madre fue enviado a un internado cercano junto con su hermano Erasmus. Charles encontró aburrida y sin interés la rutina de los clásicos (latín y griego), aunque después declaró que disfrutaba de sus estudios de literatura, particularmente de los poemas de Lord Byron y el teatro de Shakespeare.

Charles mantuvo su interés en la historia natural durante las excursiones de senderismo y colecta en los alrededores de Shrewsbury y en las colinas de Gales. Con su hermano Erasmus montaron un "laboratorio de química" en un cobertizo del jardín en El Monte, donde los dos niños practicaron los principios de la experimentación científica.

◄

Darwin had particular interest for both insects and marine invertebrates. Above, an unusual mutualism between mosses of the family Splachnaceae and flies that disperse their spores in the Cape Horn Biosphere Reserve (photo Adam Wilson). Below, Darwin was fascinated by bryozooa species as Membranipora isabelleana *that grow on the fronds of macroalgae, such as* Macrocystis pyrifera, *where they build up extensive rounded colonies (photo Mathias Hüne).*

Darwin tenía un interés particular tanto por insectos como por invertebrados marinos. Arriba, un mutualismo inusual entre musgos de la familia Splachnaceae y moscas que dispersan sus esporas en la Reserva de la Biosfera Cabo de Hornos (foto Adam Wilson). Abajo, Darwin se fascinó con especies de bryozooa como Membranipora isabelleana, *que crece sobre las frondas de macroalgas, tales como* Macrocystis pyrifera, *donde forman extensas colonias redondeadas (foto Mathias Hüne).*

These pastimes held Charles's interest more than his school-work, which frustrated his father and his teachers who called him "lazy" and a "slow learner". Charles Darwin even described himself during this period as a "naughty boy."

In 1825, when Charles was 16 years old, Charles's father took him out of school and introduced him to medical work treating the poor in his local Doctor's practice. Charles seemed to show an interest in this, so his father sent him off to study medicine, with his brother Erasmus at the University of Edinburgh.

Charles's interests in natural history once again prevailed over his formal studies, and he found medical training tedious and sometimes sickening. He preferred to study marine sponges under the tutelage of the Professor of Zoology - Robert Grant - who also introduced Darwin to the proto-evolutionary ideas of the French naturalist – Jean-Baptiste Lamarck.

During his time at Edinburgh Darwin regularly returned to Wales for hikes in his favorite mountain landscapes and he also read and re-read the popular book: *The Natural History of Selborne* by the Reverend Gilbert White. This seminal "ecological" text expresses a reverence for nature as well as the importance of careful and detailed observations, which Charles took to heart and practiced assiduously throughout his career.

At Edinburgh Charles also learned taxidermy from John Edmonstone, an Afro-Caribbean who had been freed from slavery in Guyana. These taxidermy skills would serve Charles well during the voyage of the *Beagle*, and John Edmonstone's stories of the lush and abundant forests of South America helped to ignite Darwin's ambition to explore the rich fauna and flora of the tropics.

Estos pasatiempos tenían más interés para él que su trabajo escolar, lo que frustraba a su padre y a sus profesores que lo tildaron de "flojo" y como "aprendiz lento". Incluso el mismo Darwin se describió a sí mismo como un "niño travieso" durante este período.

En 1825, cuando Charles tenía 16 años, su padre lo sacó de la escuela y lo llevó a su trabajo como médico tratando gente pobre de la localidad. El joven pareció mostrar interés por esta labor, por lo que Robert lo envió a estudiar medicina junto con su hermano Erasmus a la Universidad de Edimburgo en Escocia.

Una vez más prevaleció el interés de Charles en la historia natural por sobre sus estudios formales, encontrando la práctica médica tediosa y, en ocasiones, repugnante. Prefirió estudiar esponjas marinas bajo la tutela del profesor de zoología Robert Grant, quien también introdujo a Darwin a las ideas proto-evolutivas del naturalista francés Jean-Baptiste Lamarck.

Durante su estadía en Edimburgo, Darwin regresó regularmente a Gales para recorrer sus montañas favoritas y también leyó y releyó el popular libro *La Historia Natural de Selborne*, del reverendo Gilbert White. Este texto "ecológico" seminal expresa una reverencia por la naturaleza, así como la importancia de la observación cuidadosa y detallada, algo que Charles tomó en serio y practicó asiduamente a lo largo de su carrera.

En Edimburgo, también aprendió taxidermia con John Edmonstone, un afrocaribeño que había sido liberado de la esclavitud en Guyana. Estas habilidades de taxidermia le servirían bien a Charles durante el viaje del *Beagle*, y las narraciones de Edmonstone acerca de los exuberantes y abundantes bosques de Sudamérica ayudaron a encender su ambición por explorar la rica fauna y flora de los trópicos.

By this time Charles's father was despairing of him ever becoming a doctor, so he decided that his "dilettante" son should instead train to be a priest at Christ's College, University of Cambridge. But here again, his interests in natural history came to predominate and he indulged a passion for collecting and naming insects, particularly beetles. So much so in fact, that Charles' first girlfriend – Fanny Owen – broke up with him, because he seemed to prefer his beetles to her company!

The most important and influential friendship that Darwin made at Cambridge, was with the Reverend John Stevens Henslow, the inspirational Professor of Botany and Geology. Henslow cultivated Darwin's enthusiasm for close observation of nature, inductive reasoning and the scientific method; but most of all he nurtured Darwin's confidence in himself, and the realisation that he too could make worthwhile contributions to scientific progress and a deeper understanding of the World around them.

These ideas were further boosted by Darwin's reading of Sir John Herschel's 1831 book, *A Preliminary Discourse on the Study of Natural Philosophy*, and of Alexander von Humboldt's, *Personal Narrative of Travels to the Equinoctial Regions of America During the Years 1799-1804*. This latter text reinforced Darwin's wish to visit South America.

Charles returned again and again to his favourite fieldwork locations in Wales. In his final term at Cambridge in 1831, he accompanied the renowned 'Woodwardian Professor of Geology',[1] Adam Sedgwick,

Por esa época el padre de Charles estaba perdiendo la esperanza que alguna vez se convirtiera en médico, por lo que decidió que su diletante hijo debería capacitarse para el sacerdocio en el Christ's College de la Universidad de Cambridge. Pero su interés en la historia natural volvió a predominar y Charles se entregó a su pasión por coleccionar y clasificar insectos, particularmente escarabajos. Tanto es así que su primera novia, Fanny Owen, rompió con él ¡porque parecía preferir los escarabajos a su compañía!

La amistad más importante e influyente que tuvo en Cambridge fue el reverendo John Stevens Henslow, el inspirador profesor de botánica y geología. Henslow cultivó el entusiasmo de Charles por la observación cercana de la naturaleza, el razonamiento inductivo y el método científico; pero por sobre todo nutrió la confianza de Darwin en sí mismo, quien entendió que él también podría hacer contribuciones valiosas al progreso científico y a una comprensión más profunda del mundo que les rodeaba.

Estas ideas fueron impulsadas por su lectura del libro de Sir John Herschel publicado en 1831, *A Preliminary Discourse on the Study of Natural Philosophy*, y por la obra de Alexander von Humboldt *Personal Narrative of Travels to the Equinoctial Regions of America During the Years 1799-1804*. Este último texto intensificó el deseo de Darwin de visitar Sudamérica.

Charles regresó una y otra vez a sus sitios preferidos de trabajo de campo en Gales. Durante su último período en Cambridge, en 1831, acompañó al renombrado "Profesor de la cátedra woodwardiana de Geología"[1], Adam

---

[1] John Woodward (1665-1728) established that the surface of the Earth was made up of strata. Woodward left in his legacy the financing of the famous "Woodwardian chair of Geology" in the Department of Earth Sciences at the University of Cambridge. Adam Sedgwick was a British priest and geologist, one of the founders of modern geology. He proposed the Devonian period of the geological timescale.

[1] John Woodward (1665-1728) estableció que la superficie de la Tierra estaba formada por estratos. Legó el financiamiento de la célebre "cátedra woodwardiana de Geología" en el Departamento de Ciencias de la Tierra en la Universidad de Cambridge. Adam Sedgwick fue un sacerdote y geólogo británico y uno de los fundadores de la geología moderna. Propuso el Devónico en la escala de tiempo geológica.

▲ As a student at the University of Cambridge, Darwin became a pupil of botany professor John Stevens Henslow and developed a special interest for plants. In the region of Cape Horn, Darwin was surprised to find orchids such as the white dog (Codonorchis lessonii), an endemic species that massively blooms at the beginning of Spring. (Photo Jorge Herreros).

Como estudiante en la Universidad de Cambridge, Darwin fue alumno del profesor de botánica John Stevens Henslow y adquirió un especial interés por las plantas. Al llegar a la región de Cabo de Hornos, Darwin se sorprendió de encontrar orquídeas como la palomita (Codonorchis lessonii), una especie que florece masivamente a principios de la primavera. (Foto Jorge Herreros).

on a geological excursion to the highest mountain in Wales, Snowdon. He credited this trip with giving him valuable insights into the processes of fossilization and the formation of geological strata, that would add further to his understanding of the natural phenomena that he would soon encounter during the voyage of the *Beagle*.

Charles sat and passed his BA degree examination at Cambridge in January 1831, and when he returned home to Shrewsbury from his summer field trip to Wales that year, there was a letter awaiting him from Professor Henslow. It was an offer to apply for the position of unpaid "gentleman naturalist" aboard the Royal Navy survey ship *HMS Beagle*, where he would share a cabin with the captain, Robert Fitzroy.

Charles jumped at this opportunity to fulfil his desire for exploration and scientific discovery, and to visit the South American continent of which he had so often dreamed. However, his father Robert was set against the enterprise and refused at first to sanction his son's involvement. It was only after Charles's uncle, Josiah Wedgwood II intervened to endorse the venture and sponsor Charles, that Robert Darwin finally relented and agreed to his son's participation.

Here then, at age of 22 having only just passed his bachelors degree, Charles Darwin was about to embark on the voyage that he later described as: "By far the most important event in my life.. [that] ...determined my whole career."

So when, a year later on December 17th, 1832, he arrived at Good Success Bay in Tierra del Fuego, Charles had a grounding in the skills needed for exploration and scientific observation. On his journey south in *HMS Beagle*, he had already made insightful and important observations at the Cape Verde Islands, St Paul's Rocks in the mid-Atlantic, in Brazil, Uruguay and Argentine Patagonia.

Sedgwick, a una excursión geológica a la montaña más alta de Gales, Snowdon. Darwin consideró este viaje como la oportunidad que le entregó valiosos conocimientos sobre los procesos de fosilización y formación de estratos geológicos, que aumentarían aún más su comprensión de los fenómenos naturales que pronto encontraría durante el viaje del *Beagle*.

Charles aprobó su examen de Licenciatura en Cambridge en enero de 1831, y cuando regresó a su hogar en Shrewsbury después de su viaje de verano a Gales ese año, había una carta esperándolo cuyo remitente era el profesor Henslow. Era una oferta para solicitar el puesto de "caballero naturalista" no remunerado a bordo de la nave de reconocimiento *HMS Beagle* de la Armada Real, donde compartiría una cabina con el capitán Robert Fitzroy.

Charles aprovechó esta oportunidad para cumplir su deseo de exploración y descubrimiento científico, y para visitar el continente sudamericano con el que tantas veces había soñado. Sin embargo, su padre estuvo en contra de la empresa y se negó al principio a autorizar la participación de su hijo. Sólo después de que su tío materno, Josiah Wedgwood II interviniera para respaldar la empresa y patrocinar a Charles, Robert Darwin finalmente cedió y aceptó que participara.

De esta forma, a la edad de 22 años y recién licenciado, Charles Darwin estaba a punto de embarcarse en el viaje que describió más tarde como "el evento más importante en mi vida ... [que] determinó toda mi carrera".

Así, cuando un año después, el 17 de diciembre de 1832 el Beagle arribó a la Bahía del Buen Suceso en Tierra del Fuego, contaba con las habilidades necesarias para la exploración y la observación científica. En su viaje hacia el sur en el *Beagle* ya había realizado observaciones perspicaces e importantes en las islas de Cabo Verde, en las rocas de San Pablo en Brasil, en Uruguay y en la Patagonia argentina.

INSTITUTO DE CONMEMORACION
HISTORICA DE CHILE

CHARLES DARWIN
1809-1882
ILUSTRE NATURALISTA BRITANICO.

DESEMBARCO EN ESTA CALETA DE WULAIA,
CENTRO DEL TERRITORIO YAMANA,
EL 23 DE ENERO DE 1833.

SU ESTADIA EN CHILE ENTRE 1832 Y 1835,
DURANTE SU VIAJE A BORDO DE LA
"BEAGLE", CONTRIBUYO A LA
ELABORACION DE SUS IDEAS CIENTIFICAS.

HOMENAJE EN EL BICENTENARIO
DE SU NATALICIO

ACADEMIA CHILENA DE CIENCIAS
SOCIEDAD CHILENA DE HISTORIA
Y GEOGRAFIA
2009

▲ *The old building of the Radio Station of the Chilean Navy in Wulaia Bay, now run by a cruise ship company, has this plaque in honor of Darwin's visit: "Charles Darwin, 1809-1882. An distinguished British naturalist. He landed on this cove in Wulaia, the center of Yamana territory, on January 23, 1833. His stay in Chile between 1832 and 1835, during his voyage aboard the 'Beagle', contributed to the development of his scientific ideas. Tribute on the bicentenary of his birth. Chilean Academy of Sciences, Chilean Society of History and Geography. Institute of Historical Commemoration of Chile. 2009." (Photo Ricardo Rozzi).*

El antiguo edificio de la Radio Estación de la Armada de Chile en la Bahía Wulaia, hoy a cargo de una empresa de cruceros, ostenta la placa de la fotografía en homenaje a la visita de Darwin. (Foto Ricardo Rozzi).

From his family background he was open to new experiences and relatively liberal ideas (during the *Beagle* voyage he argued with Captain Fitzroy against slavery). He was starting to question the impact of humankind on nature (in the *Narrative of the Voyages of the Beagle* he writes about the "reckless destruction" of trees on Cape Verde, the Canary Islands and Saint Helena).

He could see beauty in abundant nature: "Delight itself, is a weak term to express the feelings of a naturalist who, for the first time, has wandered by himself in a Brazilian forest." But he could also appreciate the appeal of an austere landscape. Of the barren, lava-strewn slopes of the Cape Verde Islands he wrote: "the novel aspect of an utterly sterile land possesses a grandeur which more vegetation might spoil."

As he stood on the threshold of his journey through the island channels and among the peoples of Tierra del Fuego, Charles Darwin was a young man from a comfortable and privileged background which had so far insulated him from adversity and the privations of the wider world. He brought some pre-conceptions and prejudices with him at this early stage in his life. But we know that his next steps would help to plant within him the seeds of an idea that would become one of the greatest scientific discoveries of all time; a theory and a concept that would help to open the minds of global humanity to our deep connections with the Earth and to our origins from the awe-inspiring nature that surrounds us.

Gracias a su historia familiar, estaba abierto a nuevas experiencias e ideas relativamente liberales (durante el viaje del *Beagle* discutió con el Capitán Fitzroy contra la esclavitud). Estaba empezando a cuestionar el impacto de la humanidad en la naturaleza (en la *Narrativa de Los Viajes del Beagle* escribe sobre la "destrucción imprudente" de los árboles en Cabo Verde, en las Islas Canarias y en Santa Elena).

Darwin pudo ver belleza en la abundante naturaleza: "Delicia en sí misma, es un término débil para expresar los sentimientos de un naturalista que, por primera vez, ha caminado solo por un bosque brasileño". Pero también pudo apreciar el atractivo de un paisaje austero. De las laderas áridas y cubiertas de lava en las islas de Cabo Verde escribió: "El aspecto novedoso de una tierra completamente estéril posee una grandeza que más vegetación podría arruinar".

Mientras estaba en el umbral de su viaje a través de los canales y las islas y entre los pueblos originarios de Tierra del Fuego, Charles Darwin era un joven que provenía de un entorno cómodo y privilegiado que hasta ese momento lo había aislado de la adversidad y de las privaciones de un mundo más amplio. Traía algunas preconcepciones y prejuicios en esta etapa temprana de su vida. Pero sabemos que sus próximos pasos ayudarían a sembrar en él las semillas de una idea que se convertiría en uno de los mayores descubrimientos científicos de todos los tiempos; una teoría y un concepto que ayudarían a abrir las mentes de la humanidad global a nuestras conexiones profundas con la Tierra y nuestros orígenes desde la naturaleza imponente que nos rodea.

(Next page). Darwin had an early interest in the study of marine invertebrates that he carried out during his student days in Edinburgh and later on board the Beagle; *outstanding is his monograph on* Cirripedia *or barnacles. The picture illustrates the giant barnacle (*Austromegabalanus psittacus*), a species endemic to southwestern South America. (Photo Mathias Hüne).*

(Página siguiente). Darwin tuvo un temprano interés en el estudio de los invertebrados marinos llevado a cabo durante sus días de estudiante en Edimburgo y más tarde a bordo del Beagle; *sobresale su monografía sobre* Cirripedia *o percebes. La imagen ilustra al picoroco gigante (*Austromegabalanus psittacus*), una especie endémica del suroeste de Sudamérica. (Foto Mathias Hüne).*

"I cannot imagine anything more beautiful than the beryl blue of these glaciers, especially when contrasted by the snow: the occurrence of glaciers reaching to the waters edge & in summer, in Lat: 56° is a most curious phenomenon: the same thing does not occur in Norway under Lat. 70°. — From the number of small ice-bergs the channel represented in miniature the Arctic ocean." *Darwin's Diary,* January 29, 1833, p. 296. West-Arm of Pia Glacier. (Photo Paola Vezzani).

"No puedo imaginar nada más hermoso que el azul berilo de estos glaciares, especialmente cuando se contrasta con la nieve: la aparición de glaciares que llegan al borde del agua y en verano, en Lat: 56° es un fenómeno muy curioso: lo mismo no ocurre en Noruega en la latitud 70°.- A partir del número de pequeños témpanos de hielo, el canal representaba el océano Ártico en miniatura". Diario de Darwin, 29 de enero de 1833, p. 296. Brazo oeste del Glaciar Pía. (Foto Paola Vezzani).

7
Darwin in Cape Horn and Tierra del Fuego (1832-1834)
Darwin en Cabo de Hornos y Tierra del Fuego (1832-1834)

Ricardo Rozzi

Fíirom deck of the *HMS Beagle*, Charles Darwin first sighted the Isla Grande of Tierra del Fuego on December 15, 1832, writing in his *Diary*: "Very foggy. — everything conspires to make our passage long: This evening the low land South of the Strait of Magellan was just visible from the deck" (p. 262). Almost a year after having sailed from the port of Plymouth in England under the command of Captain Robert Fitzroy, the *Beagle* reached the southern tip of the American continent in late 1832. Darwin perceived that its passage through this archipelagic region would be prolonged. In fact, between December 1832 and June 1834, Fitzroy and Darwin made three extensive expeditions to the archipelagoes, fjords and channels of Tierra del Fuego and Cape Horn. During these three voyages they re-explored, in detail, sites that were previously visited by other British scientific expeditions.

The intense activity of the British scientific missions that preceded Darwin's explorations in the extreme south of the Americas, provides a context for understanding in part, the richness of the notes that the naturalist completed during his work in the region of Cape Horn, and the conclusions he was able to reach. Darwin inherited a rich collection of notes that guided his field observations, and allowed him to contrast them with records and reflections from navigators and naturalists who had previously explored the area.

Desde la cubierta del *HMS Beagle*, Charles Darwin avistó por primera vez la Isla Grande de Tierra del Fuego el 15 de diciembre de 1832, anotando en su *Diario*: "Con mucha neblina. Todo conspira para prolongar nuestro paso: esta tarde las tierras bajas del sur del Estrecho de Magallanes eran visibles desde la nave" (p. 262). Casi un año después de haber zarpado desde el puerto de Plymouth en Inglaterra al mando del capitán Robert Fitzroy, el *Beagle* alcanzaba el extremo austral de América a fines de 1832 y Darwin percibía que su paso por estas tierras sería prolongado. En efecto, entre diciembre de 1832 y junio de 1834, Fitzroy y Darwin realizaron tres extensas expediciones a los archipiélagos, fiordos y canales del área de Tierra del Fuego y Cabo de Hornos. En estas tres navegaciones re-exploraron minuciosamente sitios visitados anteriormente por otras expediciones científicas británicas.

La intensa actividad de las misiones científicas británicas que precedieron a las observaciones de Darwin en el extremo austral del continente americano, provee un contexto para comprender en parte la riqueza de las anotaciones y conclusiones que el naturalista alcanzó durante su trabajo al sur del mundo. Darwin heredó un rico acervo de notas que orientaron sus observaciones de terreno, y le permitieron contrastarlas con registros y reflexiones de los navegantes y naturalistas que habían explorado el área previamente.

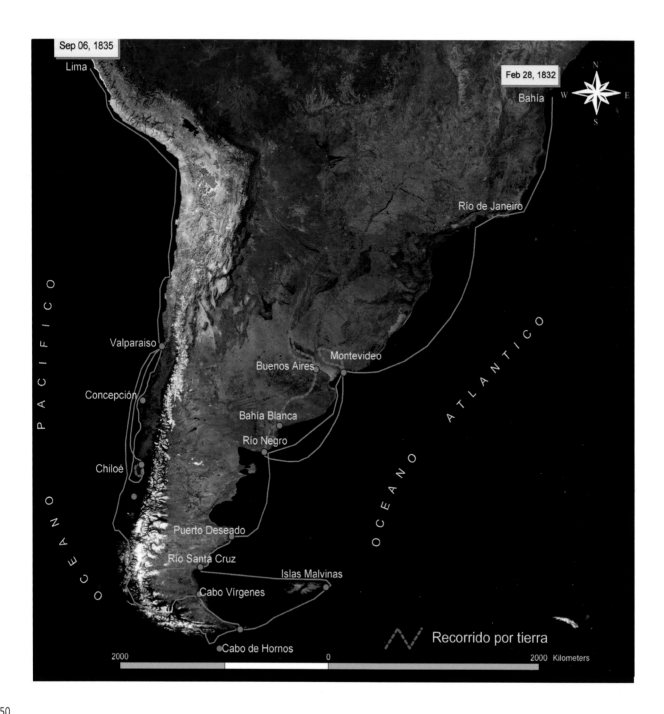

Sep 06, 1835

Lima

Feb 28, 1832

Bahía

OCEANO PACIFICO

Río de Janeiro

OCEANO ATLANTICO

Valparaiso

Buenos Aires

Montevideo

Concepción

Bahía Blanca

Río Negro

OCEANO

Chiloé

Puerto Deseado

Río Santa Cruz

Islas Malvinas

Cabo Vírgenes

N

Recorrido por tierra

Cabo de Hornos

2000   0   2000   Kilometers

The prolonged expeditions to the south of the world also draw attention to the fact that Darwin's journey (widely known through his book published in 1839 *A Naturalist's Voyage Round the World*) was in fact a journey around the Southern Hemisphere. Moreover, within the Southern Hemisphere, Darwin's exploratory work concentrated on the southern cone of South America.

After setting sail from Plymouth, the *Beagle* arrived at San Salvador Bay in Brazil (13°S) on February 28, 1832. From there, Darwin explored both the surrounding sea and land of southern South America, finally setting sail from Lima, Peru (12°S) on September 6, 1835. This 42-month block of time represents almost 75% of the total number of days Darwin sailed aboard the *Beagle*, between his departure from England on December 27, 1831, and his return to Plymouth on October 2, 1836.

The reason why the *Beagle's* expedition concentrated on the southern cone of South America is explained by Darwin himself at the beginning of the first chapter of his book, *A Naturalist's Voyage Around the World*. In the first page of this book, Darwin points out that, "The object of the expedition [of *Beagle* under the command of Captain Fitzroy] was to complete the survey of Patagonia and Tierra del Fuego, initiated under the direction of Captain Phillip Parker King from 1826 to 1830 —to survey the shores of Chile, Peru, and of some islands in the Pacific—" (Darwin 1860, p.1). In other words, Tierra del Fuego, Cape Horn, and Patagonia were a central objective of the mission entrusted to Captain Fitzroy by the British Admiralty. This explains why, on his expedition, Fitzroy spent almost the entire time south of the Equator line and even more so,

Las prolongadas expediciones al sur del mundo también llaman la atención sobre el hecho que el viaje de Darwin (ampliamente conocido a través de su libro *Viaje de un Naturalista Alrededor del Mundo*, publicado en 1839) fue en realidad un viaje alrededor del Hemisferio Sur. Más aún, dentro del Hemisferio Sur el trabajo exploratorio de Darwin se concentró en el cono sur de Sudamérica.

Luego de zarpar desde Plymouth, el *Beagle* arribó a Bahía de San Salvador en Brasil (13°S) el 28 de febrero de 1832. Exploró por mar y tierra regiones del sur de Sudamérica hasta zarpar desde Lima en Perú (12°S) el 6 de septiembre de 1835. Este bloque de 42 meses representa casi el 75% del total de días en que Darwin navegó a bordo del *Beagle*, entre su zarpe desde Inglaterra el 27 de diciembre de 1831 y su regreso al puerto de Plymouth el 2 de octubre de 1836.

La razón de que la expedición del *Beagle* se concentrara en el cono sur de Sudamérica queda explicada por el mismo Darwin al inicio del primer capítulo de *Viaje de Un Naturalista Alrededor del Mundo*. En la primera página de este libro, Darwin señala que "el objeto de la expedición [del *Beagle* al mando del capitán Fitzroy] era completar los trabajos de hidrografía de la Patagonia y Tierra del Fuego comenzados bajo la dirección del capitán Phillip Parker King, desde 1826 hasta 1830, la hidrografía de las costas de Chile, del Perú y de algunas islas del Pacífico" (Darwin 1860, p. 1). Es decir, Tierra del Fuego y Patagonia constituían un objetivo central en la misión encomendada por el Almirantazgo Británico al capitán Fitzroy. Esto explica que en su expedición, éste permaneciera casi la totalidad del tiempo al sur de la línea del ecuador; más aún, al sur del trópico

Map with synthesis of dates, routes and sites explored by Darwin in southern South America. Map prepared by Laboratorio SIG-CERE/UMAG, based on Barlow (1945). Map prepared in the GIS Omora Park - CERE/UMAG Laboratory.

Mapa con la síntesis de fechas, rutas y sitios explorados por Darwin en el sur de Sudamérica. Mapa elaborado por el Laboratorio SIG-CERE/UMAG, basado en Barlow (1945). Mapa preparado en el Laboratorio SIG Parque Omora - CERE/UMAG.

south of the Tropic of Capricorn, working mainly in the same geographical areas where Captain King had been commissioned to map. In the land and marine areas between Montevideo (35°S, Uruguay) and Copiapó (27°S, Chile), between July 26, 1832 and July 5, 1835, Darwin spent 35 months exploring the southern coasts of the Atlantic and Pacific oceans, and at the confluence of both oceans, at the Strait of Magellan, the Beagle Channel and Cape Horn. In conclusion, Darwin's journey around the world was essentially a journey to southern South America.

The land and sea expeditions in southern South America brought the first field experiences that rocked his Victorian worldview of the human place in the cosmos. They stimulated his conception of mechanisms that could explain the distribution and diversity of biological species on the planet, and their evolutionary origin (including that of the human species). In this chapter, we briefly discuss Darwin's three voyages aboard the *Beagle* on the Magellanic coast, into which are inserted stops at the Falkland Islands and the coasts of Argentine Patagonia.

Darwin's first journey to the southern tip of the Americas began in the Good Success Bay at the southeastern corner of Tierra del Fuego in mid-December 1832. The route was initially directed towards the areas of Cape Horn that had been explored by Captain James Cook in 1769 and 1775. He then continued on to the islands of the Cape Horn Archipelago and the Beagle Channel, an area that had been discovered and mapped by Captain Fitzroy himself and his crew in 1830, when they had brought on board four Fuegian youths, who they took back to England. Only three of these young people survived, and

de Capricornio, trabajando principalmente en las mismas áreas geográficas cuya cartografía había sido encargada al capitán King. En la región comprendida entre Montevideo (35°S, Uruguay) y Copiapó (27°S, Chile), entre el 26 de julio de 1832 y el 5 de julio de 1835, Darwin permaneció durante 35 meses explorando las costas australes del Atlántico y del Pacífico, y en la confluencia de ambos océanos en el Estrecho de Magallanes, Tierra del Fuego y Cabo de Hornos. En conclusión, el viaje de Darwin alrededor del mundo fue esencialmente un viaje al sur de Sudamérica.

Las expediciones terrestres y marítimas en Sudamérica austral conllevaron las primeras experiencias de terreno que remecieron su cosmovisión victoriana acerca del puesto de los humanos en el cosmos. Estimularon su concepción acerca de mecanismos que pudieran explicar la distribución y diversidad de las especies biológicas en el planeta, y su origen evolutivo (incluido el de la especie humana). En este capítulo abordamos sucintamente los tres viajes de Darwin a bordo del *Beagle* en las costas de Magallanes, insertos en medio de un itinerario que abarcó también las Islas Malvinas y las costas de la Patagonia argentina.

El primer viaje de Darwin al extremo austral de América comenzó en la Bahía del Buen Suceso, en el vértice sudeste de Tierra del Fuego a mediados de diciembre de 1832. El recorrido se dirigió inicialmente hacia las zonas del Cabo de Hornos que habían sido exploradas por el capitán Cook en 1769 y 1775. Luego continuó hacia las islas del Archipiélago de Cabo de Hornos y la zona del Canal Beagle que habían sido descubiertas y cartografiadas por el mismo capitán Fitzroy y su tripulación en 1830, cuando embarcaron a cuatro jóvenes fueguinos que llevaron a Inglaterra. Sólo tres de estos jóvenes sobrevivieron, y recibieron durante casi

◄ *The world's richest diversity of orchids is found in the tropics. Darwin was surprised to find orchid species, such as* Chloraea magellanica, *at subpolar latitudes in the archipelagoes of the Cape Horn region. (Photo Jorge Herreros).*

La diversidad de orquídeas más rica del mundo se encuentra en los trópicos. Darwin se sorprendió al encontrar especies de orquídea, como Chloraea magellanica, *en latitudes subpolares en los archipiélagos de la región del Cabo de Hornos. (Foto Jorge Herreros).*

received a disciplined British education for almost two years. Returning these Fuegians back to their native lands so that they could begin Anglican missionary work, was an essential purpose for Fitzroy in this expedition. One of the central episodes of Darwin's first trip to the Beagle Channel area was the reunion of the three young Fuegians, especially Jemmy Button, with their community in the memorable Wulaia Bay on Navarino Island. Darwin's first voyage culminated in the return of the *Beagle* to the Bay of Good Success, from where they set sail for the Falkland Islands on February 26, 1833.

Darwin's second voyage to the southern tip of America began almost a year later, when the *Beagle* entered the Strait of Magellan from the Atlantic Ocean, on January 26, 1834. His first experiences were marked by encounters with Patagonian communities and his detailed naturalistic observations in the areas where the mission commanded by Captain King had previously carried out meticulous cartographic surveys between 1826 and 1830. After exploring this area, the *Beagle* returned to the Atlantic and headed south to the Cape Horn Archipelago, where Darwin made remarkable observations about the Fuegians. The trip culminated with the emotional farewell of Darwin and Fitzroy to Jemmy Button in Wulaia Bay on March 6, 1834, before the departure of the *Beagle* to the Falkland Islands.

dos años una disciplinada educación británica. Llevar a estos fueguinos de regreso a sus tierras nativas para que iniciaran en ellas una actividad misionera anglicana, constituía un propósito esencial para Fitzroy en esta expedición. Uno de los episodios centrales de este viaje inicial del joven naturalista a la zona del Canal Beagle fue el reencuentro de los tres jóvenes fueguinos, especialmente Jemmy Button, con su comunidad en la memorable Bahía Wulaia en la Isla Navarino. El primer viaje de Darwin culminó con el regreso del *Beagle* a la Bahía del Buen Suceso, desde donde zarparon hacia las Islas Malvinas el 26 de febrero de 1833.

El segundo viaje de Darwin por el extremo austral de América comenzó casi un año más tarde, cuando el 26 de enero de 1834 el *Beagle* ingresaba desde el Atlántico navegando por el Estrecho de Magallanes. Sus primeras experiencias estuvieron marcadas por los encuentros con comunidades de patagones, y sus detalladas observaciones naturalistas en las zonas donde previamente el capitán King había realizado minuciosas prospecciones cartográficas entre 1826 y 1830. Después de explorar esta área, el *Beagle* retornó hacia el Atlántico y tomó rumbo hacia el sur alcanzando el Archipiélago de Cabo de Hornos, donde Darwin realizó notables observaciones sobre los fueguinos. El viaje culminó con la emotiva despedida de de Darwin y Fitzroy de Jemmy en la Bahía Wulaia el 6 de marzo de 1834, antes del zarpe del *Beagle* hacia las Islas Malvinas.

Darwin collected only one nudibranch species during his whole Beagle *voyage. Nudibranchs are soft-bodied, marine gastropod mollusks, commonly called "sea slugs," and Darwin collected a single specimen in the coastal waters of the Cape Horn region. It took over a hundred years before French zoologist Alice Pruvot-Fol found, on the shelves of the Natural History Museum in Paris, the specimen that Darwin had collected along the coast of Hoste Island, Chile. In 1950, Pruvot-Fol described this 45 mm species, which she named in honor of Charles Darwin:* Thecacera darwini. *It is noteworthy that* Thecacera *is a small genus with only six known species. Five of them are found in tropical waters, and* T. darwini *is the exception because it inhabits the cold waters of Cape Horn. (Photo Mathias Hüne).*

Darwin recolectó una sola especie de nudibranquios durante todo su viaje en el Beagle. *Los nudibranquios son moluscos gasterópodos marinos de cuerpo blando, comúnmente llamados "babosas de mar", y Darwin recolectó el espécimen en las aguas costeras de la región del Cabo de Hornos. Pasaron más de cien años antes de que la zoóloga francesa, Alice Pruvot-Fol, encontrara en los estantes del Museo de Historia Natural de París el espécimen recogido por Darwin alrededor de la Isla Hoste, Chile. En 1950, Pruvot-Fol describió esta especie de 45 mm, que denominó en honor a Charles Darwin:* Thecacera darwini. *Es digno de mención que* Thecacera *es un pequeño género con solo seis especies conocidas. Cinco de ellas se encuentran en aguas tropicales, y* T. darwini *es la excepción porque habita en las frías aguas del Cabo de Hornos. (Foto Mathias Hüne).*

1 = Cape St. Diego, Dec. 17 1832
2 = Good Success Bay, Dec. 18-21
3 = Cape Horn, Dec. 22
4 = Sailing in storms, Dec. 22-23
5 = Cape Spencer, Dec. 24
6 = St. Martin Cove, Dec. 24-31

7 = Hope Island, Jan. 11, 1833
8 = False Cape Horn, Jan. 13
9 = Windhond Bay, Jan. 14
10 = Anchor Point, Jan. 15-Feb. 10
11 = Scotchwell Bay, Feb. 11-12
12 = Packsaddle Bay, Feb. 13-17

13 = Grandi Sound, Feb. 17
14 = Middle Cove, Feb. 18-20
14a = Gretton Bay
15 = Anchor Point, Feb. 20
15a = Good Success Bay, Feb. 21-26
15b= Cape St. Diego, Feb, 26

Map of Darwin's first expedition to Cape Horn on board HMS Beagle *(the line and arrows show the path and direction of navigation). It began on December 17, 1832 by Cape San Diego (1) and Bay of Good Success (2) at the southeastern tip of Tierra del Fuego. He explored the archipelagoes of the Cape Horn region for 72 days. On board* HMS Beagle, *Darwin rounded Cape Horn (3) on December 22, and immediately after, faced a strong storm when navigating southwest (4) and had to turn eastward toward the southern coast of Hermite Island (5). On December 24, they took shelter in Wigwam Cove close to Saint Martin Cove (6), and explored Hermite Island until December 31. In January 1833, they continued to explore the archipelagoes south of Hoste Island, retracing Captain Cook's route through New Year's Bay until reaching Hope Island (7), south of Cook Bay. On January 13, they returned through the False Cape Horn (8) to Windhond Bay (9). On January 15, they anchored the Beagle at Point Anchor (10) on the east coast of Navarino Island, in front of Lennox Island and south of what is now Puerto Toro. The ship remained anchored for almost a month, while Darwin explored the areas of the Beagle Channel in a whaleboat until February 10, when he returned to sail in* HMS Beagle *to the west coast of the Hardy Peninsula, Hoste Island. He explored the Scotchwell (11) and Packsaddle (12) bays, where the crew explored Packsaddle Island with its remarkable 40 m (131.3 feet) high marine cliffs formed by basalt columns. Darwin also explored Ponsonby Sound, and on February 17 sailed to Grandi Sound (13), along the southern coast of Navarino Island. On February 18, they continued towards Gretton Bay (14a) along the eastern coast of Grevy Island, and Middle Bay (14)*

Darwin's third voyage to Tierra del Fuego began on May 12, 1834, when the *Beagle* anchored at Cape Virgins in the eastern mouth of the Strait of Magellan. After a brief incursion into the seas that separate this mouth from the Falkland Islands, the *Beagle's* crew began their last exploration of the Strait of Magellan area by revisiting areas previously mapped by King and Fitzroy. Finally, on June 10, the *Beagle* left through the western mouth of the Strait of Magellan and headed north, anchoring in San Carlos de Chiloé (today called Ancud) on Chiloe Island on June 28, 1834.

El tercer viaje de Darwin a Tierra del Fuego comenzó el 12 de mayo de 1834, cuando el *Beagle* ingresaba por Cabo Vírgenes a la boca oriental del Estrecho de Magallanes. Luego de una breve incursión hacia los mares que separan esta boca de las islas Malvinas, la tripulación del *Beagle* inició su última exploración de la zona del Estrecho de Magallanes volviendo a visitar áreas cartografiadas por King y por Fitzroy. Finalmente, el 10 de junio el *Beagle* salía por la boca occidental del Estrecho de Magallanes y tomaba rumbo hacia el norte, anclando en San Carlos de Chiloé (hoy Ancud) en la Isla Grande de Chiloé el 28 de junio de 1834.

Darwin's First Trip to Tierra del Fuego:
Cape Horn (December 1832 - February 1833)

Primer Viaje de Darwin a Tierra del Fuego:
Cabo de Hornos (diciembre de 1832 - febrero de 1833)

Following a route very similar to that laid out by Captain Cook, the *Beagle* anchored in the Bay of Good Success on the afternoon of December 17, 1832. Darwin was excited to follow the route explored by the naturalists that had accompainied Cook in January 1769, as he began to notice the marked contrasts between these

Siguiendo una ruta muy similar a la trazada por el capitán Cook, el *Beagle* ancló en la Bahía del Buen Suceso en la tarde del 17 de diciembre de 1832. Darwin estaba emocionado de recorrer la ruta explorada por los naturalistas que acompañaron a Cook en enero de 1769, mientras comenzaba a notar los marcados contrastes entre

along the northeastern coast of Wollaston Island in the Cape Horn Archipelago. On February 20, they anchored again at Point Anchor (15), Navarino Island, and on February 21, they sailed back to Good Success Bay (15a). Darwin culminated his first expedition south of Tierra del Fuego rounding Cape San Diego (15b) on February 26, 1833. Map prepared in the SIG CERE/UMAG Laboratory.

Mapa de la primera expedición de Darwin a Cabo de Hornos a bordo del HMS Beagle (la línea y flechas muestran el rumbo y sentido de la navegación). Comenzó el 17 de diciembre de 1832 por el Cabo San Diego (1) y la Bahía del Buen Suceso (2) en la punta sudeste de Tierra del Fuego. Exploró durante 72 días los archipiélagos de Cabo de Hornos. A bordo del HMS Beagle, Darwin circumnavegó el Cabo de Hornos (3) el 22 de diciembre, e inmediatamente después enfrentó una tormenta navegando hacia el sudoeste (4) que los obligó a volver hacia la costa sur de la Isla Hermite (5). El 24 de diciembre se guarecieron en Caleta Wigwam, cerca de la Caleta San Martín (6), y exploró la Isla Hermite hasta el 31 de diciembre. En enero de 1833 continuaron explorando hacia los archipiélagos al sur de la Isla Hoste, rehaciendo la ruta del capitán Cook cruzando Seno Año Nuevo hasta alcanzar la Isla Hope (7), al sur de la Bahía Cook. El 13 de enero regresaron por el Falso Cabo de Hornos (8) hacia la Bahía Windhond (9). El 15 de enero anclaron el Beagle en Punta Anchor (10) en la costa este de la Isla Navarino, al frente de la Isla Lennox y al sur de lo que es hoy Puerto Toro. La nave permaneció anclada por casi un mes mientras Darwin exploró en un bote ballenero las zonas del Canal Beagle hasta el 10 de febrero. Cuando regresó zarparon en el Beagle hacia la costa oeste de la Península Hardy, Isla Hoste. Exploró las bahías Scotchwell (11) y Packsaddle (12), donde examinó los acantilados marinos formados por columnas de basalto de 40 m de altura en la Isla Packsaddle. El 17 de febrero zarparon hacia Seno Grandi (13) ubicado al sur de la Isla Navarino, para continuar hacia la Bahía Gretton (14a) en la costa este de la Isla Grevy y la Bahía del Medio (14) en la costa noreste de la Isla Wollaston en el Archipiélago de Cabo de Hornos. El 20 de febrero anclaron nuevamente en Punta Anchor (15), Isla Navarino, y el 21 de febrero zarparon de regreso hacia la Bahía del Buen Suceso (15a). Darwin culminó su primera expedición al sur de Tierra del Fuego cruzando el Cabo San Diego (15b) el 26 de febrero de 1833. Mapa elaborado en el Laboratorio SIG CERE/UMAG.

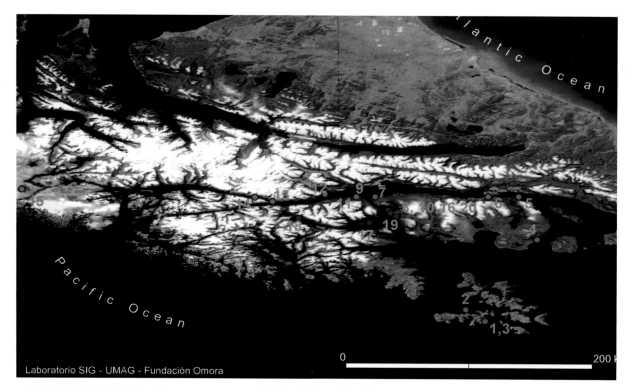

1, 2, 3 = Hermite Island, Dec. 28	9 = Beagle Channel, Jan. 27	15 = Stewart Island, Feb. 01
4 = Anchor Port, Jan. 16-28	10 = Wulaia Bay, Jan. 28	16 = Wulaia Bay, Feb. 06
5 = Eugenia Port, Jan. 19	11 = Beagle Channel, Jan. 2	17 = Ponsonby Sound, Feb. 07
6 = Clay Cliffs, Jan. 20	12 = Cape Hyades, Jan. 29	18 = Ponsonby Sound, Feb. 12
7 = Lewaia Bay, Jan. 23	13 = Devil's Island, Jan. 29	19 = Button Island, Feb. 13
8 = Wulaia Bay, Jan. 23	14 = Italia Glacier, Jan. 29	20 = Wulaia Bay, Feb. 14

▲ *Map of sites explored by Darwin on his first expedition to Cape Horn that were reached via navigations on whaleboats. On December 25-31, 1832, he explored sites on the west and north coasts and mountains of Hermite Island (1, 2, 3). On January 16, 1833, he disembarked at Point Anchor (4), southeastern Navarino Island. Between January 17 and February 10, he navigated on a whaleboat along the Beagle Channel, exploring Port Eugenia (5), Gable Island, its Clay Cliffs, and Robalo Bay or Cutfinger Cove on the northern coast of Navarino Island (6), and Lewaia Bay (7). He continued through the Murray Channel to Wulaia Bay (8, 10) navigating back and forth to the Beagle Channel (9, 11). Then he visited Cape Hyades (12) at the southwest end of Yendegaia Bay, and continued westward toward Devil's Island (13) at the east mouth of the Northwest Arm of the Beagle Channel. He explored Italia Glacier (14), reached Stewart Island (15) at the west end of the Northwest Arm of the Beagle Channel, and returned to Wulaia (16) and Ponsonby Sound (17). On February 12-15, 1833, Darwin returned to Ponsonby Sound (18), then explored Button Island (19), and Wulaia Bay again (20). Map prepared in the GIS Omora Park - CERE/UMAG Laboratory.*

southern landscapes and those he knew in the Northern Hemisphere. In his *Diary* he wrote:

"A little after noon we doubled Cape Saint Diego and entered the famous Strait of Le Maire... After dinner the Captain went on shore to look for a watering place; the little I then saw showed how different this country is from the corresponding zone in the Northern Hemisphere. — To me it is delightful being at anchor in so wild a country as Tierra del F.; the very name of the harbor we are now in, recalls the idea of a voyage of discovery; more especially as it is memorable from being the first place Capt. Cook anchored in on this coast; & from the accidents which happened to Mr Banks & Dr Solander. — The harbor of Good Success is a fine piece of water & surrounded on all sides by low mountains of slate" (p. 264).

In 1769, on Captain Cook's first voyage in charge of the *Endeavour*, he sailed with a scientific team led by naturalist Joseph Banks. The team included two artists, whose drawings and paintings contributed to the increasing knowledge in Europe about the unique ethnography, botany, biology and landscapes of the Cape Horn region. Darwin knew these illustrations and Banks' narratives. Hence, when Darwin arrived in the Bay of Good Success he was aware of the episode that had occurred 63 years before in this place in Tierra del Fuego. On January 16, 1769, when Cook landed in this bay to replenish his water supply, Banks and the scientific team went into the hills in search of specimen of flora and fauna, an expedition

estos paisajes australes y los que él conocía en el Hemisferio Norte. En su *Diario* escribía:

"Pasado el mediodía doblamos el Cabo San Diego y entramos en el famoso Estrecho Le Maire... Después de la comida el capitán desembarcó para buscar una aguada; lo poco que vi entonces me mostró cuán diferente es esta región de de la zona correspondiente del Hemisferio Norte. Es estupendo para mí anclar en una región tan salvaje como Tierra del Fuego; sólo el nombre del puerto en que estamos ahora me da la idea de un viaje de descubrimiento; es más memorable todavía al ser el primer sitio de estas costas donde ancló el capitán Cook; y donde ocurrieron los accidentes al Sr. Banks y al Dr. Solander. La Bahía del Buen Suceso es un hermoso sitio de agua rodeado por todos lados de cerros bajos de rocas arcillosas" (p. 264).

En 1769, en su primer viaje al mando del *Endeavour*, el capitán Cook navegó con un equipo científico liderado por el naturalista Joseph Banks. El equipo incluía dos artistas, y con sus dibujos y pinturas, ellos contribuyeron al aumento del conocimiento en Europa sobre la etnografía, botánica, biología y paisajes únicos del área del Cabo de Hornos. Darwin conocía estas ilustraciones y los relatos de Banks. Cuando arribó a la Bahía del Buen Suceso, tenía presente el episodio ocurrido 63 años antes en este lugar de Tierra del Fuego. El 16 de enero, cuando Cook desembarcó en esta bahía para reabastecerse de agua, Banks y el equipo científico se internaron y ascendieron a los cerros en búsqueda de especímenes de flora y fauna en una

Mapa de los sitios explorados por Darwin en su primera expedición a Cabo de Hornos, a los que accedió mediante navegaciones en bote ballenero. Del 25 al 31 de diciembre de 1832, Darwin exploró sitios en las montañas de las costas oeste y norte de la Isla Hermite (1, 2, 3). El 16 de enero de 1833 desembarcó en Punta Anchor (4), en el sudeste de la Isla Navarino. Entre el 17 de enero y el 10 de febrero, Darwin navegó en un bote ballenero a lo largo del Canal Beagle, explorando Puerto Eugenia (5), la Isla Gable, sus acantilados arcillosos y Bahía Robalo o "Cutfinger" en la costa noroeste de la Isla Navarino (6) y la Bahía Lewaia (7) en el extremo noroeste de la Isla Navarino. Continuó a través del Canal Murray hacia la Bahía Wulaia (8, 10) yendo y volviendo al Canal Beagle (9, 11). Luego visitó Cabo Hyades (12) en el extremo sudoeste de la Bahía Yendegaia, continuando hacia la Isla Diablo (13) en la entrada este del Brazo Noroeste del Canal Beagle. Exploró el Glaciar Italia (14), alcanzando la Isla Stewart (15) en el extremo oeste del Brazo Noroeste del Canal Beagle, retornando a Wulaia (16) y Seno Ponsonby (17). Del 12 al 15 de febrero de 1833, Darwin regresó al Seno Ponsonby (18), exploró la Isla Button (19) y nuevamente la Bahía Wulaia (20). Mapa preparado en el Laboratorio SIG Parque Omora - CERE/UMAG.

that culminated with two members of the group freezing to death. Darwin did not contain his curiosity and, on December 19, 1832, made his first incursion into Tierra del Fuego to ascend "Banks Hill", as named by Captain Fitzroy on his previous voyage. Along with the thrill of exploring the world's southernmost forests, Darwin, who had just visited Brazil's rainforests a few months earlier, was impressed to find in these cold forests of the southern hemisphere a physiognomy that reminded him of the tropical forests he had observed in Brazil:

"The view was imposing but not very picturesque: the whole wood is composed of the Antarctic Beech (the Winter's barks and Birches [*Nothofagus betuloides*] are comparatively rare). This tree is an evergreen, but the tint of the foliage is brownish yellow... their curved & bent trunks are coated with lichens, as their roots are with moss; in fact the whole bottom is a swamp, where nothing grows except rushes & various sorts of moss. — the number of decaying & fallen trees reminded me of the Tropical forest" (*Diary,* pp. 270-271).

The tropical physiognomy of the southern forests left an impression that would not be erased from Darwin's mind. The reference to the Antarctic beech (*Nothofagus antarctica*) in the previous note is ambiguous, since this tree is deciduous and not evergreen as Darwin suggests, but most likely it referred to the evergreen beech or Magellanic Coigüe (*N. betuloides*) which has evergreen leaves. The

expedición que culminó con dos miembros muertos por congelamiento. Darwin no contuvo su curiosidad y el 19 de diciembre de 1832 realizaba su primera incursión en Tierra del Fuego para ascender el "cerro Banks", denominado así por el capitán Fitzroy en su viaje anterior. Junto a la emoción de explorar los bosques más australes del planeta, el joven naturalista quedó impresionado al encontrar en estos bosques fríos del sur del continente una fisonomía que le recordaba aquella de los bosques tropicales que había observado en Brasil:

"La vista era imponente pero no demasiado colorida: el bosque está compuesto por el ñirre (el canelo y coigüe de Magallanes son comparativamente raros). Este árbol es siempreverde, pero el tono de su follaje es café-amarillo... sus troncos torcidos y rastreros están cubiertos de líquenes como sus raíces por musgos; en realidad, el piso es un pantano donde nada crece excepto juncos y varios tipos de musgos. La cantidad de troncos podridos y caídos me recordó el bosque tropical" (*Diario,* pp. 270-271).

La fisonomía tropical de los bosques australes dejó una impresión que no se borraría de la mente de Darwin. La referencia al ñirre (*Nothofagus antarctica*) en la nota anterior es ambigua, puesto que este árbol es deciduo y no siempreverde como sugiere Darwin, pero lo más probable es que se refiriera al coigüe de Magallanes (*N. betuloides*) que tiene hojas perennes. La presencia de árboles de

View of the evergreen forests, dominated by Magellan's coigüe (Nothofagus betuloides) and Winter's Bark (Drimys winteri), which surprised Darwin so much by their tropical physiognomy. The sub-Antarctic forests of the Cape Horn region boast an enormous abundance and diversity of bryophytes. Darwin writes "I followed therefore the course of a mountain torrent; at first from the cascades & dead trees...Their curved & bent trunks are coated with lichens, as their roots are with moss; in fact the whole bottom is a swamp, where nothing grows except rushes & various sorts of moss." (Photo Ricardo Rozzi).

Vista de los bosques siempreverdes, dominados por coigüe de Magallanes (Nothofagus betuloides) y canelo (Drimys winteri), que tanto sorprendieron a Darwin por su fisonomía tropical. Los bosques subantárticos de la región de Cabo de Hornos ostentan una enorme abundancia y diversidad de briofitas. Darwin describe: "Seguí el curso de un riachuelo montañoso; cruzando cascadas y árboles muertos ... sus troncos curvados estaban recubiertos de líquenes, y sus raíces de musgos; de hecho todo el piso constituía un pantano, donde nada crece excepto junquillos y varios tipos de musgos". (Foto Ricardo Rozzi).

Darwin had a particular interest in the alpine (or high Andean) flora, and marveled at the tiny size of the flowers of some of the species found on the peaks of the mountains of the area. The close-up detail compares the size of a US penny and Chilean ten pesos coin with the tiny flowers of a cushion plant of Donatia fascicularis, *formed by the compact aggregation of hundreds or thousands of small individuals. At the edge of the cushion, another species of cushion plant with somewhat larger leaves can be seen. (Photo Ricardo Rozzi).*

Darwin tenía un interés particular por la flora altoandina, y se maravilló con el diminuto tamaño de las flores de algunas de las especies que se encuentran en las cumbres de las montañas de la región. La fotografía compara el tamaño de monedas de un centavo de dólar y de diez pesos chilenos con las minúsculas flores de una planta de cojín, Donatia fascicularis, *formada por la compacta agregación de centenares o miles de pequeños individuos. En el borde del cojín se observa otra especie de planta en cojín con hojas algo más grandes. (Foto Ricardo Rozzi).*

presence of evergreen broadleaf trees contrasts sharply with the dominance of deciduous and coniferous trees at comparable latitudes in the Northern Hemisphere. The evergreen forests of Magellanic Coigüe and Winter's bark (*Drimys winteri*) with their complex structure, together with the sighting of characteristically tropical organisms such as orchids and hummingbirds, surprised Darwin during his expeditions to the Magellanic region and stimulated questions about the origin and geographical distribution of the species on the planet.

Darwin had a special fondness for insects and flowers. Arriving in the Bay of Good Success, he wrote: "I was very anxious to ascend some of the mountains in order to collect the Alpine plants & insects" (*Diary*, p.271). With this in mind, he reached the top of Banks Hill, which was located above the hillsides covered with dense forests. Methodically, Darwin made his ascent along a ravine "as by this means all danger of losing yourself even in the case of a snow storm is removed" (Diary, pp. 271-272). Along the first stretch of wet ravine, Darwin recorded an abundance of fallen logs and their lush covering with moss and lichen. Then, higher up in his ascent, in the area of stunted forest, he noted how the trees, curved by wind, had thick trunks and stood only 2 to 3 meters high with intricate foliage, had forced him to crawl on his knees in order to pass. Finally, Darwin reached the summit above the high altitude treeline. From this high Andean zone he could observe Staten Island, and the *Beagle* anchored in the Bay of Good Success.

hoja ancha siempreverde contrasta marcadamente con la dominancia de árboles deciduos y coníferas en latitudes comparables en el Hemisferio Norte. Los bosques siempreverdes de coigüe de Magallanes y canelo (*Drimys winteri*) con su estructura compleja, junto con el avistamiento de organismos característicamente tropicales, tales como orquídeas y colibríes, lo sorprendieron durante sus expediciones en Magallanes y estimularon en él preguntas acerca del origen y la distribución geográfica de las especies en el planeta.

Charles Darwin tenía una afición especial por insectos y flores. Al llegar a la Bahía del Buen Suceso escribía que estaba "muy ansioso por escalar algunas montañas para colectar plantas e insectos alpinos" (*Diario*, p.271). Con este ánimo alcanzó la cima del Cerro Banks, luego de cruzar laderas cubiertas de densos bosques. Metódicamente, Darwin realizó su ascenso, a lo largo de una quebrada "porque de esta manera se elimina el riesgo de extraviarse incluso si ocurre una tormenta de nieve" (*Diario*, pp. 271-272). En el primer tramo de esta quebrada húmeda, Darwin registró la abundancia de troncos caídos y la exuberante cubierta de musgos y líquenes. Luego, más arriba, en la zona de bosque achaparrado, anotó cómo los árboles recurvados por el viento que poseen troncos gruesos y sólo de 2 a 3 m de altura y follaje intrincado lo obligaban a caminar sobre sus rodillas. Finalmente, alcanzó la cumbre por sobre el límite arbóreo. Desde esta zona altoandina pudo contemplar la Isla de los Estados, y al *Beagle* anclado en la Bahía del Buen Suceso.

*In the zone of the high altitude treeline in Tierra del Fuego and Cape Horn the forests are dominated by krumholz or "flag trees" of Antarctic beech (*Nothofagus antarctica*). Darwin recalled the difficulties he had to hike through this vegetation: "I had imagined the higher I got, the more easy the ascent would be, the case however was reversed. From the effects of the wind, the trees were not above 8 or 10 feet high, but with thick & very crooked stems; I was obliged often to crawl on my knees." (Photo Ricardo Rozzi).*

*En la zona del límite arbóreo en Tierra del Fuego los bosques están formados por "árboles bandera" dominados por ñirre (*Nothofagus antarctica*) achaparrado. Darwin registraba las dificultades que tenía para caminar entremedio de esta vegetación: "Había imaginado que mientras más arriba me encontrara en los cerros, más fácil sería el ascenso; sin embargo, el caso fue inverso. Debido al efecto del viento, los árboles no alcanzaban más que 3 o 4 metros de altura, con troncos muy recurvados; yo estaba obligado a caminar entre ellos sobre mis rodillas". (Foto Ricardo Rozzi).*

▲ HMS Beagle *reached Horn Island on December 22, 1832, sailing from the east, "& running past Cape Deceit with its stony peaks," Darwin circumnavigated Cape Horn. The view shown here, taken from the southeast coast of Horn Island, shows the characteristic row of rocky islets south of Deceit Island. (Photo Ricardo Rozzi).*

El HMS Beagle *alcanzó el Cabo de Hornos, en la Isla Hornos, el 22 de diciembre de 1832 navegando desde el este "rodeando el Cabo Deceit con sus islotes rocosos". La fotografía, tomada desde la costa sudeste de la Isla Hornos, muestra los islotes rocosos que forman una fila característica al sur de la Isla Deceit. (Foto Ricardo Rozzi).*

Emerging in the high Andean area of Banks Hill, Darwin delighted in the encounter of two agile guanacos: "These beautiful animals are truly alpine in their habits, & in their wildness well become the surrounding landscape. — I cannot imagine anything more graceful than their action: they start on a canter & when passing through rough ground they dash at it like a thorough bred hunter" (*Diary*, pp. 272-273). Here, Darwin discovered that the easiest way to hike Banks Hill and the surrounding peaks, was to follow the trails made by guanaco tracks. He was now able to observe and collect "several alpine flowers, some of which were the most diminutive I ever saw" (p.274). The beauty of these flowers and the sunny day, on December 19, 1832, made it difficult for Darwin to understand how the tragedy that befell Cook's scientific team occurred: "When Sir J. Banks ascended one of these mountains it was the middle of January which corresponds to our August & is certainly as hot as this month, & even with the occurrence of a snow-storm the misfortunes they met with are inexplicable" (p. 274).

Good Success Bay was, for Darwin, as it had been for Captain Cook, the site of the first encounter with Fuegian natives. His first impression was shocking, recording in his *Diary* that "it was without exception the most curious & interesting spectacle I ever beheld. — I would not have believed how entire the difference between savage & civilized man is. — It is greater than between a wild & domesticated animal, in as much as in man there is

Al emerger en la zona altoandina del Cerro Banks, Darwin se deleitaba con el encuentro de dos ágiles guanacos: "Estos hermosos animales son verdaderamente alpinos en sus hábitos y su estado salvaje se ajusta bien al paisaje circundante. No puedo imaginar nada más elegante que su movimiento: parten a medio galope y cuando pasan sobre terreno escabroso escapan rápidamente como un cuidadoso y experimentado cazador" (*Diario*, pp. 272-273). Aquí descubrió que la forma más aliviada de recorrer el Cerro Banks y cumbres aledañas era seguir las huellas de los guanacos. Ahora podía dedicarse a la observación y recolección de "varias flores alpinas, algunas de las cuales eran las más diminutas que jamás haya visto" (p.274). La belleza de estas flores y el día soleado del 19 de diciembre de 1832, hacen que para Darwin fuera difícil comprender cómo habría ocurrido la tragedia del equipo científico de Cook: "Cuando Sir Joseph Banks ascendió estas montañas era a mediados de enero, que corresponde a nuestro agosto y las temperaturas son altas; aún bajo la ocurrencia de una tormenta de nieve esa tragedia parece inexplicable" (p. 274).

La Bahía del Buen Suceso fue para Darwin, como también lo fue para el capitán Cook, el lugar del primer encuentro con nativos fueguinos. Su primera impresión fue lapidaria, registrando en su *Diario* que "sin duda fue éste el espectáculo más curioso e interesante que he visto jamás. No habría creído lo completo de la diferencia que existe entre un hombre salvaje y uno civilizado. Es mayor que aquella entre un animal salvaje y uno domesticado, especialmente porque

Darwin first sighted the Rock of Cape Horn while sailing from the east on a completely clear and calm day: "about 3 oclock doubled the old-weather-beaten Cape Horn. — The evening was calm & bright & we enjoyed a fine view of the surrounding isles. — The height of the hills varies from 7 or 800 to 1700 [feet]." The photograph illustrates the eastern face of the emblematic Pyramid Hill of Hornos Island, which is home to the world's southernmost forested watershed; it also is the southern end of the Cape Horn Archipelago. (Photo Ricardo Rozzi).

Darwin avistó por primera vez el peñón del Cabo de Hornos navegando desde el este en un día completamente despejado y calmo: "Como a las 3 en punto circunnavegamos el Cabo de Hornos, tan azotado continuamente por el clima. [Esta vez] el atardecer estaba calmo y luminoso, y disfrutamos de una hermosa vista de las islas cercanas. La altura de los montes varía entre 700 u 800 a 1700 [pies]". La fotografía ilustra la cara de exposición este del emblemático Cerro Pirámide de la Isla Hornos, que alberga la cuenca forestal más austral del planeta y señala el extremo sur del archipiélago. (Foto Ricardo Rozzi).

▲ *On Christmas Day 1832, the day after Darwin rounded Cape Horn, he faced one of the worst storms of his journey. On December 23 in the afternoon the weather worsened abruptly, and the next day the Beagle had to take refuge in the nearby Hermite Island. While they were anchored in Wigwam Cove, Darwin observed "the heavy puffs or Whyllywaws [williwaws], which every 5 minutes come over the mountains, as if they would blow us out of the water." (Darwin's Diary, p. 276). Photo of williwaws at Saint Martin Cove (neighboring Wigwam Cove), Hermite Island, during a storm in May 2004 when winds reached 217 km/hour. Williwaws are bursts of enormous force that descend vertically from the mountain to the sea and occur at high latitudes. (Photo Ricardo Rozzi).*

El día de Navidad de 1832, al día siguiente que Darwin circunnavegara el Cabo de Hornos, confrontó una de las peores tormentas de su viaje. El 23 de diciembre en la tarde el clima empeoró abruptamente y al día siguiente el Beagle debió refugiarse en la aledaña Isla Hermite. Mientras estaban anclados en Caleta Wigwam, Darwin observó "las intensas ráfagas de viento o Whyllywaws [williwaws] que cada 5 minutos ascendían hacia las montañas como si hubieran de arrastrarnos fuera del agua" (Diario de Darwin, p. 276). Fotografía de williwaws en la Caleta Saint Martin (vecina a la Caleta Wigwam) en la Isla Hermite, durante una tormenta ocurrida en mayo del 2004 con vientos que alcanzaron 217 km/hora. Los williwaws son ráfagas de enorme fuerza que bajan verticalmente desde la montaña al mar y ocurren en latitudes altas. (Foto Ricardo Rozzi).

▲ *"This being Christmas day [1832], all duty is suspended, the seamen look forward to it as a great gala day; & from this reason we remained at anchor. — Wigwam Cove is in Hermit Island; its situation is pointed out by Katers Peak, which a steep conical mountain 1700 feet high which arises by the side of, & overlooks the bay: — Sulivan Hamond & myself started after breakfast to ascend it: — the sides were very steep so [as] to make the climbing very fatiguing, & parts were thick with the Antarctic Beech [ñirre, Nothofagus antarctica]...."* (Darwin's Diary, p. 277). *Photograph of Mount Kater taken from Saint Martin Cove, Hermite Island, in May 2004 during the Southern Hemisphere's Fall season, when the yellow colour of Antarctic beeches' leaves cover the treeline, below the alpine or high Andean zone of the sub-Antarctic mountains in Cape Horn. (Photo Ricardo Rozzi).*

"Siendo el día de Navidad [1832], todas las obligaciones se suspendieron y los marineros esperaban este gran día de gala. Por esta razón permanecimos anclados. La Caleta Wigwam está en la Isla Hermite; su ubicación resalta por el Monte Katers, una empinada montaña cónica de 1700 pies [519 metros] de altura que se eleva a un costado y da una vista a la bahía: Sulivan Hamond y yo iniciamos el ascenso después del desayuno: las laderas eran tan empinadas que el ascenso se nos hizo muy fatigoso, y con algunos sectores muy densos de árboles [ñirre, Nothofagus antarctica]..." (Diario de Darwin, p. 277). Fotografía del Monte Kater tomada desde la Caleta Saint Martin, Isla Hermite, en mayo 2004 durante el otoño, cuando se aprecia el color amarillo del follaje de los bosques deciduos de ñirre que dominan en los sectores altos, definiendo el límite arbóreo por debajo de la zona altoandina de las montañas subantárticas de Cabo de Hornos. (Foto Ricardo Rozzi).

Darwin was struck by the colonies of Magellanic penguin *(*Spheniscus magellanicus*) that nest under dense shrublands dominated by* Hebe elliptica, *which grows on numerous coastal areas of the Cape Horn Archipelago. (Photo Ricardo Rozzi).*

*A Darwin le llamaron la atención las colonias de pingüino de Magallanes (*Spheniscus magellanicus*) que nidifican al interior de densas formaciones arbustivas dominadas por* Hebe elliptica, *especie que crece en numerosas costas del Archipiélago de Cabo de Hornos. (Foto Ricardo Rozzi).*

greater power of improvement" (*Diary* p. 265). Calling their life habits and attitudes "abject," Darwin described this human group with a lack of empathy that can only be explained by his extreme youth and Victorian education. However, it is remarkable how the strong impressions that these encounters provoked in Darwin stimulated his first reflections on the animal nature of the human species, and the common origin that our species shares with all living beings.

On December 21, 1832, the *Beagle* sailed with unusually calm waters from the Bay of Good Success to Cape Horn. They sailed to the east of the Barnevelts Islets and arrived the next day at the characteristic islets of Deceit Island, neighboring to Cape Horn Island, which they sighted in all their splendor. In the afternoon, however, the weather quickly worsened and they had to take refuge in the Wigwam Cove on the neighboring Hermite Island. On December 25, 1832, Darwin celebrated Christmas by climbing Mount Kater, the highest peak on Hermite Island, where, as on Banks Hill, he had to crouch around in the forest of stunted low-deciduous beeches (*Nothofagus antarctica*). He reached what seemed to him to be the summit of the southern end of the high Andes, to collect flowers and insects. From the summit, Darwin was amazed by the vast mountain ranges of Hermite Island and surrounding islands that seemed to him to be the last rising peaks of the Andes Mountains. At the same time, from this summit he continued his reflections on the fact that "Whilst looking round on this inhospitable region we could scarcely credit that man existed in it" (*Diary*, p. 277). The human presence on Hermite Island deeply intrigued Darwin who observed that:

"In most of the coves there were wigwams; some of them had been recently inhabited. The wigwam, or Fuegian house, is in shape like a cock of hay, about 4 feet high & circular; it can only be the work of an hour, being merely formed of a few branches & imperfectly

el hombre tiene mayor capacidad de progreso" (*Diario*, p. 265). Calificando sus hábitos de vida y actitudes de "abyectas", Darwin describió a este grupo humano con una falta de empatía explicable sólo por su extrema juventud y su educación victoriana. Sin embargo, es notable cómo las fuertes impresiones que provocaron en él estos encuentros estimularon sus primeras reflexiones sobre la naturaleza animal de los seres humanos, y el origen común que nuestra especie comparte con todos los seres vivos.

El 21 de diciembre de 1832, el *Beagle* zarpaba con aguas inusualmente calmas desde la Bahía del Buen Suceso hacia el Cabo de Hornos. Navegaron al este de los Islotes Barnevelts y arribaron al día siguiente a los característicos islotes de Isla Deceit, vecinos el cabo de la Isla Hornos, que avistaron en todo su esplendor. Sin embargo, en la tarde el tiempo rápidamente empeoró y debieron refugiarse en la Caleta Wigwam, en la vecina Isla Hermite. El 25 de diciembre de 1832, Darwin celebró la Navidad escalando el Monte Kater, la cumbre más alta de Isla Hermite, donde al igual que en el Cerro Banks anduvo de rodillas sobre los bosques achaparrados de ñirre (*Nothofagus antarctica*). Alcanzó la zona altoandina para colectar flores e insectos. Desde la cumbre, Darwin se asombró con los extensos cordones montañosos de la Isla Hermite e islas aledañas que le parecían ser los últimos estertores de la Cordillera de los Andes. Al mismo tiempo, desde esta cumbre continuaba sus reflexiones acerca del hecho que "en esta región tan inhóspita es difícil concebir que el hombre pueda existir" (*Diario*, p. 277). La presencia humana en la Isla Hermite intrigó profundamente a Darwin, quien observaba que:

"En la mayoría de las caletas hay rucas o wigwams; algunos han sido recientemente habitados. El wigwam, o casa fueguina, tiene la forma de un montículo de heno, cerca de 4 pies [1,2 metros] de altura y circular; puede ser trabajo de sólo una hora, simplemente construido con unas pocas ramas e

thatched with grass, rushes & c... (*Diary,* pp. 278-279). With regard to canoeing habits, Darwin had this to say: As shell fish, the chief source of subsistence, are soon exhausted in any one place there is a constant necessity for migrating; & hence it comes that these dwellings are so very miserable. It is however evident that the same spot at intervals, is frequented for a succession of years. — the wigwam is generally built on a hillock of shells & bones, a large mass weighing many tuns. — Wild celery [*Apium australe*], Scurvy grass [*Festuca* sp.], & other plants invariably grow on this heap of manure, so that by the brighter green of the vegetation the site of a wigwam is pointed out even at a great distance" (*Diary,* pp. 278-279).

In the Cape Horn Archipelago, there are still shells that can be detected from a distance by the light green of its herbaceous vegetation, and the nomadic habit of the Yahgans has been reinterpreted as semi-nomadic due to the recurrence of visits to some sites where they stayed for long periods of time.

With regard to fauna, Darwin, like other European naturalists and sailors, was very impressed with the birds of this region, in particular the Steamer duck (*Tachyeres pteneres*). In his *Diary* he noted that, "The sea is here tenanted by many curious birds, amongst which the Steamer is remarkable; this [is] a large sort of goose, which is quite unable to fly but uses its wings to flapper along the water; from thus beating the water it takes its

imperfectamente atado con pastos, juncos" (*Diario,* pp. 278-279). Respecto a los hábitos canoeros, Darwin elucubraba que "como los mariscos, la fuente principal de subsistencia, se agotan pronto de un lugar, existe una constante necesidad de migración; por lo tanto de ahí que estos habitáculos sean tan miserables. Resulta, sin embargo, evidente que el mismo sitio es frecuentado a intervalos durante años. El wigwam se construye generalmente sobre un montículo de conchas y huesos, una gran masa que pesa muchas toneladas. Apio silvestre [*Apium australe*], gramíneas [*Festuca* sp.] y otras plantas crecen invariablemente sobre esta pila de abono, de manera tal que por el verde brillante de la vegetación se detecta la ubicación de un wigwam incluso a gran distancia" (*Diario,* pp. 278-279).

En el Archipiélago de Cabo de Hornos todavía hoy se observan conchales detectables a la distancia por el verde claro de su vegetación herbácea, y el hábito nomádico de los yagán se ha reinterpretado como semi-nomádico debido a la recurrencia de visitas a algunos sitios donde permanecían por períodos prolongados.

Respecto a la fauna, lo mismo que otros naturalistas y navegantes europeos, Darwin quedó muy impresionado con las aves de esta región, en particular con el "Steamer duck" o pato vapor (*Tachyeres pteneres*). En su *Diario* anotaba que "el mar está habitado aquí por muchas y curiosas aves, entre las que el pato vapor es notable; este [es] un tipo de ganso grande, incapaz de volar pero que usa sus alas para batir el agua; de este batido del agua

◄ *The Black-browed Albatross (*Thalassarche melanophris*) is a sub-Antarctic circumpolar species whose flight fascinated Darwin. He wrote that even in times of storm "whilst we were heavily laboring [against the waves], it was curious to see how the Albatross with its widely expanded wings, glided right up the wind" — Darwin's Diary, p. 283. (Photo Jorge Herreros).*

*El albatros de ceja negra (*Thalassarche melanophris*) es una especie circumpolar subantártica cuyo vuelo fascinó a Darwin. Escribió que incluso en momentos de tormenta: "mientras trabajábamos duramente [contra las olas que azotaban al barco], era curioso ver cómo el albatros con sus alas totalmente expandidas planeaba en el viento". Diario de Darwin, p. 283. (Foto Jorge Herreros).*

name" (*Diary*, p. 279). Darwin's attention was also drawn to the penguin colonies that dwell among the coastal vegetation of the islands of the Cape Horn Archipelago. In his *Diary* he analyzed how, "in their habits are like fish, so much of their time do they spend under water, & when on the surface they show little of their bodies excepting the head, — their wings of these are merely covered with short feathers. So that there are three sorts of birds which use their wings for more purposes than flying; the Steamer as paddles, the penguin as fins, & the Ostrich spreads its plumes like sails to the breeze" (*Diary*, p. 280). On December 31, 1832, the weather improved for a moment, and the *Beagle* was able to sail from Hermite Island westward to the "country" of York Minster.

One of the most important personal missions for Fitzroy in this expedition to Cape Horn was to return to their native territories, the three the Fuegians: York Minster, Fuegia Basket, and Jemmy Button, who he had taken to England on his previous trip. For this reason his first objective was to sail towards the area of York Minster Island, from which the young Fuegian's English name had derived and where he had been picked up in 1830. The hurricane wind, however, carried the *Beagle* toward the Diego Ramirez Islands. The strong storm continued, and Darwin recorded how the wind prevented them from advancing. On January 9, 1833, they were still sailing near the San Ildefonso Islets. Finally, on January 11, they were able to see York Minster Island, named by Captain Cook in 1774 because of its resemblance to the promontory of the English Cathedral of York. The stormy sea surrounding the island prevented them from reaching the country of York Minster. Remarkably, in the midst of the storm, Darwin did not stop making naturalistic observations and was fascinated by the glides of the black-eyed albatross, a species that displays elegant fluttering over the waves in times of storm. The storm continued and that day the shipwreck of the *Beagle* was imminent: "At noon the storm was at its height; & we

toma su nombre" (*Diario*, p. 279). También llamaron su atención las colonias de pingüinos que habitan en medio de la vegetación costera de las islas del Archipiélago de Cabo de Hornos. En su *Diario* analizaba cómo "en sus hábitos son como peces, tanto, que pasan la mayor parte bajo el agua y cuando salen a la superficie sólo asoman su cabeza; sus alas están cubiertas sólo por plumas cortas. Así, hay tres tipos de aves que utilizan sus alas para más propósitos que para volar: el pato motor como remos, el pingüino como aletas y el avestruz que abre sus plumas como velas al viento" (*Diario*, p. 280). El 31 de diciembre de 1832 el tiempo mejoró por un instante, y el *Beagle* pudo zarpar desde la Isla Hermite con rumbo hacia el oeste, al "país" de York Minster.

Una de las misiones personales más importantes para Fitzroy en esta expedición a Cabo de Hornos era regresar a sus territorios nativos a tres de los fueguinos que había recogido en su viaje anterior y llevado a Inglaterra: York Minster, Fuegia Basket y Jemmy Button. Por esta razón, su primer objetivo era navegar hacia la zona de la Isla York Minster, desde donde procedía el joven fueguino quien recibió su nombre inglés por el lugar donde había sido recogido en 1830. El viento huracanado arrastró, sin embargo, al *Beagle* hacia las Islas Diego Ramírez. El fuerte temporal continuó y Darwin registró cómo el viento les impedía avanzar. El 9 de enero de 1833 navegaban todavía en las cercanías de los Islotes San Ildefonso. Finalmente, el 11 de enero lograron divisar la Isla York Minster, denominada así por el capitán Cook en 1774 debido a su semejanza con el promontorio de la catedral inglesa de York. El tormentoso mar que rodeaba a la isla les impidió llegar al país de York Minster. Notablemente, en medio de la tormenta, Darwin no cesaba de hacer observaciones naturalistas y se fascinaba con los planeos del albatros de ceja negra, una especie que despliega elegantes vuelos rasantes por encima de las olas en tiempos de tempestad. La tormenta continuó y ese día el naufragio del *Beagle* era inminente: "A mediodía la tormenta estaba en su apogeo;

began to suffer; a great sea struck us & came on board; the after tackle of the quarter boat gave way & an axe being obtained they were instantly obliged to cut away one of the beautiful whale-boats. — the same sea filled our decks so deep, that if another had followed it is not difficult to guess the result. — It is not easy to imagine what a state of confusion the decks were in from the great body of water" (*Diary,* p. 283).

In this way, Darwin experienced what it means to sail in the most turbulent waters of the planet. Cape Horn holds the tragic world record for the largest number of shipwrecks. Fortunately Darwin and Fitzroy's crew were saved on that occasion. With Darwin's plea, "May Providence keep the *Beagle* out of them [the hurricanes]"(*Diary*, p. 284), Captain Fitzroy gave up on reaching the country of York Minster by sailing around Cape Horn. Instead, on January 15, he decided to navigate inland waters, through the Beagle Channel.

They returned to Hermite Island and after a brief stop at Cape Spencer, the *Beagle* headed towards the southeast coast of Navarino Island. They crossed Nassau Bay, which separates the Cape Horn Archipelago from Navarino Island, and arrived at Goree Point (Punta Goree) where they dropped anchor. Fitzroy ardently desired to establish a self-sustaining agricultural economy in the evangelizing community he had planned to establish with the Fuegians who had been educated in England. At first glance, Punta Goree made them hopeful of establishing the mission here, since this landscape offered, "t is the only piece of flat land the Captain has ever met with in Tierra del F & he consequently hoped it would be better fitted for agriculture" (*Diary,* p. 285). However, when exploring the Punta Goree area between January 16 and 18, 1833, Fitzroy was severely disappointed because they found that instead of a grassland plain, it was a characteristic sub-Antarctic tundra. Darwin described the landscape in the following terms:

y comenzamos a sufrir; una enorme ola nos golpeó y pasó sobre la borda; las cuerdas de un bote cedieron y con un hacha rápidamente cortaron las cuerdas perdiéndose una de los hermosos botes balleneros. La misma ola llenó la cubierta tan profundamente que si otra la hubiera seguido no es difícil adivinar el resultado. No es fácil imaginar el estado de confusión que había en la cubierta con estas olas" (*Diario,* p. 283).

Darwin experimentaba así lo que significa navegar en las aguas más agitadas del planeta. Cabo de Hornos ostenta el trágico récord mundial de acumular el mayor número de naufragios. Por fortuna el joven naturalista y la tripulación al mando de Fitzroy se salvaron en esa oportunidad. Con la súplica de Darwin "pueda la Providencia mantener al *Beagle* libre de ellos [los huracanes]" (*Diario*, p. 284), Fitzroy desistió de alcanzar el país de York Minster navegando alrededor del Cabo de Hornos. El 15 de enero decidió, en cambio, navegar por aguas interiores a través del Canal Beagle.

Regresaron a la Isla Hermite y después de una breve detención en Cabo Spencer, el *Beagle* tomó rumbo hacia la costa sudeste de la Isla Navarino. Cruzaron la Bahía Nassau, que separa al Archipiélago de Cabo de Hornos de la Isla Navarino, y arribaron a la Punta Goree donde bajaron el ancla. Fitzroy deseaba ardientemente implantar una economía agrícola de autosubsistencia en la comunidad evangelizadora que planeaba establecer con los fueguinos que habían sido educados en Inglaterra. A primera vista, la Punta Goree los hizo abrigar esperanzas de establecer aquí la misión, puesto que este paisaje ofrecía "el único sitio con tierras planas que el capitán ha encontrado en Tierra del Fuego, y que en consecuencia él esperaba que fuera apropiada para la agricultura" (*Diario,* p. 285). Sin embargo, al explorar el área de la Punta Goree entre el 16 y 18 de enero de 1833, Fitzroy quedó severamente defraudado porque encontraron que en vez de una planicie de pastizales, se trataba de una característica tundra subantártica. Darwin describió el paisaje como:

▲ The flat land of Guanaco Point at the southeastern corner of Navarino Island, where Fitzroy wanted to establish his Anglican Mission, was actually a, "dreary morass only tenanted by wild geese & a few Guanaco." (Photo Ricardo Rozzi).

La tierra plana de Punta Guanaco en el extremo sudeste de la isla navarino, donde Fitzroy quería establecer la misión anglicana, era en realidad "una ciénaga lóbrega sólo habitada por gansos silvestres y unos pocos guanacos". (Foto Ricardo Rozzi).

"It turned out to be a dreary morass only tenanted by wild geese & a few Guanaco. — The section on the coast showed the turf or peat to be about 6 feet thick & therefore quite unfit for our purposes. We then searched in different places both in & out of the woods, but nowhere were able to penetrate to the soil; the whole country is a swamp. — The Captain has in consequence determined to take the Fuegians further up the country. — This place seems to be but sparingly inhabited" (*Diary,* p. 285).

Upon the realization of the agricultural inviability of the area, Captain Fitzroy decided to look for a more appropriate site in the northwest sector of Navarino Island, towards the Ponsonby Sound. Fitzroy then gave the order to sail north and west along the Beagle Channel, and then continue on to the "country" of Jemmy Button, another of the three Fuegian men who, after two years in England, returned to his native land.

They left the *Beagle* anchored at Goree Point and sailed north on the morning of January 19, 1833, in three whaleboats and a *yola* loaded with the equipment and tools needed to start the evangelical mission planned by Fitzroy and the young Reverend Richard Matthews. Whaleboats had been used in the whaling industry since the 18th century; they were small, open wooden boats, with points on both sides, with a sail, and they served as auxiliary boats that were carried on the larger ships. These boats allowed to approach the difficult coasts and were indispensable for a hydrographic survey task. The *yola* is a light boat with oars and sail. Darwin, along with 27 crew members, including officers and sailors, entered the Beagle Channel, in these small boats, for the first time on the evening of January 19, marveling at the beauty of the scenery. The Holger Islets, which in current day are used by artisanal fishing boats and yachts, are located in this portion of the Beagle Channel. At sunset it is common

"Una ciénaga lóbrega sólo habitada por gansos silvestres y unos pocos guanacos. El sector en la costa mostraba cojines de turbera de alrededor de 6 pies [1,8 metros] de espesor y por lo tanto muy poco adecuados para sus propósitos. Buscamos entonces en diferentes lugares dentro y fuera de los bosques, pero en ninguna parte fuimos capaces de llegar al suelo; toda el área era una ciénaga. En consecuencia, el capitán ha determinado llevar a los fueguinos a otras partes de la región. Este lugar parece estar muy escasamente poblado" (*Diario,* p. 285).

Con la constatación de la ineptitud agrícola, el capitán Fitzroy decidió buscar un sitio agrícolamente más apropiado, en el sector noroeste de la Isla Navarino, hacia el Seno Ponsonby. Fitzroy dio la orden de navegar entonces hacia el norte y el oeste a lo largo del Canal Beagle, y luego continuar hacia el "país" de Jemmy Button, otro de los tres fueguinos que después de dos años en Inglaterra volvía a su tierra natal.

Dejaron el *Beagle* anclado en la Punta Goree y la mañana del 19 de enero de 1833 zarparon hacia el norte en tres botes balleneros y una yola cargada con los enseres propios de la misión evangelizadora planeada por Fitzroy y el joven reverendo Richard Matthews. Los botes balleneros, o balleneras, se usaban en la industria de la caza de las ballenas desde el siglo XVIII; eran botes de madera abiertos, pequeños, con puntas a ambos lados, con una vela, y cumplían un papel de lanchas auxiliares que se llevaban a bordo. Permitían acercarse a las costas difíciles, y resultaban indispensables para una tarea de levantamiento hidrográfico. La yola es un bote ligero a remos y vela. En estas embarcaciones menores, junto a 27 tripulantes entre oficiales y marineros, Darwin ingresó por primera vez al Canal Beagle hacia el atardecer del 19 de enero, maravillándose frente a su belleza escénica. En este sector del Canal Beagle se encuentran los Islotes Holger que son visitados hoy por embarcaciones de pescadores artesanales y yates que ofrecen navegaciones turísticas.

▲ Darwin entered the Beagle Channel from its eastern end, anchoring at small bay in the Holger Islets where "the scenery was most curious & interesting; the land is indented with numberless coves & inlets, & as the water is always calm, the trees actually stretch their boughs over the salt water. In our little fleet we glided along, till we found in the evening a corner snugly concealed by small islands. — Here we pitched our tents & lighted our fires." (Darwin's Diary, p. 287). On Holger Islets, Darwin described that "nothing could look more romantic than this scene. — the glassy water of the cove & the boats at anchor; the tents supported by the oars & the smoke curling up the wooded valley formed a picture of quiet & retirement" (Darwin's Diary, p. 287). (Photo Ricardo Rozzi).

Darwin ingresó al canal Beagle desde su extremo oriental, fondeando en una bahía en los Islotes Holger donde para él "era de lo más curioso e interesante; la tierra es indentada con sinnúmero de caletas y ensenadas, y el agua está siempre calma, los árboles extienden sus ramas sobre el agua salada. Con nuestra pequeña flota nos deslizamos hasta que en la tarde encontramos un sitio cómodamente disimulado entre islotes. Aquí armamos nuestras tiendas y prendimos fogatas" (Diario de Darwin, p. 287). En los Islotes Holger, Darwin describe que "nada podía lucir más romántico que esta escena. El espejo de agua de la caleta y los botes anclados; las carpas apoyadas en los remos y las volutas de humo en el valle boscoso formaban un cuadro de quietud y retiro" (Diario de Darwin, p. 287). (Foto Ricardo Rozzi).

to see Peale's dolphins (*Lagenorhynchus australis*) and a large number of birds perched on the trees. On clear days a rich range of colors cover the sky, the trees, and the water of this cove.

The next morning they continued their journey west along the Beagle Channel, and Darwin was as surprised by the scenic beauty of this route as by the encounter with many Fuegian people who had probably never seen Europeans before: "We began to enter to day the parts of the country which is thickly inhabited... Nothing could exceed their astonishment [of the native Fuegian] at the apparition of our four boats: fires were lighted on every point to attract our attention & spread the news. Many of the men ran for some miles along the shore. — I shall never forget how savage & wild one group was" (*Diary*, p. 288). They arrived in Lewaia Cove in the northwestern sector of Navarino Island where they met the Yahgan groups. In this cove Jemmy Button learned of his father's recent death, and he performed a moving funeral rite that impressed Darwin.

The next day, the boats headed southwest to reach the Murray Channel, whose mountainous landscape impacted both Darwin and Fitzroy. The whaleboats were accompanied by numerous canoes steered by Yahgans, amidst abundant sea lions that jumped into the water. While navigating these channels, Darwin was also surprised by the continuity of the tree line in the mountains. The forests extend from the high tide line at the coastal edge up the mountain slopes to reach an altitude of 500 meters (1500 feet). Above the treeline the alpine (or better the high Andean) treeless areas are located.

On January 23, 1833, the group arrived at Wulaia Bay, the site of Jemmy Button's memorable reunion with his Yahgan family. In this bay, the construction of the Anglican Mission that Fitzroy planned to establish, began, under the spiritual guidance of Reverend

En los atardeceres es frecuente observar delfines australes (*Lagenorhynchus australis*) y numerosas aves posadas sobre los árboles. En días despejados una rica gama de colores cubre el cielo, los árboles y el agua de esta caleta.

A la mañana siguiente continuaron viaje hacia el oeste por el Canal Beagle, y Darwin se sorprendía tanto por la belleza de esta ruta como por el encuentro con muchos fueguinos que probablemente nunca antes habían visto europeos: "Hoy iniciamos la entrada en áreas muy despobladas.... Cuál no sería su asombro [de los nativos fueguinos] ante la aparición de nuestros cuatro botes: se encendían fogatas en cada punto para atraer nuestra atención y esparcir la noticia. Muchos hombres corrieron algunas millas a lo largo de la costa. Nunca olvidaré lo salvaje que era uno de estos grupos" (*Diario*, p. 288). Arribaron a Caleta Lewaia en el sector noroeste de la Isla Navarino donde tuvieron encuentros con grupos yagán. En esta caleta, Jemmy Button se enteró de la reciente muerte de su padre, y realizó un conmovedor rito funerario que impresionó a Darwin.

Al día siguiente, los botes siguieron hacia el suroeste para alcanzar el Canal Murray, cuyo paisaje montañoso impactó tanto a Darwin como a Fitzroy. Las balleneras fueron acompañadas por numerosas canoas, en medio de abundantes lobos marinos que saltaban en el agua. Al navegar por estos canales, Darwin se sorprendía también con la constancia del límite arbóreo en las montañas. Los bosques se extienden desde la línea de alta marea en el borde costero hacia arriba por las laderas montañosas para alcanzar una altitud de 500 metros, por sobre la cual se encuentra la zona altoandina libre de árboles.

El 23 de enero de 1833 el grupo arribaba a la Bahía Wulaia, el lugar del memorable reencuentro de Jemmy Button con sus familiares yagán. En esta bahía se dio inicio a la construcción de la Misión Anglicana que Fitzroy proyectaba establecer en este lugar bajo la guía espiritual del reverendo

Matthews, who travelled on board the *Beagle* with this goal. The three young Fuegians who returned from England also helped with the construction. After four days of intense work, with which the Yahgan women who helped, three cabins planned for the mission were built and preparations for the gardens began. During those days there were interesting exchanges of dances, songs and other interactions between the English crew and the Yahgan groups that shook young Darwin's early reflections on human nature, which were later relevant for the elaboration of his human evolutionary theory.

Today, Wulaia offers a testimony of its rich Yahgan settlement through the archaeological sites that evoke

Matthews, quien viajó a bordo del *Beagle* con este objetivo. Los tres jóvenes fueguinos que regresaban desde Inglaterra también ayudaron con la construcción. Durante cuatro días de intensa labor, en que colaboraron las mujeres yagán que habitaban la bahía, se levantaron las tres cabañas proyectadas para la misión y se inició la preparación de los huertos. Durante esos días tuvieron lugar interesantes intercambios de bailes, cantos y otras interacciones entre la tripulación inglesa y grupos yagán que remecieron al joven Darwin en sus reflexiones acerca de la naturaleza humana, que posteriormente fueron relevantes para la elaboración de su teoría evolutiva humana.

Hoy Wulaia ofrece un testimonio de su rico poblamiento yagán a través de los sitios arqueológicos que evocan

the landscape observed by Darwin in 1833. In addition, we can observe the legacies of the 20th century, during which a ranch was first developed in Wulaia Bay and then a large radio station, built by the Chilean Navy in the middle of the plain that Fitzroy had destined for the mission.

On January 28, 1833, Fitzroy left the Reverend Matthews at Wulaia, and in command of the whaleboats, headed toward the Beagle Channel to explore the western sector. The abundance of whales in this channel surprised Darwin. Further on, when arriving at the Northwest Arm of the Beagle Channel, the mountain range landscape and its glaciers overwhelmed him. In this mountain range, Darwin understood the sense of the sublime in

el paisaje observado por Darwin en 1833. Además, se observan los legados del siglo XX, durante el cual se desarrolló en la Bahía Wulaia primero una estancia y luego una gran radio estación, construida por la Armada de Chile en medio de la planicie que había destinado Fitzroy para la misión.

El 28 de enero de 1833, Fitzroy dejó al reverendo Matthews en Wulaia, y al mando de los botes balleneros se dirigió hacia el Canal Beagle para explorar el sector oeste. Este canal sorprendió a Darwin con la abundancia de ballenas. Más allá, al arribar al Brazo Noroeste del Canal Beagle, el paisaje cordillerano y sus glaciares lo sobrecogieron. En esta cordillera, Darwin comprendió el sentido de lo sublime en la naturaleza. Este concepto presente en los

nature. This concept, already present in the writings of his grandfather Erasmus and the 18th century philosophers was manifested here, in the greatness and beauty of the glaciers that descended from the high mountains into the sea. In the midst of this astonishing moment in the landscape, a curious episode of ice shedding on one of the glaciers of the Northwest Arm of the Beagle Channel (the Italia Glacier) culminated in Fitzroy proposing the name "Darwin Mountain Range" for this majestic ice field. After the incident, which filled Darwin with pride, the whaleboats continued to sail quickly westward, enjoying a beautiful, sunny day along the mountain range that was now on the maps with the name of the young naturalist. That evening they camped out in a place that Fitzroy praised for its serene majesty:

"We proceeded along a narrow passage, more like a river than an arm of the sea, till the setting sun warned us to seek a resting place form the night; when, selecting a beach far from any glacier, we again hauled our boats on shore. Long after the sun had disappeared from our view, his setting rays shone so brightly upon the gilded icy sides of the summits above us, that twilight lasted an unusual time, and a fine clear evening enabled us to every varying tint till even the highest peak became like a dark shadow,

escritos de su abuelo Erasmus y los filósofos del siglo XVIII se manifestaba aquí en la grandeza y belleza de los glaciares que descendían desde las altas montañas hasta el mar. En medio del asombro frente al paisaje, un curioso episodio de desprendimiento de hielo en uno de los glaciares del Brazo Noroeste del Canal Beagle (el Glaciar Italia) culminó en que Fitzroy nominara como "Cordillera Darwin" a este majestuoso campo de hielo. Luego de este incidente que enorgulleció a Darwin, los botes balleneros continuaron navegando rápidamente rumbo al oeste, disfrutando de un día bello y soleado a lo largo de la cordillera que ahora se plasmaba en los mapas con el nombre del joven naturalista. Ese atardecer acamparon en un lugar que Fitzroy elogió por su serena majestuosidad:

"Seguimos por el angosto pasaje, más como un río que un brazo de mar hasta que la puesta del sol nos advirtiera buscar un sitio para descansar durante la noche; cuando seleccionando una playa lejos de un glaciar, desembarcamos arrastrando los botes a la playa. Después que el sol desapareció de nuestra vista, sus rayos brillaron tan brillantemente sobre los hielos resplandecientes de las cumbres que nos rodeaban, que el atardecer duró más tiempo de lo usual, y una hermosa y clara tarde nos permitió apreciar una cambiante gama de tonalidades que cubrían

When navigating toward the North-West Arm of the Beagle Channel, Darwin was impressed by the fjords's landscapes, and the abundance of marine fauna: "The Beagle channel is here very striking, the view both ways is not intercepted, & to the West extends to the Pacific. — So narrow & straight a channel & in length nearly 120 miles (193 kilometers), must be a rare phenomenon. — We were reminded, that it was an arm of the sea, by the number of whales, which were spouting in different directions: the water is so deep that one morning two monstrous whales were swimming within stone throw of the shore." (Darwin'Diary, p. 295). Today, species such as the Humpback whale (Megaptera novaeangliae) are recovering their populations in the Beagle Channel and other areas of the Cape Horn Biosphere Reserve. (Photo Jorge Herreros).

Al navegar hacia el Brazo Noroeste del Canal Beagle, Darwin quedó impresionado con el paisaje de fiordos y la abundante fauna marina: "El Canal Beagle es aquí muy impactante, la vista hacia ambos lados no está interceptada, y hacia el este se extiende hasta el Pacífico. Un canal tan estrecho y recto con cerca de 120 millas [193 kilómetros], debe ser un fenómeno raro. Un grupo de ballenas lanzando chorros en diferentes direcciones nos recordó que se trataba de un brazo de mar: el agua es tan profunda que una mañana dos monstruosas ballenas estaban nadando a tiro de piedra de la playa" (Diario de Darwin, p. 295). Hoy, especies como la ballena jorobada (Megaptera novaeangliae) están recuperando sus poblaciones en el Canal Beagle y otros sectores de la Reserva de la Biosfera Cabo de Hornos. (Foto Jorge Herreros).

When Darwin arrived to the Northwest Arm of the Beagle Channel, he was enthralled by the grandeur of the landscape and the snow-capped heights: "In the morning we arrived at the point where the channel divides & we entered the Northern arm. The scenery becomes very grand, the mountains on the right are very lofty & covered with a white mantle of perpetual snow: from the melting of this numbers of cascades poured their waters through the woods into the channel.—In many places magnificent glaciers extended from the mountains to the waters edge.—I cannot imagine anything more beautiful than the beryl* blue of these glaciers, especially when contrasted by the snow: the occurrence of glaciers reaching to the waters edge & in summer, in Lat: 56° is a most curious phenomenon: the same thing does not occur in Norway under Lat. 70°. — From the number of small ice-bergs the channel represented in miniature the Arctic ocean." (Darwin's Diary, p. 295). View of the Italia Glacier in the Northwest Arm of the Beagle Channel. (Photo Jordi Plana).*Beryl is a transparent mineral, Darwin refers to a Greek beryl crystal, blue-green very precious and fashionable at the time.

Al arribar al Brazo Noroeste del Beagle, Darwin estaba atónito con la grandeza del paisaje y las cumbres cubiertas de hielos: "En la mañana llegamos a un punto donde el canal se divide y entramos en el brazo norte. El escenario se hizo imponente, las montañas a la derecha eran muy elevadas y cubiertas con un manto blanco de nieves perpetuas: con su derretimiento numerosas cascadas llevan sus aguas a través de los bosques hacia el canal. En muchos lugares glaciares majestuosos se descuelgan desde las montañas hasta el borde de las aguas. No puedo imaginar nada más bello que el azul berilo* de estos glaciares, especialmente cuando se contrasta con la nieve: la presencia de glaciares hasta el borde de las aguas y en verano, a 56° de latitud, es un fenómeno de lo más curioso: esto no ocurre en Noruega bajo latitudes de 70°. Con una serie de bloques de hielo, el canal se parecía al Océano Ártico en miniatura" (Diario de Darwin, p. 295). Vista del Glaciar Italia desde el Brazo Noroeste del Canal Beagle. (Foto Jordi Plana).* El berilo es un mineral transparente, Darwin hace referencia a un cristal de berilo griego, de color azul-verde muy preciado y de moda en su época.

whose outline only could be distinguished" (Darwin 1839, p. 219).

The Darwin Mountain Range is the southernmost mountain range in the Americas. Together with the southern and northern Patagonian ice fields, it constitutes one of the three largest ice reserves in South America. On the afternoon of January 30, 1833, Fitzroy also named the highest peak Darwin Mountain in honor of the gracious and courageous behavior of the young naturalist Charles Darwin. The next day, the group of small boats continued sailing westward, where Darwin noticed the extraordinary contrast of the landscape that extended into the Pacific Ocean: "The country was most desolate, barren, & unfrequented: we landed on the East end of Stuart island, which was our furthest point to the West being about 150 miles from the ship" (*Diary,* p. 297).

With a rainy climate and continuous winds, the group returned along the Southwest Arm of the Beagle Channel to the Murray Channel and Wulaia Bay, where on February 5th, they met again with Reverend Matthews, who was anxiously awaiting them since the establishment of the Anglican Mission had not been successful. In his *Diary,* Darwin describes in detail the events that led Captain Fitzroy to make the decision to sail on February 7, 1833, with the Reverend on board, and to abandon his project to establish an evangelical mission in Wulaia. The whaleboats left Wulaia and headed for the Beagle Channel where they sailed in good weather and with, "a breeze in favor," that allowed them to return on February 8th to Point Goree, where the *Beagle* had anchored. They boarded the boat and decided to cross Nassau Bay aboard the *Beagle* to Orange Bay on the Hardy Peninsula of Hoste Island.

On February 10th, the *Beagle* anchored in Orange Bay, and Darwin landed with a group of eight crew members under the command of Mr. Chaffers. In his *Diary* he

las cumbres hasta que éstas fueron sólo sombras cuyo perfil todavía podíamos distinguir" (Darwin 1939, p. 219).

La Cordillera Darwin es la cordillera más austral de América y, junto a los campos de hielo patagónicos sur y norte, constituye una de las tres mayores reservas de hielo de Sudamérica. Esa tarde del 30 de enero de 1833, Fitzroy bautizó también a la cumbre más alta como Monte Darwin en honor al comportamiento atento y valiente del joven naturalista Charles Darwin. Al día siguiente, el grupo de pequeñas embarcaciones continuó navegando hacia el oeste, donde éste notó el extraordinario contraste del paisaje que se extendía hacia el Océano Pacífico: "El área es desolada en grado sumo, desnuda y despoblada: desembarcamos en la costa este de la Isla Stuart [Isla Stewart], que fue nuestro punto más alejado hacia el oeste, alrededor de 150 millas del barco" (*Diario,* p. 297).

Con un clima de lluvia y vientos continuos, el grupo retornó por el Brazo Sudoeste del Canal Beagle hacia el Canal Murray y la Bahía Wulaia, donde el 5 de febrero volvieron a encontrarse con el reverendo Matthews, quien les esperaba ansiosamente puesto que la instalación de la Misión Anglicana no había prosperado. En su *Diario,* Darwin describe detalladamente los acontecimientos que llevaron al capitán Fitzroy a tomar la decisión de zarpar el 7 de febrero de 1833 con el reverendo a bordo, y abandonar su proyecto de instalar una misión evangelizadora en Wulaia. Las balleneras abandonaron Wulaia y enfilaron hacia el Canal Beagle donde navegaron con buen tiempo y "una brisa a favor" que les permitió regresar el 8 de febrero a Punta Goree donde se encontraba el *Beagle.* Subieron al barco y decidieron cruzar la Bahía Nassau a bordo del *Beagle* hacia la Bahía Orange en la Península Hardy de la Isla Hoste.

El 10 de febrero el *Beagle* fondeó en la Bahía Orange, y Darwin desembarcó con un grupo de ocho tripulantes al mando de Mr. Chaffers. En su *Diario* registró que

The plains of Hoste Island in Orange Bay are dominated by tundra formations and the forests are distributed only along the coasts, ravines and wind-protected slopes. (Photo Ricardo Rozzi).

Las planicies de la Isla Hoste en la Bahía Orange están dominadas por formaciones de tundra y los bosques se distribuyen únicamente en las costas, quebradas y laderas protegidas del viento. (Foto Ricardo Rozzi).

On the mountains that Darwin climbed on Hardy Peninsula, the east facing slopes (sheltered from the winds) are covered by forests dominated by the evergreen beech or Magellanic Coigüe (Nothofagus betuloides). (Photo Ricardo Rozzi).

En los montes que ascendió Darwin de la Península Hardy, las laderas de exposición este (protegidas del viento) están cubiertas por bosques siemprerverdes dominados por coigüe de Magallanes (Nothofagus betuloides). (Foto Ricardo Rozzi).

recorded that, "a party of eight under the command of Mr Chaffers crossed Hardy Peninsula so as to reach & survey the West coast. The distance was not great; but from the soft swampy ground was fatiguing. — This peninsula, although really part of an island, may be considered as the most Southern part extremity of America: it is terminated by False Cape Horn. — The day was beautiful, even sufficiently so as to communicate part of its charms to the surrounding desolate scenery. — This, & a view of the Pacific was all that repaid us for our trouble" (pp. 300-301). Darwin described that, "having ascended a more lofty hill, we enjoyed a most commanding view of the two oceans & their islands" (p. 302).

After a week of cartographic work, on February 18, 1833, the *Beagle* set sail for the Cape Horn Archipelago to take over the northern coast of Wollaston Island. Then, they continued on to the Bay of Good Success, where they arrived under strong gusts of wind on February 23. In his journal Darwin reported that "Last night's gale was an unusually heavy one. — We were obliged to let go three anchors. —" (p. 302). When the weather improved a little, on February 25, Darwin climbed Banks Hill again. He wrote that: "After waiting for fine weather, on Monday I ascended Banks Hill to measure its height & found it 1472 feet. — The wind was so strong & cold; that we were glad to beat a retreat... I was surprised that nine weeks had not effaced our footsteps so that we could recognize to whom they belonged" (p. 302). Darwin now better understood Joseph Banks' remarks and the tragedy suffered by his group on this mountain. The climate of Tierra del Fuego is unpredictable and relentless; the harsh sea and snows in the mountains are a shock to its beauty, while at the same time they test the ability to survive at every moment.

On February 26th, Darwin finished his first expedition aboard the *Beagle* to Tierra del Fuego and Cape Horn when they set sail for the Falkland Islands where

"cruzaron la Península Hardy hasta alcanzar y hacer el levantamiento de la costa oeste. La distancia no era mucha; pero atravesar la turba fue cansador. Esta península, aunque es en realidad parte de una isla, debe considerarse como el extremo más austral de América: termina en el Falso Cabo de Hornos. El día estaba muy bonito, tanto como para comunicar parte de su encanto al desolado escenario que nos rodeaba. Esto y la vista del Pacífico fue nuestro pago por nuestras tribulaciones" (pp. 300-301). Ascendieron varios montes, y Darwin describió que "luego de ascender un cerro turboso y blando, disfrutamos la vista imponente de los dos océanos y sus islas" (p. 302).

Después de una semana de trabajos cartográficos, el 18 de febrero de 1833 el *Beagle* zarpó hacia el Archipiélago de Cabo de Hornos para relevar la costa norte de la isla Wollaston. Luego, continuaron hacia la Bahía del Buen Suceso, donde arribaron bajo fuertes ráfagas de viento el 23 de febrero. En su *Diario* Darwin registró que "la noche pasada el viento era inusualmente fuerte; nos obligó a echar tres anclas" (p. 302). Cuando el tiempo mejoró un poco, el 25 de febrero el joven Charles volvió a subir el Cerro Banks "para medir la altura y encontré 1.472 pies [449 metros]. El viento era tan fuerte y frío que estuvimos contentos de emprender la retirada... quedé sorprendido de que nueve semanas no hubieran borrado nuestras huellas, a tal punto que pude reconocer a quien pertenecían" (p. 302). Ahora Darwin comprendía mejor las observaciones de Joseph Banks y la tragedia sufrida en este monte por su grupo. El clima de Tierra del Fuego es impredecible e implacable; la rudeza del mar y las nieves en las montañas conmueven por su belleza, al mismo tiempo que ponen a prueba a cada instante la capacidad de sobrevivencia.

El 26 de febrero, Darwin finalizaba a bordo del *Beagle* su primera expedición a Tierra del Fuego y Cabo de Hornos cuando zarpaban hacia las Islas Malvinas donde arribaron

▲ Storm in Alsina Bay in the northwest sector of Wollaston Island where Darwin had one of his most significant encounters with a group of Yahgan canoeists. (Photo Ricardo Rozzi).

Tormenta en la Bahía Alsina en el sector noroeste de la Isla Wollaston, donde Darwin tuvo uno de sus encuentros más significativos con un grupo de canoeros yagán. (Foto Ricardo Rozzi).

they arrived on March 1st. They remained in that archipelago until April 4th, when they sailed north to Río Negro, reaching the eastern Patagonian coasts on April 13, 1833.

Darwin's Second Trip to Tierra del Fuego: Strait of Magellan, Cape Horn and Beagle Channel (January - March 1834)

On January 23, 1834, the *Beagle* was heading south along the Atlantic coast of Patagonia towards the Strait of Magellan. Three days later, "with a fair wind, we passed the white cliffs of Cape Virgins & entered those famous Straits" (*Diary*, p. 418) On January 29th, they anchored in San Gregorio Bay where they found groups of Aonikenk or Tehuelche, which the English called the Patagonian Indians. Darwin describes that: "On shore there were the Toldos [tents] of a large tribe of Patagonian Indians. — Went on shore with the Captain & met with a very kind reception. These Indians have such constant communication with the Sealers, that they are half civilized. — they talk a good deal of Spanish & some English. Their appearance is however rather wild. — they are all clothed in large mantles of the Guanaco, & their long hair streams about their faces. — They resemble in their countenance the Indians with Rosas, but are much more painted; many with their whole faces red, & brought to a point on the chin, others black. — One man was ringed & dotted with white like a Fuegian. — The average height appeared to be more than six feet; the horses who carried these large men, were small & ill fitted for their work" (*Diary*, pp. 417-418). Darwin thus

el 1 de marzo. Permanecieron en ese archipiélago hasta el 4 de abril, cuando navegaron hacia el norte rumbo a Río Negro, alcanzando las costas patagónicas orientales el 13 de abril de 1833.

Segundo Viaje de Darwin a Tierra del Fuego: Estrecho de Magallanes, Cabo de Hornos y Canal Beagle (enero - marzo de 1834)

El 23 de enero de 1834, el *Beagle* enfilaba bordeando nuevamente las costas atlánticas de la Patagonia hacia el sur rumbo al Estrecho de Magallanes. Tres días más tarde, "con buen viento pasamos los montes blancos de Cabo Vírgenes y entramos en esos famosos estrechos" (*Diario*, p. 418). El 29 de enero anclaban en Bahía San Gregorio donde encontraron grupos de aonikenk o tehuelche, que los ingleses denominaban patagones. Darwin describe que: "... en la costa había toldos de una gran tribu de indios Patagones. Desembarcamos con el capitán y nos dieron una muy amable recepción. Estos indios tienen una comunicación continua con los navegantes, de manera que están medio civilizados; hablan bastante español y algo de inglés. Su apariencia es, sin embargo salvaje, vestidos con grandes mantas de guanaco y sus largas cabelleras ondean sobre sus rostros. Ellos recuerdan los indios del general Rosas, pero están mucho más pintados; muchos poseen sus rostros completamente rojos... otros negro; un hombre poseía líneas y puntos blancos a la manera de los fueguinos. Su altura promedio era de más de 1.80 m; los caballos que montaban estos altos hombres eran pequeños y mal adaptados para su trabajo" (*Diario*, pp. 417-418). Darwin

◄ *On the northwestern tip of Wollaston Island, in the area where Darwin had his memorable encounter with a group of Yahgan canoeists, the Chilean Navy now manages a modern station in Ross Point, built with the support of the British government in the late 20th century. (Photo Ricardo Rozzi).*

En la punta noroeste de la Isla Wollaston, en el sector donde Darwin tuvo su memorable encuentro con un grupo de canoeros yagán, la Armada de Chile administra hoy una moderna alcaldía de mar en Punta Ross, construida con apoyo del gobierno británico a fines del siglo XX. (Foto Ricardo Rozzi).

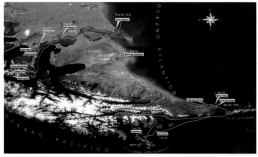

Maps of Darwin's second expedition to Tierra del Fuego and Cape Horn. Overview of the route followed by the HMS Beagle from January 26 to March 9, 1834. Map prepared in the GIS Omora Park - CERE/UMAG Laboratory.

Mapas de la segunda expedición de Darwin a Tierra del Fuego y Cabo de Hornos. Trazado general de la ruta seguida por el HMS Beagle desde el 26 de enero hasta el 9 de marzo de 1834. Mapa preparado en el Laboratorio SIG Parque Omora - CERE/UMAG.

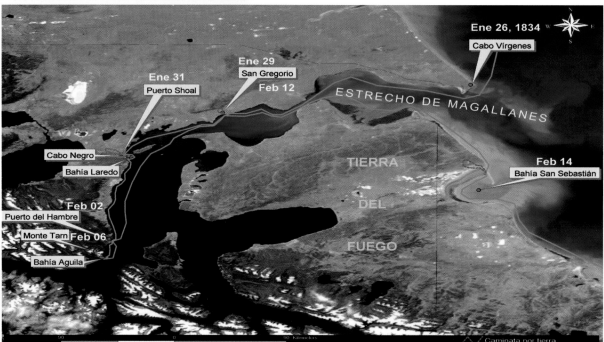

Detail of the exploration in the Strait of Magellan in January-February 1834. On board HMS Beagle on January 26 they navigated westward from Cape Virgins toward San Gregorio Bay (Jan. 29), Port Shoal, Cabo Negro and Laredo Bay (Jan. 31), Port Famine (Feb. 2), Eagle Bay and Mount Tarn (Feb. 6). Then HMS Beagle navigated back eastward to reach San Sebastian Bay (Feb. 14). The red lines indicate landing points and the paths that Darwin hiked during his explorations on land. Map prepared in the GIS Omora Park - CERE/UMAG Laboratory.

Detalle de la exploración en el Estrecho de Magallanes en enero-febrero 1834. En el HMS Beagle navegaron el 26 de enero desde Cabo Vírgenes hacia el oeste, alcanzando la Bahía San Gregorio (29 de enero), Puerto Shoal, Cabo Negro y Bahía Laredo (31 de enero), Puerto del Hambre (2 de febrero), Bahía Águila y Monte Tarn (6 de febrero). Luego navegaron hacia el este para alcanzar la Bahía de San Sebastián (14 de febrero). Las líneas rojas indican los puntos de desembarco y las rutas de exploración por tierra realizadas por Darwin. Mapa preparado en el Laboratorio SIG Parque Omora - CERE/UMAG.

▲ Second expedition to the Cape Horn region. After exploring San Sebastian Bay, on February 20, 1834, HMS Beagle continued navigating southward along the Atlantic coast of Tierra del Fuego to Cape San Diego and Good Success Bay (Feb. 21). From there it continued to the southwest toward the Cape Horn Archipelago reaching Point Ross on Wollaston Island (Feb. 24). Then it continued northeastward to the east coast of Navarino Island reaching Goree Passage (Feb. 27), and then Holger Islets (Feb 28), and navigating westward along the Beagle Channel where they observed Dientes de Navarino (March 2), and reached Lewaia Bay (March 4). The final section of the route included Wulaia Bay (March 5). On March 6, 1834, Darwin and Fitzroy said goodbye to Orundellico (Jemmy Button) and left Wulaia navigating back to the Beagle Channel and eastward to Cape San Diego (Mar. 9). Maps prepared in the GIS Omora Park - CERE/UMAG Laboratory.

Segunda expedición a la región de Cabo de Hornos. Después de explorar la Bahía de San Sebastián, el 20 de febrero de 1834, el HMS Beagle siguió navegando lo largo de la costa atlántica de Tierra del Fuego hacia el sur hasta Cabo San Diego y Bahía del Buen Suceso (21 de febrero). Desde allí prosiguió hacia el sudoeste hacia el archipiélago de Cabo de Hornos llegando a Punta Ross en la Isla Wollaston (24 de febrero). Continuó hacia el noreste hasta la costa este de la Isla Navarino llegando al Paso Goree (27 de febrero) y luego a los Islotes Holger (28 feb), navegando hacia el oeste a lo largo del Canal Beagle donde observaron los Dientes de Navarino (2 de marzo), y arribaron a la Bahía Lewaia (4 de marzo). La sección final de la ruta incluyó la Bahía Wulaia (5 de marzo). El 6 de marzo de 1834 Darwin y Fitzroy se despidieron de Orundelico (Jemmy Button) y dejaron Wulaia navegando de regreso al Canal Beagle y hacia el este hasta Cabo San Diego (9 de marzo). Mapas preparados en el Laboratorio SIG Parque Omora - CERE/UMAG.

At the tree-line on Mount Tarn, the evergreen beech (Nothofagus betuloides) *grows like low-bushes that reach only the height of the knees of visitors. (Photo Ricardo Rozzi).*

En el límite arbóreo en el Monte Tarn, el coigüe de Magallanes (N. betuloides) crece como arbusto bajo hasta la altura de las rodillas de los visitantes. (Foto Ricardo Rozzi).

From Mount Tarn you can see the Strait of Magellan and Dawson Island. (Photos Ricardo Rozzi).

Desde el Monte Tarn se puede ver el Estrecho de Magallanes y la Isla Dawson. (Foto Ricardo Rozzi).

documented a favorable impression of the Tehuelche who inhabited the Patagonian steppe, which was very different from his expressions of the canoeing groups he had met at Cape Horn.

On February 1, they continued navigation aboard the *Beagle* to Famine Port, exploring the Shoal Cove sector on the way. Darwin noted that the landscape in this area represents a transition zone between aridity and humidity, between "The country, in this neighbourhead, may be called an intermixture of Patagonia & Tierra del Fuego; here we have many plants of the two countries (*Diary*, p. 419). The next day they arrived in Famine Port on one of those rare days when "We got into Port Famine in the middle of the night, after a calm delightful day: M. Sarmiento a mountain 6800 feet high, was visible although 90 miles distant (*Diary*, p. 420). While they were anchored in Puerto Hambre, on February 6, 1834, Darwin made his memorable ascent of Mount Tarn, recording in his *Diary:*

"I left the ship at four oclock in the morning to ascend Mount Tarn; this is the highest land in this neighbourhead being 2600 feet above the sea. For the two first hours I never expected to reach the summit… it is barely possible to see the sky & every other landmark which might serve as a guide is totally shut out. — In the deep ravines the death-like scene of desolation exceeds all description… everything was dripping with water; even the very Fungi could not flourish. — In the bottom of the valleys it is impossible to travel, they are barricaded & crossed in every direction by great mouldering trunks: when using one of these as a bridge, your course will often be arrested by sinking fairly into up to the middle knee in the rotten wood… I at last found myself amongst the stunted trees & soon reached the bare ridge which conducted me to the summit. — Here was a true Tierra del Fuego view; irregular chains of hills, mottled with patches of snow; deep yellowish-green valleys; & arms

documentaba así una impresión favorable acerca de los tehuelche que habitaban en la estepa patagónica, que era muy diferente de sus expresiones de los grupos canoeros que había encontrado en Cabo de Hornos.

El 1 de febrero continuaron la navegación a bordo del *Beagle* hacia Puerto del Hambre, explorando en el camino el sector de Caleta Shoal. Darwin notaba que el paisaje en esta zona representa una zona de transición entre la aridez y la humedad, entre "Patagonia y Tierra del Fuego; aquí crecen muchas plantas de estas regiones" (*Diario*, p. 419). Al día siguiente arribaron a Puerto del Hambre en uno de esos escasos días en que "…después de un día deliciosamente tranquilo, el Monte Sarmiento, un monte de 6.800 pies [2.062,74 metros] de altura, era visible desde una distancia de 90 millas [145 km]" (*Diario*, p. 420). Anclados en Puerto del Hambre, el 6 de febrero de 1834 Darwin realizó su memorable ascenso al Monte Tarn, registrando en su *Diario:*

"Dejé el barco a las cuatro de la mañana para subir el Monte Tarn; esta es la mayor altura de los alrededores con 2.600 pies [792,48 metros] sobre el nivel del mar. Durante las dos primeras horas nunca esperé alcanzar la cumbre…es prácticamente imposible ver el cielo y cualquier otro hito terrestre que pudiera servir como guía está completamente descartado. En las quebradas profundas, la escena de desolación mortal sobrepasa toda descripción… todo estaba saturado de agua; ni los hongos podrían haber crecido. Es imposible caminar en el fondo de los valles, están bloqueados y cruzados en todas direcciones por grandes troncos en descomposición: cuando se usan como puentes, la caminata se detendrá a menudo porque uno se hunde fácilmente hasta más arriba de la rodilla en la madera podrida… finalmente me encontré entre los árboles achaparrados y pronto alcancé la ladera desnuda que me condujo hacia la cima. Aquí había una verdadera vista de Tierra del Fuego; cadenas irregulares de montes, moteados con parches de nieve; profundos valles de verde amarillento;

of the sea running in all directions... I had the good luck to find some shells in the rocks near the summit. — Our return was much easier as the weight of the body will force a passage through the underwood; & all the slips & falls are in the right direction"(*Diary,* pp. 420-421).

From this ascent to Mount Tarn, Darwin described species of birds, flora, and fungi characteristic of sub-Antarctic forests, including fungi of the genus *Cyttaria* that only grow on trees of the genus *Nothofagus*. Darwin contrasted his observations with those made in February 1827, by Tarn, a doctor and naturalist aboard the *Adventure* on the expeditions commanded by Captain King.

On February 10, 1834, Captain Fitzroy terminated the work of surveying the area of Port Famine and began sailing back through the Strait of Magellan to the Atlantic Ocean to relieve the east coast of the island of Tierra del Fuego. They carried out this task in ten days, and then continued to the Archipelago of Cape Horn. On February 25, Darwin explored the northwest sector of Wollaston Islands. In his journal he registered that, "I walked or rather crawled to the tops of some of the hills; the rock is not slate, & in consequence there are but few trees; the hills are very much broken & of fantastic shapes. —Whilst going on shore, we pulled alongside a canoe with 6 Fuegians (*Diary,* p. 426). This meeting with a group of Yahgan on Wollaston Islands would provide one of the images that most explicitly expresses the

y brazos de mar que corrían en todas direcciones... Tuve la buena suerte de encontrar algunas conchas cerca de la cumbre. Nuestro retorno fue mucho más fácil porque el peso del cuerpo facilita un paso a través de los troncos del piso del bosque; y todos los resbalones y caídas iban en la dirección correcta" (*Diario,* pp. 420-421).

A partir de este ascenso al Monte Tarn, Darwin describió especies de aves, flora y hongos característicos de los bosques subantárticos, incluyendo los hongos del género *Cyttaria* que sólo crecen sobre árboles del género *Nothofagus*. Además Darwin contrastó sus observaciones con las de Tarn de 1827, médico y naturalista a bordo del *Adventure* en la expedición del capitán King.

El 10 de febrero de 1834, el capitán Fitzroy dio por terminada la tarea del levantamiento del sector de Puerto del Hambre e inició la navegación de regreso por el Estrecho de Magallanes hacia el Atlántico para relevar la costa este de la Isla de Tierra del Fuego. Realizaron esta tarea en diez días, y continuaron luego hacia el Archipiélago de Cabo de Hornos. El 25 de febrero Darwin exploraba el sector noroeste de las Islas Wollaston. En su *Diario* registra: "Caminaba por la costa o más bien me desplazaba arrastrándome hacia la cima de algunas colinas; las rocas no son arcillosas; en consecuencia, hay pocos árboles; las laderas son muy requebrajadas con formas fantásticas... Mientras andábamos por la playa, tiramos a tierra una canoa con seis fueguinos" (*Diario,* p. 426). Este encuentro con un grupo yagán en las Islas Wollaston proveería una de

Cyttaria darwinii *is a fungus species of the Cyttariaceae family. This species is endemic to southern South America and grows only on trees of the genus* Nothofagus. *It was collected by Charles Darwin during the voyage of* HMS Beagle *in 1832, and in 1842 the mycologist Rev. Miles Berkeley named this species in honor of the British naturalist. The specimen collected by Darwin is currently in the Mycology Herbarium of the Royal Botanical Gardens at Kew, England. (Photo Jorge Herreros).*

Cyttaria darwinii *es una especie hongo de la familia Cyttariaceae. Esta especie es endémica del sur de Sudamérica y crece sólo sobre árboles del género* Nothofagus. *Fue colectado por Charles Darwin durante el viaje del* HMS Beagle *en 1832, y en 1842 el micólogo Rev. Miles Berkeley nombró esta especie en honor al naturalista británico. El especimen recolectado por Darwin se encuentra actualmente en el Herbario de Micología de los Reales Jardines Botánicos de Kew en Inglaterra. (Foto Jorge Herreros).*

relevance that the encounters with the Fuegians had for Darwin's early development of his ideas of human evolution.

Two days after these encounters, the *Beagle* moved away from the Wollaston Islands and after surrounding Goreé Point, sailed along the east coast of Navarino Island towards the Beagle Channel. On February 28, the *Beagle* was anchored in the same "beautiful little cove" (p. 429) of the Holger Islets where they had sheltered the previous year. Darwin again enjoyed the beauty of the archipelago's landscape "with the stern less than 100 yards from the mountainside" (p. 429). The next day, they continued sailing on the ship against the wind, west on the Beagle Channel towards Wulaia Bay, the territory of Jemmy Button.

They anchored on March 4, 1834, in the northern part of Ponsonby Sound and on the morning of March 5th they set out on a whaleboat for Wulaia in search of Jemmy, who they found in a canoe with a flag in his hand, and looking very different physically: "thin, pale and without a scrap of clothes, except for a cloth around his waist: his hair went down to his shoulders" (*Diary,* p. 432), and having difficulty remembering English. However, his kindness had not changed, and after being invited by Fitzroy to return aboard the *Beagle* to England, Jemmy declined, explaining that here he now had his wife and plenty of food; he gave the captain and crew members, two otter skins, arrow tips and arrows that he made himself, thus generating one of the most emotionally significant moments. In turn, the farewell to Jemmy is one of the events that remained in Darwin's memory and influenced his concepts of quality of life and

las imágenes que más explícitamente expresan la relevancia que tuvo para Darwin el encuentro con los fueguinos en el desarrollo temprano de sus ideas sobre evolución humana.

Dos días después de estos encuentros, el *Beagle* se alejaba de las Islas Wollaston y luego de rodear la Punta Goreé navegaba por la costa este de la isla Navarino hacia el Canal Beagle. El 28 de febrero el *Beagle* fondeaba en la misma "hermosa caleta pequeña" de los Islotes Holger donde se habían cobijado el año anterior. Darwin disfrutaba nuevamente de la belleza del paisaje del archipiélago "con la popa a menos de 90 metros de la ladera de la montaña" (p. 429). Al día siguiente, continuaron la navegación en la goleta contra el viento, hacia el oeste por el Canal Beagle rumbo a la Bahía Wulaia, el territorio de Jemmy Button.

Anclaron el 4 de marzo de 1834 en la parte norte del Seno Ponsonby y en la mañana del 5 de marzo partieron en una ballenera hacia Wulaia en busca de Jemmy, a quien encontraron en una canoa con una bandera en la mano, y muy cambiado físicamente: "delgado, pálido y sin un retazo de ropas, excepto un paño alrededor de su cintura: el pelo le llegaba hasta los hombros" (*Diario,* p. 432), y con dificultades para recordar su inglés. Sin embargo, su amabilidad no había cambiado, y luego de ser invitado por Fitzroy a regresar a bordo del *Beagle* a Inglaterra, Jemmy se excusó explicando que aquí tenía ahora su mujer y mucha comida; regaló al capitán y miembros de la tripulación dos pieles de nutria, puntas de flecha y flechas elaboradas por él mismo, generando uno de los momentos más significativos afectivamente. A su vez, esta despedida de Jemmy constituye uno de los eventos más remecedores para el joven Charles sobre sus conceptos de calidad vida y

Teeth of Navarino (Dientes de Navarino), an iconic mountain range on Navarino Island, Chile, that was observed by Darwin while navigating along the Beagle Channel. (Photo Jorge Herreros).

Los Dientes de Navarino, un cordón montañoso icónico en la Isla Navarino, Chile, observado por Darwin mientras navegaba a lo largo del Canal Beagle. (Foto Jorge Herreros).

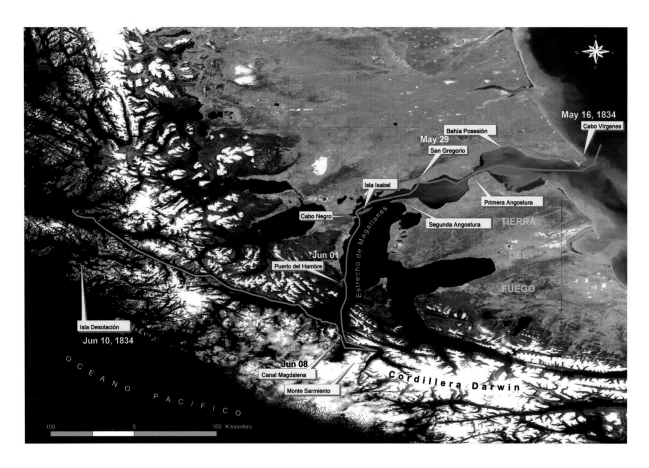

Map of Darwin's third expedition to areas that are now protected by the Cape Horn Biosphere Reserve. On May 16, 1834, HMS Beagle entered sailing from the eastern mouth of the Strait of Magellan toward its western mouth, adjacent to Desolation Island. For almost a month, they explored Possession Bay, San Gregorio Bay (May 29), Isabel Island, Cabo Negro, Port Famine (Puerto del Hambre) (June 1), Magdalena Channel where they observed the base of Mount Sarmiento (June 8), and left the Strait of Magellan saling along the coasts of Desolation Island on June 10, 1834. Map prepared in the GIS Omora Park - CERE/UMAG Laboratory.

Mapa de la tercera expedición de Darwin a áreas que hoy están protegidas por la Reserva de la Biosfera Cabo de Hornos. El 16 de mayo de 1834, el HMS Beagle ingresó navegando desde la boca oriental del Estrecho de Magallanes hacia su salida occidental adyacente a la Isla Desolación. Exploraron durante casi un mes la Bahía Posesión, San Gregorio (29 de mayo), Isla Isabel, Cabo Negro, Puerto del Hambre (1 de junio), Canal Magdalena donde observaron la base del Monte Sarmiento (8 de junio) y dejaron el Estrecho de Magallanes navegando apegados a las costas de la Isla Desolación el 10 de junio de 1834. Mapa preparado en el Laboratorio SIG Parque Omora - CERE/UMAG.

progress. Thus concluded Darwin's second exploration of Tierra del Fuego and Cape Horn, which brought new emotions and understandings of the Yahgan culture, and later in his work, led him to new ways of understanding human nature and the unity of the races of the *Homo sapiens* species.

After bidding farewell to Jemmy, who had lit a farewell fire on the beach, they boarded the Beagle on March 6th and sailed back into the Atlantic Ocean, crossing Cape San Diego on March 9th, and arriving at the Falkland Islands on March 10, 1834. From the Falklands they would set sail for Santa Cruz on April 7 in order to advance to eastern Patagonia, which would culminate in a month later, in the last expedition of the Strait of Magellan.

Darwin's Third Trip to Tierra del Fuego:
Strait of Magellan (May - June 1834)

On May 12, 1834, the *Beagle* sailed from Santa Cruz to the Strait of Magellan. As they sailed, Darwin expressed in his *Diary* how much he missed Patagonia, "It never ceases to be in my eyes most marvellous that on the coast of Patagonia there is constant dry weather & a clear sky" (p. 452). Four days later they were turning into the Strait of Magellan at the Cape Virgins.

For a week they had to sail against the current to cross the First Narrowing, and Darwin admired the large forests of brown algae and how they formed true underwater forests with a great associated biodiversity. In addition, the long fronds of these algae indicated the direction of the sea currents and thus provided valuable guidance for navigators. Finally, they reached San Gregorio Bay on May 29, and when they anchored in this bay, Darwin was surprised to find no population of Patagonian Indians, with whom he was so delighted in January of the same year. Temperatures on the thermometers read

progreso. De esta manera concluía esta segunda exploración de Darwin en Tierra del Fuego y Cabo de Hornos, que conllevó nuevas emociones y comprensiones acerca de la cultura yagán, y más tarde en su obra lo condujo hacia nuevas formas de comprender la naturaleza humana y la unidad de las razas de la especie *Homo sapiens*.

Después de despedirse de Jemmy, quien había encendido un fuego de adiós en la costa, el 6 de marzo subían la ballenera a bordo del *Beagle* que navegó hacia el Atlántico para cruzar el Cabo San Diego el 9 de marzo y arribar a las Islas Malvinas el 10 de marzo de 1834. Desde las Malvinas zarparían rumbo a Santa Cruz el 7 de abril para incursionar en la Patagonia oriental, lo que culminaría con la última expedición al Estrecho de Magallanes un mes más tarde.

Tercer Viaje de Darwin a Tierra del Fuego:
Estrecho de Magallanes (mayo - junio de 1834)

El 12 de mayo de 1834 el *Beagle* zarpaba desde Santa Cruz hacia el Estrecho de Magallanes. Mientras navegaban, Darwin expresaba en su *Diario* cuánto añoraba la Patagonia: "Nunca cesa de estar en mis ojos nada más maravilloso que la costa de la Patagonia, con su clima constantemente seco y cielo puro" (p. 452). Cuatro días después doblaban por el Cabo Vírgenes internándose en el Estrecho de Magallanes.

Durante una semana tuvieron que navegar en contra de la corriente para cruzar la Primera Angostura, y Darwin se admiraba de los grandes bosques de algas pardas y cómo éstos formaban verdaderos bosques submarinos con una gran biodiversidad asociada. Además, las largas frondas de estas algas indicaban la dirección de las corrientes marinas y proveían de esta manera una valiosa orientación para los navegantes. Finalmente, alcanzaron la Bahía San Gregorio el 29 de mayo. Al anclar en esta bahía, Darwin se sorprendió de no encontrar ninguna población de indios patagones, con los que tanto se deleitara en enero del mismo año. Las

below freezing and there was no fire that would heat the *Beagle*. Arriving in Port Famine on June 1st, Darwin wrote, "I never saw a more cheer-less prospect; the dusky woods, pie-bald with snow, were only indistinctly to be seen through an atmosphere composed of two thirds rain & one of fog" (*Diary*, p. 453).

Between June 2sd and 8th, the crews of the *Beagle* and the *Adventure* stayed in Port Famine (*Puerto Hambre*), where Darwin celebrated having two good days to observe Mount Sarmiento and the mountains of the southern mountain range that Fitzroy had named after him:

"On one of these the view of Sarmiento was most imposing: I have not ceased to wonder, in the scenery of Tierra del Fuego, at the apparent little elevation of mountains really very high. — I believe it is owing to a cause which one would be last to suspect, it is the sea washing their base & the whole mountain being in view. I recollect in Ponsonby Sound, after having seen a mountain down the Beagle Channel, I had another view of it across many ridges, one behind the other. — This immediately made one aware of its distance, & with its distance it was curious how its apparent height rose" (*Diary,* p. 454).

As he sailed south along the Magdalena Channel and approached Mount Sarmiento, Darwin described the landscape with admiration: "We were delighted in the morning by seeing the veil of mist gradually rise from & display Sarmiento. — I cannot describe the pleasure of viewing these enormous, still, & hence sublime masses, of snow which never melt & seem doomed to last as long as this world holds together. — The field of snow

temperaturas marcaban bajo cero en los termómetros y no había un fuego que calentara el *Beagle*. Al arribar a Puerto del Hambre el 1 de junio, escribió: "nunca vi un panorama más lúgubre; los bosques oscuros, moteados con nieve, se veían borrosos a través de una atmósfera compuesta por dos tercios de lluvia y uno de niebla" (*Diario,* p. 453).

Entre el 2 y el 8 de junio las tripulaciones del *Beagle* y el *Adventure* se mantuvieron en Puerto del Hambre, donde Darwin celebraba haber tenido dos días buenos para observar el Monte Sarmiento y las montañas de la cordillera austral que Fitzroy había bautizado con su nombre:

"En uno de esos días la vista del Monte Sarmiento era imponente: no he cesado de asombrarme de la poca elevación aparente que adquieren en el paisaje de Tierra del Fuego las montañas que en realidad son muy altas. Creo que se debe a una causa que podría fácilmente pasarse por alto: tener la vista completa de estas montañas con el mar bañando sus bases. Recuerdo el Seno Ponsonby, donde después de haber visto una montaña en el Canal Beagle, tuve otra vista a través de muchas cadenas, una detrás de otra. Esto nos hace inmediatamente conscientes de su distancia, y con esta distancia fue curioso como se elevó su altitud aparente" (*Diario,* p. 454).

Al navegar hacia el sur por el Canal Magdalena y acercarse al Monte Sarmiento, Darwin describía el paisaje con admiración: "Estuvimos deleitados en la mañana al ver elevarse gradualmente velo de niebla y aparecer el [Monte] Sarmiento. No puedo describir el placer de mirar estas enormes, quietas y por ende sublimes masas de nieve que jamás se derriten y parecen condenadas a durar tanto como el mundo. El campo de nieve se extiende desde la

◄ *Mount Sarmiento is a pyramid-shaped mountain. With its glacial peak, it rises steeply from the east coast of the Magdalena Channel south of the Strait of Magellan, and marks the western border of the Darwin Mountain Range. (Photo Paola Vezzani).*

El Monte Sarmiento es una montaña con forma piramidal. Con su cima glaciar se eleva abruptamente desde la costa este del Canal Magdalena al sur del Estrecho de Magallanes, y marca la frontera occidental de la Cordillera Darwin. (Foto Paola Vezzani).

extended from the very summit to within 1/8th of the total height, to the base, this part was dusky wood. — Every outline of snow was most admirably clear & defined; or rather I suppose the truth is, that from the abscence of shadow, no outlines, but those against the sky, are perceptible & hence such stand out so strongly marked" (*Diary,* pp. 456-457).

On June 10, 1834, the *Beagle* sailed towards the Pacific Ocean, where "[T]he Western coast generally consists of low, rounded, quite barren hills of Granite. Sir J. Narborough called one part of it. — South Desolation. — 'because it is so desolate a land to behold,' well indeed might he say so. — Outside the main islands, there are numberless rocks & breakers on which the long swell of the open Pacific incessantly rages. — We passed out between the 'East & West Furies;' a little further to the North, the Captain from the number of breakers called the sea the 'Milky Way'" (*Diary,* p. 458).

With these notations, Darwin concluded his third and last expedition to Cape Horn. He gained a direct perception of the marked seasonality and the inclemencies of the climate for the biotic communities, including the human ones; both the indigenous Patagonians and the predecessor sailors that (who like Francis Drake, James Cook and Pringle Stokes) had explored this region in the midst of the sublime and death. Sailing from Desolation Island to the north, Darwin wrote in his *Diary* that, "The sight of such a coast is enough to make a landsman dream for a week about death, peril, & shipwreck" (*Diary,* p. 458). Two weeks later, on June 28, 1834, after sailing through myriad archipelagoes of southwestern South America, the *Beagle* managed to reach the port of San Carlos, on the Chiloé Island. Darwin had crossed one of the greatest maritime frontiers of the 19th century.

misma cumbre hasta un 1/8 de la altura total, a la base, esta parte fue bosque oscuro. Cada contorno de nieve estaba más admirablemente claro y definido; o más bien supongo que la verdad es que de la ausencia de sombras, ningún otro perfil excepto aquellos contra el cielo, son perceptibles y de ahí sobresalen tan intensamente marcados" (*Diario, pp.* 456-457).

El 10 de junio de 1834 el *Beagle* navegó hacia el Océano Pacífico, donde "la costa oeste consiste generalmente en cerros bajos de granito, redondeados, bastante desnudos. Sir J. Narborough bautizó a parte de ellos Desolación Sur, 'porque es una tierra tan desolada para contemplar', de hecho, está bien dicho. Por fuera de las islas principales existen numerosas rocas y grandes rompientes del incesante oleaje embravecido de la entrada del Pacífico. Pasamos entre las 'Furias Este y Oeste'; un poco más al norte, debido a la gran cantidad de rompientes denominó a este mar como 'Vía Láctea'" (*Diario,* p. 458).

Así concluía Darwin su tercera y última expedición a Cabo de Hornos. Había ganado una percepción directa acerca de la marcada estacionalidad y de las inclemencias del clima para las comunidades bióticas, incluidas las humanas; tanto los patagones como los navegantes predecesores que (como Francis Drake, James Cook y Pringle Stokes) habían explorado esta región en medio de lo sublime y la muerte. Al navegar desde la Isla Desolación hacia el norte, Darwin anotaba en su *Diario* "la vista de esta costa es suficiente para hacer soñar a un hombre con muerte, peligro y naufragios durante una semana" (*Diario,* p. 458). Dos semanas más tarde, el 28 de junio de 1834, después de navegar a través de los intrincados archipiélagos del sudoeste de Sudamérica, el *Beagle* lograba arribar al Puerto de San Carlos, en la Isla Grande de Chiloé. Darwin había cruzado una de las mayores fronteras para la navegación marítima del siglo XIX.

Today, the maritime and terrestrial areas visited by Charles Darwin from Chile's Darwin Mountains to the south to the Cape Horn Archipelago are protected by the Cape Horn Biosphere Reserve. Darwin's detailed observations on the unique biogeographic attributes, the beauty of the landscape, and the cultural values of the Fuegian people, in addition to the low impact of human activity at the beginning of the 21st century, contributed to the recognition of this reserve by UNESCO as a biocultural treasure for humanity. The proposal was prepared by the scientific team of the Omora Ethnobotanical Park and the Government of Chile, and was approved by UNESCO on June 29, 2005, formally decreeing the creation of the Cape Horn Biosphere Reserve.

As has happened in the Galapagos Islands Biosphere Reserve in Ecuador, today Darwin's legacy contributes to the appreciation and conservation for present and future generations of the biological and cultural richness of a sublime region in South America. Just as it did in the 19th century, for young Darwin, during his transformative expedition aboard the *Beagle*, in the 21st century the Darwin Cordillera, the Beagle Channel and the Cape Horn archipelagoes inspire visitors to conceive ethical relationships between the diversity of humankind and with the other living being with whom we co-inhabit the planet.

Hoy las áreas marítimas y terrestres visitadas por Charles Darwin desde la Cordillera Darwin hacia el sur hasta el Archipiélago de Cabo de Hornos están protegidas por la Reserva de la Biosfera Cabo de Hornos. Las detalladas observaciones del joven naturalista sobre las singularidades biogeográficas, belleza paisajística y valores culturales de los fueguinos junto al bajo grado de impacto antrópico a comienzos del siglo XXI, contribuyeron a que fuera reconocida por la UNESCO como un tesoro biocultural para la humanidad. La propuesta fue preparada por el equipo científico del Parque Etnobotánico Omora y el Gobierno de Chile, y fue aprobada por la UNESCO el 29 de junio del 2005, decretando formalmente la creación de la Reserva de la Biosfera Cabo de Hornos.

Tal como ha ocurrido en la Reserva de la Biosfera de las Islas Galápagos en Ecuador, hoy el legado de Darwin contribuye a apreciar y conservar para las generaciones presentes y futuras la riqueza biológica y cultural de una región sublime en Sudamérica. Tal como lo hiciera en el siglo XIX con el joven Darwin durante su transformadora expedición a bordo del *Beagle*, en el siglo XXI la Cordillera Darwin, el Canal Beagle y Cabo de Hornos inspiran a los visitantes a concebir relaciones éticas entre los diversos seres humanos y el conjunto de los seres vivos con quienes co-habitamos en el planeta.

(Next page). "Several glaciers descended in a winding course from the pile of snow to the sea, they may be likened to great frozen Niagaras, & perhaps these cataracts of ice are as fully beautiful as the moving ones of water." Darwin's Diary, June 9, 1834, p.457. Pia Glacier, West-Arm. (Photo Paola Vezzani).

(Página siguiente). "Varios glaciares descendían con curso sinuoso desde el cúmulo de nieve hasta el mar, podrían compararse con las cataratas congeladas del Niágara, y quizás estas cataratas de hielo son tan completamente bellas como las del agua en movimiento". Diario de Darwin, 9 de junio de 1834, p.457. Brazo oeste del Glaciar Pía. (Foto Paola Vezzani).

IV

TRACING DARWIN'S
NAVIGATION ROUTE
IN THE BEAGLE CHANNEL

*TRAZANDO LA RUTA DE
NAVEGACIÓN DE DARWIN
EN EL CANAL BEAGLE*

"Amongst the other most remarkable spectacles, which we have beheld, may be ranked,... the glacier leading its blue stream of ice in a bold precipice overhanging the sea." *Darwin's Diary*, September 1836, p. 775. Darwin Cordillera, Pia Glacier. (Photo Ricardo Rozzi).

"Entre los otros espectáculos más notables que hemos contemplado, se pueden clasificar... el glaciar que conduce su corriente azul de hielo en un precipicio audaz que domina el mar". *Diario de Darwin*, septiembre de 1836, p. 775. Cordillera Darwin, Glaciar Pía. (Foto Ricardo Rozzi).

8
The Routes Through the Beagle and Murray Channels
La Ruta de los Canales Beagle y Murray

Ricardo Rozzi & Kurt Heidinger

Serving as the "highway" that all navigators must use to get where they're going, the Beagle Channel defines a northern boundary, and provides the unifying geographical feature of the archipelagic region of Cape Horn. Despite its frequent use, however, the Channel remains pristine and mysterious by world standards—especially in the eyes of visitors who have come from the far corners of the globe to experience it.

Visitors arriving at Puerto Williams can now easily navigate two iconic routes where Charles Darwin made observations and discoveries in the archipelagoes protected today by the Cape Horn Biosphere Reserve: the Murray Canal Route and the Northwest Arm Route of the Beagle Channel.

The Discovery of the Beagle and Murray Channels

During Captain Robert Fitzroy's first trip to Cape Horn, Mr. Murray, "Master" on the first voyage of the *Beagle*, deserves credit for being the first European to find and navigate the Beagle Channel. In March of 1830, he departed March Harbor near Waterman Island and sailed north crossing Cook's Bay.

While navigating along the west coast of Hoste Island, with the order to return two Kawesqar children to their families,

Sirviendo como la "gran vía" que todos los navegantes deben utilizar, el Canal Beagle define un límite norte de la región del Cabo de Hornos y genera la característica geográfica más importante de ésta. A pesar de su frecuente uso, el canal permanece prístino y misterioso, especialmente a los ojos de los visitantes que arriban desde diferentes puntos del mundo para experimentar esta navegación.

Quienes arriban a Puerto Williams pueden navegar hoy con facilidad dos rutas icónicas donde Charles Darwin realizó observaciones y descubrimientos en los archipiélagos protegidos por la Reserva de la Biosfera Cabo de Hornos: la Ruta del Canal Murray y la Ruta del Brazo Noroeste del Canal Beagle.

El Descubrimiento de los Canales Beagle y Murray

Durante el primer viaje del capitán Robert Fitzroy a Cabo de Hornos, el maestro Murray, "Master" en este primer viaje del *Beagle*, merece el crédito de haber sido el primer europeo en encontrar y navegar el Canal Beagle. En marzo de 1830 dejó la Caleta March, cerca de la Isla Waterman, para navegar hacia el norte en la Bahía Cook.

Mientras navegaba por la costa oeste de la Isla Hoste, con la orden de retornar dos niños kawésqar a sus familias,

▲ When heading west on the Beagle Channel, the snow-topped mountains of Hoste Island announce that we are arriving to Puerto Navarino in the northwestern corner of Navarino Island. (Photo Ricardo Rozzi).

Rumbo al oeste por el Canal Beagle, las altas cimas cubiertas de nieve de las montañas de la Isla Hoste anuncian que estamos llegando a Puerto Navarino, en el extremo noroeste de la Isla Navarino. (Foto Ricardo Rozzi).

▲ Looking westward off the coast of Guerrico Point, the Beagle Channel seems like an endless trail of water lying between the mountain ranges of Tierra del Fuego on the north, and Navarino and Hoste Islands on the south. At the western extreme of the Beagle Channel, where it splits into northern and southern channels, the high mountains of Darwin Cordillera (or Darwin Mountain Range) tower above 2,000 m (6,562 feet). (Photo Ricardo Rozzi).

Navegando hacia el oeste a la altura de Punta Guerrico, el Canal Beagle parece un camino infinito de agua entre los cordones montañosos de Tierra del Fuego al norte y las islas Navarino y Hoste al sur. Al extremo oeste del Canal Beagle, donde se divide en el canal norte y sur, las altas montañas de la Cordillera Darwin se elevan por sobre los 2.000 m. (Foto Ricardo Rozzi).

he reached the western end of what we now know as the Southwestern Arm of the Beagle Channel. When Murray returned to the *Beagle* on March 14, he told Captain Robert Fitzroy he had seen "a channel leading farther to the eastward than eyesight could reach, whose average width seemed to be about a mile" (Fitzroy Narrative, March 1830, p. 417).

A month later, while the *Beagle* was anchored in Orange Bay on the southeast coast of Hoste Island, Fitzroy sent Murray to explore the waters to the north. He sailed through the channel that now bears his name— Murray Channel—and then entered the Beagle Channel. When he returned on April 14, 1830, Fitzroy recorded that Murray had passed by what is now Puerto Williams:

"Westward of the passage by which he entered, was an opening to the northwest; but as his orders specified north and east, he followed the eastern branch of the channel, looking for an opening on either side, without success. Northward of him lay a range of mountains, whose summits were covered with snow, which extended for forty miles, and then sunk into ordinary hills that, near the place which he reached [the Gray Hills on Isla Gable], shewed earthy or clayey cliffs towards the water" (Fitzroy Narrative, April 1830, p. 429).

"From the clay cliffs his view was unbroken by any land in an E.S.E. direction, therefore he must have looked through an opening at the outer sea [the Atlantic Ocean]. His provisions being almost exhausted, he hastened back. On the south side of the channel there were likewise mountains of considerable elevation [Mount Robalo and the mountain range 'Dientes de Navarino']" (p. 429).

llegó al extremo oeste de lo que hoy conocemos como el Brazo Sudoeste del Canal Beagle. Cuando Murray volvió al *Beagle* el 14 de marzo, le contó al capitán Robert Fitzroy que había visto "un canal que avanza más hacia el este del que podría alcanzar la vista, cuyo ancho promedio parecía ser cerca de una milla" (Narrativa de Fitzroy, marzo de 1830, p. 417).

Un mes más tarde, con el *Beagle* anclado en la Bahía Orange, en la costa sureste de la Isla Hoste, Fitzroy envió a Murray a explorar las aguas del norte. El Master navegó a través del canal que hoy lleva su nombre, el Canal Murray, y entró al Canal Beagle. Cuando volvió, el 14 de abril de 1830, Fitzroy registró que Murray había pasado por lo que hoy es Puerto Williams:

"Hacia el oeste del paso por donde entró había una abertura hacia el noroeste; pero como sus órdenes especificaban norte y este, siguió por el brazo este del canal buscando sin éxito un claro en uno de los lados. Hacia el norte había una cadena montañosa cuyos picos estaban cubiertos de nieve, se extendían por 60 kilómetros y luego se transformaban en cerros que, cerca del lugar donde llegó [los Montes Gray en la Isla Gable], parecían acantilados arcillosos que enfrentaban al mar" (Narrativa de Fitzroy, abril 1830, p. 429).

"Desde los acantilados de arcilla su vista no se interrumpió por ninguna tierra en dirección E.S.E., por lo tanto tuvo que haber mirado a través de un canal a mar abierto [Océano Atlántico]. Sus provisiones estaban casi agotadas por lo que aceleró el regreso. Al lado sur del canal había montañas de considerable elevación [el cerro Róbalo y el cordón montañoso de los Dientes de Navarino]" (p. 429).

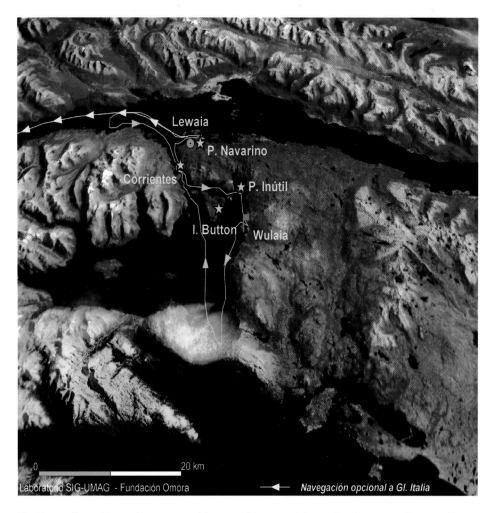

Lewaia

P. Navarino

Corrientes

P. Inútil

I. Button

Wulaia

0   20 km

Laboratorio SIG-UMAG - Fundación Omora   ◄ *Navegación opcional a Gl. Italia*

▲ *The Murray Channel Route allows us to envision essential events of the two* Beagle *voyages, featuring history-rich places that can be seen while navigating. The route centers around Murray Channel, but also offers an optional trip westward along the northern coast of Hoste Island leading to Devil Island and the Italy [Italia] Glacier in the Northwest Arm of the Beagle Channel. The flags represent the proposed interpretive trails, the stars the boat's sighting sites, and dots the landing points in zodiacs.*

La Ruta del Canal Murray nos permite conocer eventos esenciales de los dos viajes del Beagle, *observando estos lugares históricos durante la navegación. La ruta se centra en torno al Canal Murray, pero ofrece también un viaje opcional a lo largo de la costa norte de la Isla Hoste hacia la Isla Diablo y el Glaciar Italia, en el Brazo Noroeste del Canal Beagle. Las banderas representan senderos interpretativos propuestos, las estrellas son puntos de avistamiento de la embarcacion y los puntos sitios de desembarco en zodiac.*

Station 1:
Fitzroy and Darwin at Lewaia

From the Beagle Channel to the Murray Channel there is a first landmark at Lewaia, a place rich in cultural history. Not only Yahgans enjoyed and rich and satisfying life there, but several significant events occurred in this bay during the second voyage of the Fitzroy to Wulaia. On January 22 and 23, 1833, Fitzroy decamped here with Darwin, the three Fuegian youths, and Matthews, the young Anglican missionary. When they came ashore, Yahgans who knew Orundellico (Jemmy Button) approached him, and told him his father was dead. Earlier, Orundellico had dreamed that this would happen, and told Fitzroy and Darwin; the fact that his dream came true startled them. After watching him express his grief by burning "green branches," they recorded observations that express a lack of understanding and sympathy. On the one hand, Fitzroy wrote that he "looked very grave and mysterious at the news, but showed no other symptom of sorrow" (p. 204). On the other hand, Darwin wrote in his *Diary* that "Jemmy heard that his father was dead; but as he had had a 'dream in his head' to that effect, he seemed to expect it and not much care about it" (p. 291).

Fitzroy was distressed to realize that he might have done too good a job of converting Orundellico into a proper Englishman. After Orundellico finished mourning, he began communicating with the people who had greeted them. Fitzroy observed his exchanges and was disturbed to find that he "had almost forgotten his native language." Darwin, who never mastered a language beyond his native tongue, commented that, "We...perceived that Jemmy had almost forgotten his own language. I should think there was scarcely another human being with so small a stock of language, for his English was very imperfect. It was laughable, but almost pitiable, to hear him speak to his wild brother in English,

Estación 1:
Fitzroy y Darwin en Lewaia

La ruta desde el Canal Beagle hacia el Canal Murray tiene un primer hito en Lewaia, un sitio histórico con un rico legado cultural. No sólo el pueblo yagán disfrutó aquí una vida satisfactoria, sino que varios eventos significativos ocurrieron en esta bahía durante el segundo viaje de Fitzroy a Wulaia. El 22 y 23 de enero de 1833, el capitán pasó a este sitio con Darwin, los tres jóvenes fueguinos y Matthews, el joven misionero anglicano. Cuando desembarcaron, los miembros de la comunidad yagán que conocían a Orundelico (Jemmy Button) se acercaron y le contaron que su padre había muerto. Orundelico había soñado que esto pasaría, y el hecho que su sueño se cumpliera sorprendió profundamente a Fitzroy y a Darwin. Sin embargo, luego de verle expresar su dolor quemando "ramas verdes", registraron observaciones que reflejan falta de comprensión y empatía. Fitzroy escribió que "se veía muy serio y misterioso ante la noticia, pero no mostró ningún otro síntoma de dolor" (p. 204). Darwin, por su lado, registró en su *Diario* que "Jemmy oyó que su padre estaba muerto; pero como ya había tenido un 'sueño en su cabeza' sobre esto y parecía esperarlo, no le importaba demasiado" (p. 291).

Fitzroy estaba consternado al darse cuenta que tal vez había hecho un trabajo "demasiado bueno" al convertir a Orundelico en un buen inglés. Luego de concluir sus lamentos, el joven fueguino comenzó a comunicarse con las personas que los habían saludado. Fitzroy observó sus intercambios y estaba perturbado al ver que "casi había olvidado su lengua nativa". Darwin, quien nunca habló otro lenguaje fuera de su lengua materna, comentó: "Nosotros ...percibimos que Jemmy había casi olvidado su propio idioma. Difícilmente podría existir otro ser humano con tan poco bagaje lingüístico, porque su inglés era muy imperfecto. Era risible, casi lamentable, escucharlo hablar

At the entrance of Lewaia Bay, a small islet provides wind protection and habitat for sea birds and underwater forests of kelp (Macrocystis pyrifera). Inshore of the islet, Lewaia provides a tranquil bay with a view to the eastern coast of Hoste Island. (Photos Ricardo Rozzi).

A la entrada de la Bahía Lewaia, un pequeño islote provee el hábitat para aves marinas y bosques de huiro (Macrocystis pyrifera)*, a la vez que refuerza la protección contra el viento. Pasado el islote, Lewaia provee una tranquila bahía con vista a la costa este de la Isla Hoste. (Fotos Ricardo Rozzi).*

Toward the south, the slopes of Lewaia Bay are covered by coastal shrublands dominated by Fashine (Chiliotrichum diffusum), Prickly Heath or "Chaura" (Gaultheria mucronata), Firebush (Embothrium coccineum), and Box-leafed Barberry or "Calafate" (Berberis buxifolia). The upper part of the hills are covered by forests of Evergreen Beech (Nothofagus betuloides), and on the lower part the shores rocky intertidal zones merge with cobble beaches. Between the two beaches the green bluff signals a large Yahgan midden. (Photo Ricardo Rozzi).

and then ask him in Spanish ('no sabe?') whether he did not understand him" (Darwin 1871, p. 222). The incapacity of the English to interpret the intentions and capacities of the Yahgans became a serious limitation for intercultural understanding and respect. Their misinterpretation not only contributed to their paranoia, it also eroded the basis of confidence between them and Orundellico severely, thus reducing the chances that Fitzroy's Anglican mission at Wulaia would be successful.

On the morning of January 23rd, 1833, just are they were preparing to disembark, the English were visited by friendly people from Wulaia. They heard that the gift-giving Fitzroy had returned from his far-away land, and ran as fast as they could to greet him. Darwin wrote again in terms of lack of intercultural understanding: "Many of them had run so fast that their noses were bleeding,...they talked with such rapidity that their mouths frothed, & as they were all painted white red & black they looked like so many demonias who had been fighting" (*Diary*, p. 290).

Soon after the ships departed, canoes appeared and surrounded the whaleboats. Fitzroy wrote that they came from "every direction, [and] in each of which was a stentor hailing us at the top of his voice. Faint sounds of deep voices were heard in the distance, and around us echoes to the shouts of our nearer friends began to reverberate, and warned me to hasten away before our movements should come impeded by the number of canoes which I knew would soon throng around us" (pp. 206-207). In this way, Fitzroy and his men left Lewaia heading toward Murray Channel and Wulaia Bay.

en inglés a su hermano y luego preguntarle en español: '¿no sabe?', si no le entendía" (Darwin 1871, p. 222). La incapacidad de los ingleses para interpretar las intenciones y capacidades de los yagán llegó a ser una seria limitación para la comprensión y respeto intercultural. La mala interpretación no sólo contribuyó a su paranoia, sino que también erosionó severamente la base de confianza entre ellos y Orundelico, y redujo las posibilidades de éxito para la Misión Anglicana de Fitzroy en Wulaia.

En la mañana del 23 de enero, cuando se preparaban para desembarcar, los ingleses recibieron la visita de gente amistosa de Wulaia. Ellos habían escuchado que el generoso Fitzroy había vuelto con regalos desde su lejana tierra y corrieron tanto como pudieron para saludarlo. Darwin volvió a escribir en términos de incomprensión intercultural que "muchos habían corrido tan rápido que sus narices sangraban, ... hablaban con tal rapidez que sus labios echaban espuma, y como estaban pintados de blanco, rojo y negro parecían demonios que hubieran estado luchando" (*Diario*, p. 290).

Poco después de zarpar, comenzaron a aparecer canoas que rodearon a las balleneras. Fitzroy describió que venían "de todas direcciones, [y] en cada una había una persona gritando al máximo de su voz. A lo lejos se escuchaban débiles sonidos de voces profundas, y a nuestro alrededor los ecos de los gritos de los amigos más cercanos comenzaron a reverberar impulsándome a irnos antes que nuestro zarpe fuera impedido por el creciente número de canoas que pronto se amontonaría alrededor de nosotros" (pp. 206-207). Así, el capitán y sus hombres dejaban Lewaia para dirigirse hacia el Canal Murray y la Bahía Wulaia.

Hacia el sur, las pendientes de la Bahía Lewaia están cubiertas por matorral costero dominado por matanegra (Chiliotrichum diffusum), chaura (Gaultheria mucronata), notro (Embothrium coccineum) y calafate (Berberis buxifolia). La parte alta de los cerros está cubierta por bosques de coigüe de Magallanes (Nothofagus betuloides), y en la parte baja las playas rocosas de la zona intermareal alternan con playas pedregosas. Entre las dos playas el manchón verde señala un gran conchal yagán. (Foto Ricardo Rozzi).

As it did for Fitzroy's whaleboats in 1833, Lewaia continues to provide an excellent harbor place for fishing boats and yachts. The top of peninsula at Lewaia Bay is covered with Evergreen Beech and Winter's Bark forests. From here it is possible to gauge the wind and navigation conditions of the Beagle Channel. (Photos Ricardo Rozzi).

Lo mismo que para las balleneras de Fitzroy en 1833, Lewaia continúa proveyendo un excelente puerto para botes pesqueros y yates. La zonas altas de la península en la Bahía Lewaia están cubiertas por bosques de coigüe de Magallanes y canelo. Desde aquí es posible visualizar el Canal Beagle, detectar el viento y las condiciones de navegación en el área. (Fotos Ricardo Rozzi).

▲ On the northwest coast, Lewaia Bay contains a valuable archaeological site that includes a concentration of "wigwams hollows." On Jan. 22nd, 1833, Darwin had the opportunity to meet the people who lived here, and made this interesting cross-cultural observation: "A small family of Fuegians, who were living in the cove, were quiet and inoffensive, and soon joined our party round a blazing fire. We were well clothed, and though sitting close to the fire were far from too warm; yet these naked [people], though further off, were observed, to our great surprise, to be steaming with perspiration at undergoing such a roasting. They seemed, however, very well pleased, and all joined in the chorus of the seaman's songs." (Photo Ricardo Rozzi).

En la costa noroeste, Lewaia alberga un valioso sitio arqueológico formado por una concentración de fondos de habitación. El 22 de junio de 1833, cuando Darwin se encontró con un grupo yagán que habitaba Lewaia, hizo esta interesante observación en su Diario: "Una pequeña familia de fueguinos vivía en la caleta, eran tranquilos e inofensivos y pronto se reunieron con nuestro grupo alrededor de un buen fuego. Aunque todos nosotros, vestidos con mucha ropa, estábamos sentados junto al fuego, seguíamos sintiendo mucho frío. En cambio, los fueguinos estaban desnudos y alejados del fuego, y para nuestra sorpresa observábamos cómo el vapor de transpiración salía de sus cuerpos como si sufrieran un calor insoportable. Parecían, sin embargo, muy complacidos y se unieron al coro de cantos marineros". (Foto Ricardo Rozzi).

◄ "Wigwams hollows" are circular formations up to 2 m in depth, constructed by piling and then shaping walls of shells. On top of them akar, or Yahgan wigwams, made of trunks, branches, and sea-lion furs were built. The shell walls of the circular foundation provided the Yahgan inhabitants protection from the wind. (Photo Ricardo Rozzi).

Los "fondos de habitación" son formaciones circulares de hasta 2 m de profundidad, formados por la acumulación de conchas. Sobre ellos se levantaban los akar o chozas yaganes construidas con troncos, ramas y pieles de lobo marino. Las paredes de concha de la base circular proveían a los habitantes yagán una buena protección contra el viento. (Foto Ricardo Rozzi).

▲ Serving as one of the international custom entrances to Chile on Navarino Island, Puerto Navarino (Port Navarino) is nestled in a bay protected from the wind by a peninsula and some small islands. (Photo Ricardo Rozzi).

Puerto Navarino, una de las entradas internacionales a Chile en la Isla Navarino, se ubica en una bahía protegida del viento por una península y algunas islas pequeñas. (Foto Ricardo Rozzi).

▲ Darwin navigated along this area in autumn when the dominant high and low deciduous beeches (Nothofagus pumilio and N. antarctica, respectively) turn their leaves red. (Photo Ricardo Rozzi).

Darwin navegó a lo largo de esta área en otoño, cuando las hojas de los árboles dominantes, lengas y ñirres (Nothofagus pumilio y N. antarctica, respectivamente) adquieren intensos colores rojos. (Foto Ricardo Rozzi).

International Custom House services are provided at the houses of the Capitanía de Puerto of the Chilean Navy built in the 1950s near the shore of Puerto Navarino's Bay. (Photo Ricardo Rozzi).

El puesto de Aduanas de Chile se ubica en la Capitanía de Puerto de la Armada de Chile, construida en los años 50 cerca de la playa de Puerto Navarino. (Foto Ricardo Rozzi).

Across from Puerto Navarino, on the northern side of the Beagle Channel is the Argentinean city of Ushuaia. Small vessels and cruise ships cross the national boundary line, bringing their passengers to the International Custom House. During his first voyage, Fitzroy observed: "The [Beagle] channel here, and opposite the [Murray] Narrow, is about three miles wide; on its north side is an unbroken line of high mountains, covered with snow to within about a thousand feet of water. Southward are likewise snow-covered heights, so that the [Beagle] channel is formed by the valley lying between two parallel ridges of high mountains." (Photo Margaret Sherriffs).

Cruzando desde Puerto Navarino, en el borde norte del Canal Beagle, está la ciudad argentina de Ushuaia. Durante su primer viaje, Fitzroy observó: "El Canal [Beagle] aquí, y opuesto a la Angostura [Murray] mide cerca de tres millas de ancho; por el lado norte se extiende una línea continua de altas montañas cubiertas de nieve que se elevan desde el agua alcanzando unos mil pies de altitud. Por el sur también se extienden cumbres cubiertas de nieve, de manera que el canal [Beagle] está formado por un valle entre dos paredes paralelas de altas montañas". (Foto Margaret Sherriffs).

Canal Murray

Lewaia

Puerto Navarino

Canal Beagle

▲ *Just west of Puerto Navarino we find Lewaia, a pleasant well-sheltered bay, where the three whaleboats and one yawl of Darwin and Fitzroy harbored in May 1834. Just west of Lewaia Bay is the northern entrance to the Murray Channel, which runs from north to south between Navarino and Hoste island. Aerial view taken from the Aerovías DAP airplane that visitors can take when flying from Punta Arenas to Puerto Williams. (Photo Ricardo Rozzi).*

Inmediatamente al oeste de Puerto Navarino encontramos Lewaia, una bahía bien protegida donde las tres balleneras y la yola de Darwin y Fitzroy hicieron puerto en mayo de 1834. Justo al oeste de Lewaia está la entrada norte del Canal Murray, que fluye de norte a sur entre las islas Navarino y Hoste. La vista aérea está tomada desde un avión de Aerovías DAP que los visitantes pueden tomar para volar entre Punta Arenas y Puerto Williams. (Foto Ricardo Rozzi).

Station 2:
Navigating the Murray Channel

The navigation path continues westward from Lewaia. Navigators enter the expanse of water where the Murray Channel meets the Beagle Channel. From this vantage point, visitors are rewarded with dramatic, sweeping views in every direction. The description of this area, made by Fitzroy on January 23, 1833, during his second voyage as he transported Matthews, the young Anglican missionary, and the three Fuegian youths, to Wulaia, is stunning:

"As we steered out of the cove in which our boats had been sheltered, a striking scene opened: beyond a blue lake expanse of deep blue water, mountains rose abruptly to a great height, and on their icy summits the sun's early rays glittered as if on a mirror. Immediately round us were mountainous eminences, and dark cliffy precipices which cast a very deep shadow over the still water beneath them. In the distant west, an opening appeared where no land could be seen; and to the south was a cheerful sunny woodland, sloping gradually down to the Murray Narrow, at that moment indistinguishable. As our boats became visible to the natives, who were eagerly paddling towards the cove from every direction, hoarse shouts arose, and, echoed about by the cliffs, seemed to be a continual cheer. In a very short time there were thirty or forty canoes in our train, each full of natives, each with a column of blue smoke rising from the fire amidships, and almost all the men in them shouting at the full power of their deep sonorous voices. As we pursued a winding course around the bases of high rocks or between islets covered with wood, continual additions were made to our attendants; and the day being fine, without a breeze to ruffle the water, it was a scene which carried one's thoughts to the South Sea Islands, but in Tierra del Fuego appeared like a dream" (p. 207).

Estación 2:
Navegando en el Canal Murray

La ruta de navegación continúa hacia el oeste de Lewaia, navegando hacia el sector donde el Canal Murray nace desde el Canal Beagle. Este sitio abre una vista en todas direcciones que impresiona tanto a los visitantes de hoy como a Robert Fitzroy hace dos siglos. El 23 de enero de 1833, cuando durante su segundo viaje transportaba a Matthews (el misionero anglicano) y a los tres jóvenes fueguinos a Wulaia, Fitzroy escribió:

"Cuando salimos de la caleta en la que nuestros botes se había protegido, se nos mostró una impresionante escena: más allá de un gran lago de aguas de un azul profundo, se elevaban montañas de gran altura y sobre sus heladas cumbres los tempranos rayos del sol resplandecían como en un espejo. Inmediatamente alrededor nuestro había alturas montañosas y oscuros precipicios cuyas sombras oscurecían las aguas. Lejos hacia el oeste no se podían distinguir tierras; y hacia el sur vimos hermosos bosques en las laderas que daban al Canal Murray, en ese momento indistinguible. Cuando nuestros botes fueron visibles para los nativos, ágilmente remaron hacia la caleta desde todas direcciones con profundos gritos que con el eco en los acantilados, sonaban como un eterno saludo. En corto tiempo teníamos treinta o cuarenta canoas con nosotros, todas llenas de nativos, todas con un humo azul proveniente de las fogatas a bordo y casi todos los hombres gritando con todo el poder de sus sonoras voces. En la medida que seguíamos un curso ondulante alrededor de las bases de las rocas elevadas y entre los islotes cubiertos de bosques, más yaganes iban llegando; y el día hermoso, sin un soplo de brisa sobre el agua, era una escena que recordaba las islas de los mares del sur, pero en Tierra de Fuego parecía un sueño" (p. 207).

On the west coast of the Murray Channel rises Penitent or Church Mountain, which at 1,392 m creates a unique mosaic of marine and terrestrial ecosystems. Its east facing slopes are sheltered from strong wind, allowing forests to grow densely. (Photo Ricardo Rozzi).

En la costa oeste del Canal Murray se eleva el Cerro Penitente, que con 1.392 m de altitud genera un mosaico de ecosistemas marinos y terrestres únicos. Sus laderas de exposición este quedan protegidas de fuertes vientos permitiendo el crecimiento de densos bosques. (Foto Ricardo Rozzi).

Today, navigation through the Murray Channel continues to offer visitors unique biological and cultural sites such as those that inspired Darwin and Fitzroy in the first half of the 19th century. Birds, sea lions and strong currents stand out in the narrowness caused by the Peninsula Corrientes, where there is a Station of the Chilean Navy. During the navigation you can also see evergreen forests in the low sectors and deciduous forests at higher altitudes on the slopes, rocky cliffs, archaeological sites that can be identified along the coast in small protected bays with areas that are free of forests, and the large protected bay of Puerto Inútil to the east of the channel.

Hoy, la navegación por el Canal Murray continúa ofreciendo a los visitantes parajes biológicos y culturales tan singulares como los que inspiraron a Darwin y Fitzroy en la primera mitad del siglo XIX. Destacan las aves, lobos marinos y fuertes corrientes en la angostura provocada por la Península Corrientes donde se ubica una Alcaldía de Mar de la Armada de Chile. Durante la navegación se observan también bosques siempreverdes en los sectores bajos y bosques deciduos más arriba sobre las laderas, acantilados rocosos, sitios arqueológicos que pueden identificarse a lo largo de la costa en pequeñas bahías protegidas que tienen áreas libres de bosques, y la gran bahía protegida de Puerto Inútil hacia el este del canal.

▲ *Looking southward, we see the Murray Channel flowing between Navarino and Hoste Islands. Midway through the channel we approach Murray's Narrow which, by constricting the flow of waters, gives Corrientes Point its name—"corrientes" is a Spanish word that denotes strong streams and whirlpools. (Photo Ricardo Rozzi).*

Hacia el sur, vemos el Canal Murray fluyendo entre las islas Navarino y Hoste. A mitad de navegación a través del canal nos aproximamos a la Angostura Murray, que al constreñir el flujo de agua genera fuertes remolinos y corrientes que dan el nombre de Corrientes a este sitio. (Foto Ricardo Rozzi).

◄ *At Murray Narrow, the west coast of Navarino Island is characterized by its steep rocky cliffs. On the east coast of Hoste Island, on Corrientes Point, a Chilean Navy Station keeps watch, ensuring the safety of navigators. (Photos Margaret Sherriffs).*

En la Angostura Murray, la costa oeste de la Isla Navarino se caracteriza por sus acantilados rocosos. Sobre la Península Corrientes, una Alcaldía de Mar de la Armada de Chile controla la navegación en el área. (Fotos Margaret Sherriffs).

▲ This view of the Murray Channel looks north to the majestic peaks of Tierra del Fuego near Ushuaia. On the left side, the promontory corresponds to Peninsula Corrientes on the east coast of Hoste Island. Sea lions cavort in the left foreground, behind which a lively Yahgan fisherman expresses an eager greeting. In the right foreground, a close up is offered of a Yahgan fisherman man paddling his bark canoe, his harpoon resting on the bow, while a fire warms himself and his passengers. In this drawing made by Conrad Martens, and then engraved by Thomas Landseer for printing in the Diary of Captain Fitzroy, HMS Beagle sails from north to south in the Murray Channel. This scene was recorded by Martens in March 1834, during their first exploration in January 1833 when they navigated the Murray Channel on a whaleboat. "Murray Narrow-Beagle Channel" por T. Landseer (http://www.memoriachilena.cl/602/w3-article-70659.html).

Esta vista del Canal Murray hacia el norte permite ver las majestuosas cumbres de Tierra del Fuego cerca de Ushuaia. A la izquierda, el promontorio corresponde a la Península Corrientes en la costa este de la Isla Hoste. En primer plano a la izquierda saltan lobos marinos y detrás un pescador yagán saluda entusiasta. A la derecha hay un acercamiento que ilustra un pescador yagán remando en su canoa de corteza, con su arpón descansando sobre la proa mientras una fogata provee calor para él y sus acompañantes. En este dibujo de Conrad Martens, que fue luego grabado por Thomas Landseer en Inglaterra para su impresión ilustrando el Diario de Viaje del capitán Fitzroy, el HMS Beagle navega de norte a sur a través del Canal Murray registrando una escena de marzo 1834. En su primera exploración en enero 1833, Darwin y Fitzroy cruzaron el canal Murray en un bote ballenero. "Murray Narrow-Beagle Channel" por T. Landseer (Narrative 2: 327). (http://www.memoriachilena.cl/602/w3-article-70659.html).

▲ Today the area of the Murray Channel has a Station of the Chilean Navy on the Corrientes Peninsula. The site drawn by Martens two centuries ago continues to be a good place to observe sea lions and seabirds such as the Black-browed Albatross (Diomedea melanophris), and sea lions such as the southern fur seals. (Photo Ricardo Rozzi).

Hoy el área del Canal Murray tiene una Alcadía de Mar de la Armada de Chile sobre la Península Corrientes. El sitio dibujada por Martens hace dos siglos continúa siendo un buen lugar para observar lobos marinos y aves marinas, como el albatros de ceja negra (Diomedea melanophris). (Foto Ricardo Rozzi).

▲ *Inside the bay winds are much calmer, permitting the slopes to be covered by extensive forests of evergreen and deciduous beeches that include the three species of* Nothofagus *that grow in the Cape Horn Biosphere Reserve. The lush, pristine forests of Puerto Inutil (Useless Port) conserve the aesthetic and ecological qualities of the landscapes that Fitzroy and Darwin observed in the Yahgan territory of the Murray Channel (or* Yahgashaga *in the Yahgan language), prior to the impacts of European colonization on Navarino Island. (Photo Ricardo Rozzi).*

Dentro de la bahía los vientos son mucho más calmos, permitiendo que las laderas estén cubiertas por extensos bosques siempreverdes y deciduos que incluyen las tres especies de Nothofagus *que crecen en la Reserva de la Biosfera Cabo de Hornos. Los bosques prístinos y exuberantes de Puerto Inútil conservan la estética y calidad ecológica de los paisajes que Fitzroy y Darwin observaron en el territorio yagán del Canal Murray (o* Yahgashaga *en lengua yagán), antes del impacto de la colonización europea en la Isla Navarino. (Foto Ricardo Rozzi).*

On the protected shores of the Murray Channel and Puerto Inútil (Useless Port) one can detect areas with middens, which are identified by the light green color of the grass growing on them in areas free of forests. Puerto Inútil offers a sample of the Yahgan landscapes of Navarino Island prior to European colonization. These landscapes are expressed not only by the continuous and dense forests growing on the slopes of the bay, but also by the presence of large middens on its shores. The site of marine and terrestrial ecosystems —including the flora and archeological remnants on middens— that is found at Puerto Inútil makes it a biocultural treasure of the Cape Horn Biosphere Reserve that requires to be protected and visited with maximum caution. (Photo Ricardo Rozzi).

En las bahías protegidas del Canal Murray y de Puerto Inútil es posible detectar conchales que pueden identificarse por el color verde claro del pasto que crece sobre ellos en áreas libres de bosque. Puerto Inútil ofrece una muestra de los paisajes yagán de la Isla Navarino anteriores a la colonización europea. Éstos se expresan no sólo en los bosques densos y continuos que crecen sobre las laderas de la bahía, sino también en la presencia de grandes conchales en sus costas. El conjunto de ecosistemas marinos y terrestres, incluyendo la flora y los remanentes arqueológicos en los conchales que existen en Puerto Inútil, convierte este sitio en un tesoro biocultural de la Reserva de la Biosfera Cabo de Hornos que debe ser protegido y visitado con la máxima precaución. (Foto Ricardo Rozzi).

South of Murray Narrow, the channel widens. Visitors can see Button Island (BI), the homeland of Fitzroy's and Darwin's legendary guide and friend, Orundellico. To the northeast is a closed bay called Puerto Inutil (PI), where visitors enter through a narrow navigation passage into an impressive lake-like watershed, which contains some of the most pristine marine and terrestrial ecosystems in the Murray Channel area and Navarino Island. Finally, toward the southeast, on the west coast of Navarino Island is Wulaia Bay (W). (Photo Ricardo Rozzi).

Al sur del Canal Murray el canal se ensancha. Los visitantes pueden ver la Isla Button (BI), la tierra natal del legendario guía y compañero de viaje de Fitzroy y Darwin: Orundelico. Al noreste se encuentra una bahía cerrada llamada Puerto Inútil (PI), donde se ingresa por un estrecho paso de navegación hacia una impresionante cuenca hidrográfica que contiene algunos de los ecosistemas marinos y terrestres más vírgenes de la zona del Canal de Murray y la Isla Navarino. Finalmente, hacia el sudeste, en la costa oeste de la Isla Navarino se encuentra la Bahía Wulaia (W). (Foto Ricardo Rozzi).

Station 3:
Wulaia, the Epicenter of English and Yahgan Contact

On the morning of January 23, 1833, Fitzroy left Lewaia with three whaleboats and one yawl and arrived at Wulaia the same afternoon. While he was pleased to see that it provided the perfect setting for his mission, canoes continued to arrive as the Englishmen unloaded cargo from the boats, and they became tense. To keep the Yahgans from helping themselves freely to the English goods, Fitzroy gave them some presents, and then made, "a boundary-line which they were not to pass." Immediately, the cultivating and claiming of the land commenced within the confines of what was now (in Fitzroy's mind) considered English territory. "Three houses were built, and two gardens dug and planted," noted Darwin (*Diary*, p. 292), "and the Fuegians were quiet and peacible; at one time there were 120 of them (p.292)." The three houses (or wigwams as Fitzroy preferred to call them) were to be occupied by Matthews, Orundellico and the newly wedded El Leparu (York Minster) and Yuc'kushlu (Fuegia), respectively.

Though at any given moment neither the English nor the Yahgans knew what was going on, Fitzroy forged ahead with his plans, managing the construction and gardening projects so conflict was avoided. He paid close attention to Orundellico, who (like Yuc'kushlu and El Leparu) was dressed like a middle-class Londoner. As hard as he tried to understand how Orundellico was relating to his people, he was confused by what he heard and saw:

"While I was engaged in watching the proceedings at our encampment... a deep voice was heard shouting from a canoe more than a mile distant: up started Jemmy from

Estación 3:
Wulaia, el Epicentro del Contacto entre Ingleses y el Pueblo Yagán

Cuando Fitzroy dejó Lewaia con tres botes balleneros y una yola la mañana del 23 de enero de 1833, arribó a Wulaia esa misma tarde. Aunque estaba complacido de ver que el sitio era perfecto para su misión, las canoas continuaban llegando a medida que los hombres descargaban las balleneras y la situación se hizo tensa. Para mantener a los yagán alejados de la carga, Fitzroy les dio algunos regalos y luego establecieron "una línea froteriza que no debían pasar". Inmediatamente comenzó el cultivo y trabajo de la tierra dentro de los confines de un territorio que ahora era (en la mente de Fitzroy) territorio inglés. "Se construyeron 3 casas y 2 jardines preparados y plantados", anotó Darwin (*Diario*, p. 292); "y así los fueguinos estuvieron quietos y apacibles; en un momento había 120 de ellos" (p. 292). Las tres casas (o chozas, como Fitzroy prefirió llamarlas) serían ocupadas por Matthews, Orundelico y los recién casados El Leparu (York Minster) y Yuc'kushlu (Fuegia), respectivamente.

Aunque en un momento dado ni los ingleses ni los yagán sabían qué estaba pasando, el capitán siguió adelante con sus planes, dirigiendo los proyectos de construcción y de jardinería para evitar conflictos, y observando estrechamente a Orundelico, quien (lo mismo que Yuc'kushlu y El Leparu) estaba vestido como un inglés de clase media. Por mucho que Fitzroy trataba de entender cómo Orundelico se relacionaba con su gente, estaba confundido por lo que oía y veía:

"Mientras estaba concentrado en los sucesos en nuestro campamento... oimos una voz profunda gritando desde una canoa a más de una milla de distancia: Jemmy soltó

▲ *Leaving Puerto Inútil (Useless Port) behind us, we immediately understand the drastic difference between the healthy, undisturbed ecosystems we have just visited and the denuded, eroding slopes we see spread out before us. We are seeing the environmental effect that large scale forest burning—done to create pasture for sheep and cattle— has had in the area of Wulaia. (Photo Ricardo Rozzi).*

Dejando atrás Puerto Inútil, inmediatamente comprendemos la drástica diferencia entre los ecosistemas saludables, no perturbados, que acabamos de visitar y las laderas desnudas, erosionadas que se muestran ante nuestros ojos. Estamos mirando los efectos ambientales que la quema a gran escala del bosque -realizada para abrir praderas para ovejas y vacas- ha dejado en el área de Wulaia. (Foto Ricardo Rozzi).

a bag full of nails and tools which he was distributing, leaving them to be scrambled for by those nearest, and, upon repetition of the shout exclaimed "My brother!" He told me then it was his brother's voice, and perched himself on a large stone to watch the canoe, which approached slowly, being small and loaded with several people. When it arrived, instead of an eager meeting, there was a cautious circumspection which astonished us. Jemmy walked slowly to meet the party, consisting of his mother, two sisters, and four brothers. The old woman hardly looked at him before he hastened away to secure her canoe and hide her property, all she possessed—a basket containing tinder, fire-stone, paint, & c., and a bundle of fish. The girls ran off with her without even looking at Jemmy; and the brothers (a man and three boys) stood still, stared, walked up to Jemmy, all around him, without uttering a word. Animals when they meet show far more animation and anxiety than was displayed at this meeting" (p. 209).

Fitzroy couldn't understand that Orundellico's family was unsettled by his re-appearance, and mistook his family's reticence for coldness. He could not fathom that Orundellico made his mother uneasy and fearful—and that, until she understood the disposition of her long-lost, tongued-tied and strangely-dressed son, she would do as her clan was doing, and collect as many English gifts as possible.

Instead of collapsing under the stress, Orundellico grew into his role as the agent of harmony between cultures.

una bolsa llena de clavos y herramientas que estaba distribuyendo, dejándolos para ser desordenados por los más próximos y, frente a la repetición de grito exclamó '¡Mi hermano!'. Me dijo entonces que era la voz de su hermano y se trepó sobre una gran roca para avistar la canoa que se aproximaba lentamente, era pequeña y con mucha gente. Cuando llegó, en vez de un amable encuentro, hubo una cautelosa inspección que nos dejó atónitos. Jemmy se acercó pausadamente al grupo formado por su madre, dos hermanas y cuatro hermanos. La anciana apenas lo miró antes de devolverse rápido para asegurar la canoa y esconder sus pertenencias, todo lo que poseía —un canasto con yesca, piedras para hacer fuego, pintura, & c. y pescado. Las niñas corrieron tras ella sin siquiera mirar a Jemmy; y los hermanos (un hombre y tres niños) se quedaron, caminaron hacia Jemmy y lo rodearon sin decir una palabra. Los animales muestran más animación y ansiedad cuando se encuentran que la demostrada en esta reunión" (p. 209).

Fitzroy no pudo comprender que la familia de Orundelico estaba perturbada por su reaparición y confundió su reticencia con frialdad. No logró entender que éste provocara inquietud y temor en su madre –y que, aunque ella comprendió la disposición de su hijo dado por perdido, que poco hablaba su lengua y estaba extrañamente vestido– haría lo que su clan estaba haciendo y recogería tantos regalos de los ingleses como fuera posible.

En lugar de colapsar por el estrés, Orundelico cumplió con mayor fuerza su papel como agente de la armonía

As we approach Wulaia Bay, we more clearly observe the impact of extensive fires and clearcuttings. Nearly everywhere there is a light green color, the austral rainforest once stood. Most of the burnings ended in the late 1950's, when the large-scale ranching operations closed down. Studies are now being conducted to measure the rate of forest regeneration. (Photo Ricardo Rozzi).

A medida que nos aproximamos a la Bahía Wulaia, observamos claramente el impacto de incendios y talas intensivas. Prácticamente en todos lados se aprecia un color verde pálido donde el bosque austral se ha perdido. La mayoría de los incendios terminó a fines de los años 1950s, cuando cerraron las operaciones de las haciendas. Hoy se realizan estudios para medir la regeneración del bosque. (Foto Ricardo Rozzi).

▲ Darwin's initial assessment of the land in Wulaia echoed Fitzroy's: "When we arrived at Wooliah (Jemmys cove) we found it far better suited for our purposes, than any place we had hitherto seen. There was a considerable space of cleared & rich ground, & doubtless Europaean vegetables would flourish well." Of this place, Fitzroy wrote: "We were much pleased by the situation of Woollya, and Jemmy was very proud of the praises bestowed upon his land. Rising gently from the waterside, there are considerable spaces of clear pasture land, well watered by brooks, and backed by hills of moderate height, where we afterward found woods of some the finest timber trees of the country. Rich grass and some beautiful flowers, which none of us had ever seen, pleased us when we landed, and augured well for the growth of our garden seeds." Entering Wulaia Bay, visitors are surprised to see this unexpectedly large and stately structure —for it stands alone, and there is nothing else like it in the region. Though one guesses it housed the Croatian family that ranched the area for approximately fifty years, it was actually a Chilean Naval Radio Station that was built in the 1930's. The ranch of Wulaia was created in 1896 by two families of Croatian colonizers. They ran the ranch until the Chilean Navy took over the control of the place. Since the Chilean Navy withdrew from Wulaia in the 1960s, the station was informally used by local fishermen and ranchers as a occasional lodging and work-center until the beginning of the 21st century, when it was remodeled as a visitor center by the tourism company Cruceros Australis. Because it is so prominently situated, and so dominates the landscape, one must use their imagination—and read a little history—to grasp that it sits on exactly the spot that Fitzroy chose to found his Anglican Mission. (Photo Ricardo Rozzi).

El primer análisis que hizo Darwin sobre Wulaia coincidió con Fitzroy: "Cuando llegamos a Wooliah (la caleta de Jemmy) la encontramos lejos mejor apropiada para nuestros propósitos que ningún otro lugar que hubiéramos visto. Existía considerable espacio de tierra limpia y rico suelo, sin duda las hortalizas europeas crecerían muy bien". Acerca de este lugar Fitzroy escribió: "Estábamos muy complacidos por la situación de Woollya, y Jemmy estaba orgulloso de los elogios dedicados a su tierra. Elevándose suavemente sobre el nivel del mar, hay un espacio considerable de buenas tierras de pastoreo, bien regadas por vertientes, protegidas por cerros de moderada altitud donde luego encontramos bosques de las más finas maderas. Ricos

On the second day, the 24th of January, 1833, he "clothed his mother and his brothers" (Fitzroy Narrative, Jan. 1833, p. 210) and together they watched as their land was "sowed with potatoes, carrots, turnips, beans, peas, lettuce, onions, leeks and cabbages" (p. 210). Fitzroy noted wryly that "His brothers speedily became rich in old clothes, nails and tools" (p. 211), and that they did not like it when "many strangers came, who seemed to belong to the Yapoo Tekeenica tribe" (p. 211). The "Yapoo" were Yahgans from the northeastern parts of Navarino Island.

One can only imagine what Orundellico told his clan when the English stripped and bathed in the stream that ran through Wulaia—for they, "were much amused at the white skins" (p. 211). Or, how did Orundellico explain what was going on when Fitzroy ordered his men to fire their rifles "at a mark, with the three-fold object of keeping our arms in order—exercising the men—and aweing, without frightening them" (p. 211). Darwin wrote in his *Diary* that "everything went on very peacebly" (p. 292) between the English and the Yahgans, until Fitzroy tried to intimidate them with a display of firearms.

On January 27, Fitzroy "was much surprised to see that all the natives were preparing to depart; and very soon afterwards every canoe was set in motion" (p. 212). Darwin

entre las culturas. El segundo día, el 24 de enero de 1833, "vistió a su madre y a sus hermanos" (Narrativa de Fitzroy, enero 1833, p. 210) y juntos observaron cómo su tierra era "sembrada con papas, zanahorias, nabos, porotos, arvejas, lechugas, cebollas, puerros y repollos" (p. 210). Fitzroy escribió cómo "sus hermanos rápidamente colectaron ropas usadas, clavos y herramientas" (p. 211), y no les gustó cuando "vieron llegar muchos extraños que parecían pertenecer a la tribu Yapoo Tekeenica" (p. 211). Los Yapoo eran yaganes del noreste de la Isla Navarino.

Sólo podemos imaginar lo que Orundelico le dijo a su clan cuando los ingleses se desnudaron y bañaron en el arroyo de Wulaia porque ellos "se divertían con las pieles blancas" (p. 211). O cómo explicaba Orundelico lo que ocurrió cuando Fitzroy ordenó a sus hombres disparar sus rifles "a un blanco, con el triple propósito de mantener sus armas en forma, ejercitarse e infundir respeto sin asustarlos" (p. 211). Darwin escribió en su *Diario* que "todo estaba muy tranquilo" (p. 292) entre ingleses y yagán, hasta que Fitzroy trató de intimidarlos con un despliegue de armas de fuego.

El 27 de enero, el capitán estaba "sorprendido de ver que todos los nativos se estaban preparando para partir; y muy pronto las canoas estuvieron en movimiento"

pastos y algunas hermosas flores que ninguno de nosotros conocía, nos gustaron mucho cuando desembarcamos y es un buen augurio para el crecimiento de las plantas de nuestro jardín". Entrando a la Bahía Wulaia, los visitantes quedan sorprendidos al ver esta estructura inesperadamente grande e imponente, solitaria y como ninguna otra en la región. Aunque uno podría pensar que esta casa alojó a la familia croata de la estancia por aproximadamente 50 años, en realidad este edificio corresponde a la Estación de Radio de la Armada de Chile, y fue construida en los años 1930s. La Estancia Wulaia se creó en 1896 por dos familias de colonos croatas, quienes la trabajaron hasta que la Armada de Chile tomó control del lugar. Desde que la Armada se retiró de Wulaia en los años 1960s, la estación se ha utilizado informalmente por los pescadores artesanales y rancheros como alojamiento ocasional y centro de trabajo hasta comienzos del siglo XXI, cuando el edificio fue remodelado e implementado como centro de visitantes por la empresa de turismo Cruceros Australis. Debido a que está tan notoriamente situada y domina el paisaje, uno debe usar la imaginación –y leer un poco de historia- para comprender que este es el sitio que Fitzroy escogió para fundar su Misión Anglicana. (Foto Ricardo Rozzi).

WOOLLYA.

Published by Henry Colburn, Great Marlborough Street, 1838.

▲ Portrait that Fitzroy painted while the three buildings of his Anglican Mission were being constructed. By comparing Fitzroy's portrait with the photograph on the next page, we gain a vivid awareness of how rich and complex the biocultural history of Wulaia is as a centerpiece of the Cape Horn Biosphere Reserve. Wulaia is a truly unique site, a profoundly valuable, historical resource that must be conserved for the benefit and enjoyment of present and future generations. (http://www.memoriachilena.cl/602/w3-article-70670.html).

Dibujo realizado por Fitzroy durante la construcción de las tres edificaciones de la Misión Anglicana. Al comparar el dibujo de Fitzroy con la foto en la página opuesta, tomamos conciencia de la riqueza y complejidad de la historia biocultural de Wulaia. Es una pieza central de la Reserva de la Biosfera Cabo de Hornos, y es realmente única y extraordinariamente valiosa, constituye un recurso histórico que debe ser conservado para el beneficio y disfrute de nuestra generación y de las futuras. (http://www.memoriachilena.cl/602/w3-article-70670.html).

Though the landscape of Wulaia has been transformed dramatically over the years, it is still possible to find archaeological sites of ancient Yahgan inhabitation. In the northern and southern areas of Wulaia Bay there are two valuable complexes of archaeological sites with concentration of middens that lie within walking distance of the old house of the Chilean Navy. In this picture taken at the northern site, the ring of white daisies flowers reveals the remains of a wigwam hollow. (Photo Ricardo Rozzi).

Aunque el paisaje de Wulaia ha sido dramáticamente transformado con los años, todavía es posible encontrar sitios arqueológicos con los antiguos fondos de habitación yagán. En las zonas norte y sur de la Bahia Wulaia existen dos valiosos complejos de sitios arqueológicos con concentración de conchales depositados cerca de la vieja casona de la Armada de Chile. En esta foto tomada en el sector norte, el anillo de flores blancas de margaritas revela la presencia de un fondo de habitación. (Foto Ricardo Rozzi).

Plants brought by British missionaries to the Magellanic region flourish without tending in Wulaia's garden today. The vestiges of the British colonization of Wulaia are expressed today by the presence of a peculiar foreign flora in the pasture or "garden" that surrounds the old Navy house. The upper left picture shows how ornamental plants such as poppies now grow wild. On the upper right, the hardy rhubarb, one of the most common plants used for marmalade in the region. (Photos Ricardo Rozzi).

Plantas traídas por los misioneros a la región magallánica florecen hoy asilvestradas en el jardín de Wulaia. Los vestigios de la colonización británica de Wulaia se expresan hoy por la presencia de una flora exótica peculiar en los pastos del "jardín" que rodea la vieja casa de la Radio Estación de la Armada de Chile. La fotografía arriba a la izquierda ilustra cómo plantas ornamentales tales como amapolas crecen de manera silvestre. Arriba a la derecha, el robusto ruibarbo es una de las plantas más comúnmente utilizadas en la región para preparar mermelada. (Fotos Ricardo Rozzi).

commented that the English "were very uneasy at this," (p. 293) and that "as neither Jemmy or York understood what it meant; & it did not promise peace for the establishment" (p. 293).

Paranoia seized the English. Fitzroy wrote that some of them thought "the natives intended to make a secret attack" (p. 212). Then, trying to justify the prudence of his approach to claiming Yahgan land, Fitzroy wrote that they had "more than three hundred men, while we were but thirty" (p. 213). He witnessed some small outbreaks of violence and had them quickly repressed. If disorder occurred, Fitzroy explained, it was because "so many strangers had arrived...I mean strangers to Jemmy's family--men of the eastern tribe, which he called the Yapoo—that his brothers and mother had no longer any influence over the majority" (p. 213).

Strangely enough, Fitzroy decided that this was a good time to leave Matthews ashore with Orundellico, El Leparu and Yuc'kushlu for the "first trial of passing a night at the new wigwams" (p. 212). While his men unloaded the last of the supplies into a secret underground cache in Matthew's "wigwam," he was pleased that "Matthews was steady, and willing as ever [and] neither York of Jemmy had the slightest doubt of their being all well-treated" (p. 213). Sailing "some miles

(p. 212). Según Darwin, los ingleses estaban "muy inquietos con esto" (p. 293), y comentó "ni Jemmy ni York entendían el significado; y no prometía paz para la estadía" (p. 293).

La paranoia se apoderó de los ingleses. Fitzroy escribió que algunos pensaban que "los nativos intentaban un ataque secreto" (p. 212). Luego, procurando justificar la prudencia de este enfoque al reclamo de la tierra yagán, Fitzroy anotó: "Tenían más de trescientos hombres, mientras que nosotros éramos treinta" (p. 213). Había sido testigo de pequeñas muestras de violencia entre individuos que habían sido rápidamente reprimidas. Si algún desorden había ocurrido, explicó Fitzroy, fue porque "tantos extraños habían llegado... me refiero a extraños a la familia de Jemmy, hombres de la tribu del este, que ellos llamaban Yapoo, tal que ni sus hermanos ni su madre tenían influencia sobre la mayoría" (p. 213).

Curiosamente, Fitzroy decidió que este era un buen momento para dejar en tierra a Matthews, Orundelico, El Leparu y Yuc'kushlu para la "primera prueba de pasar una noche en las nuevas chozas" (p. 212). Mientras sus hombres descargaban el último suministro en un escondrijo subterráneo secreto en la "choza" del reverendo, estaba complacido con que "Matthews se mantuviera tranquilo y más dispuesto que nunca y que ni York o Jemmy tuvieran la menor duda de estar siendo bien tratados" (p. 213).

Pictures on the left page show how European colonization not only modified the human population, language and culture, but also the biota of the southern end of the New World. Below left, gooseberry (Ribes grossularia) is another common plant species brought by British missionaries. Today it grows in Magellanic gardens, and its fruits are edible and used to prepare jelly. These plants thrive in the high latitude climate of Navarino Island. Below right, a close up of the pastures of Wulaia, where cosmopolitan prairie plants such as daisies (Bellis perennis) are abundant. (Photos Ricardo Rozzi).

Las fotografías de la página izquierda ilustran cómo la colonización europea no sólo modificó la población humana, el lenguaje y la cultura, sino también la biota del extremo sur del Nuevo Mundo. Abajo a la izquierda, la grosella (Ribes grossularia) es otra planta que fue traída por los misioneros británicos. Hoy crece en los jardines magallánicos, sus frutos son comestibles y se utiliza para preparar mermelada. Estas plantas prosperan en el clima de alta latitud de la Isla Navarino. A la derecha, un acercamiento en las praderas de Wulaia, donde plantas cosmopolitas como la margarita (Bellis perennis) son abundantes. (Fotos Ricardo Rozzi).

to the southward" (p. 214) from Wulaia on the night of January 27, Fitzroy placed the fate of mission in the hands of Providence.

Darwin was not optimistic about the future of the mission in Wulaia, or the person who Fitzroy chose to establish it. "Matthews," he wrote, "behaved with his usual quiet resolution: he is of an eccentric character & does not appear (which is quite strange) to possess much energy & and I think it very doubtful how far he qualified for so arduous an undertaking" (p. 294). How could the sallow teenager survive amongst such people, Darwin wondered. Listening to some of the sailors predict they "not see him alive again," he knew Matthews was in for "an aweful night" (p. 294).

When they returned to Wulaia (or "Woollya") the next morning, January 28th, Fitzroy found to his relief that his four minions were safe. He was pleased when Orundellico reported the "Yapoo" had departed; even better, Orundellico said his friends and his family would stay to live with Matthews. When he interviewed Matthews, Fitzroy found, "nothing had occurred to dampen his spirit, or in any way check his inclination to make a fair trial" (p. 214). With a confidence bolstered by the good news, Fitzroy sent the yawl and one whaleboat back to the *Beagle* and committed Matthews to "a further trial." He would complete the mapping of Whaleboat Sound and the Northwest Arm of the Beagle Channel using the two other whaleboats. When enough measurements had been taken, they would return to Woollya and check on Matthews and his new converts.

Navegando "algunas millas al sur" (p. 214) de Wulaia la noche del 27 de enero, Fitzroy puso el destino de la misión en manos de la Providencia.

Darwin no estaba optimista respecto al futuro de la misión en Wulaia, o de la persona elegida por Fitzroy para establecerla. "Matthews", escribió, "se comportó con su tranquila resolución de costumbre: tiene un carácter excéntrico y no parece (lo que es bastante extraño) poseer mucha energía y dudo mucho de sus calificaciones para tan ardua tarea" (p. 294). Cómo podría el pálido adolescente sobrevivir entre esa gente, se preguntó Darwin. Escuchando algunos marineros que predecían que "no lo volverán a ver con vida", supo que Matthews tendría "una noche horrible" (p. 294).

Cuando a la mañana siguiente volvieron a Wulaia (o Woollya), el 28 de enero, para su tranquilidad Fitzroy encontró que sus cuatro protegidos estaban seguros. Se alegró cuando Orundelico informó que los "Yapoo" habían partido; aún mejor, Orundelico dijo que sus amigos y familia se quedarían para vivir con Matthews. Cuando entrevistó a Matthews, Fitzroy encontró que "nada había ocurrido para minar su espíritu, o que dudara de su inclinación para hacer un juicio imparcial" (p. 214) Con una confianza renovada por las buenas noticias, Fitzroy envió la yola y una de las balleneras de vuelta al *Beagle* y comprometió a Matthews con "un nuevo ensayo". Fitzroy completaría el mapeo del Seno Ballenero y el Brazo Noroeste del Canal Beagle usando las otras dos balleneras, y cuando se hubieran tomado suficientes determinaciones, volvería a Wulaia para saber de Matthews y de sus nuevos conversos.

◀ *South of Wulaia rises Mount King Scott. Today, it is possible to hike on a heritage trail from Wulaia Bay to the summit of this mountain of about 590 m altitude. From this lonely summit on the west bank of Navarino Island you can see the Murray Channel, Ponsonby Sound, Douglas Bay and you can see the archipelago of the Wollaston or Cape Horn. (Photo Adam Wilson).*

Al sur de Wulaia se eleva el Monte King Scott. Hoy es posible continuar por una ruta patrimonial desde la Bahía Wulaia a la cumbre de esta montaña de unos 590 m de altitud. Desde esta cumbre solitaria en el margen oeste de la Isla Navarino se observa el Canal Murray, el Seno Ponsonby, la Bahía Douglas y se divisa el Archipiélago de las Wollaston o Cabo de Hornos. (Foto Adam Wilson).

Douglas Bay is located near the southwestern corner of Navarino Island. From the interior of the island, parallel to the base of the slopes of the northern exposure of the Tortuga Hill, runs the Douglas River that flows into the bay. In front of Douglas Bay across the Murray Channel, the Ponsonby Sound extends westward, between the mountain-ranges of Pasteur Peninsula (south) and Dumas Peninsula (north), in Hoste Island. On the east shore of the Murray Channel along the coast of Navarino Island north of Douglas Bay is Wulaia Bay in the vicinity of Button Island. Towards the north the Murray Channel constricts reaching its narrowest point in the Corrientes Pass, between Navarino Island and Hoste Island. The slopes of Hoste Island that fall towards the narrow section of the Murray Channel are protected from the wind and on them grow extensive formations of ancient forests.

La Bahía Douglas se ubica en cercana al vértice sudoeste de la Isla Navarino. Desde el interior de la isla, paralelo a la base de las laderas de exposición norte del Cerro Tortuga, fluye el río Douglas que desemboca en la bahía. Al frente de Bahía Douglas, desde la ribera opuesta del Canal Murray se extiende hacia el oeste el Seno Ponsonby, entre los cordones montañosos de las penínsulas Pasteur (al sur) y Dumas (al norte) de la Isla Hoste. Por la ribera este del Canal Murray, a lo largo de la costa de la Isla Navarino y hacia el norte de la Bahía Douglas, se encuentra la Bahía Wulaia en la vecindad de la Isla Button. Hacia el norte el Canal Murray se angosta alcanzando su punto más estrecho en el Paso Corrientes, entre la Isla Navarino y la Isla Hoste. Las laderas de laIsla Hoste que caen hacia la zona más angosta del Canal Murray están protegidas del viento y sobre ellas crecen extensas formaciones de bosques antiguos. (Foto Ricardo Rozzi).

Station 4:
Douglas Bay, the Tranquil
Forests of Captain Fitzroy

Douglas Bay is one of the sites that was visited repeatedly by Captain Fitzroy. It is located near the southern end of the west coast of Navarino Island, and is shaped by the Douglas River delta. Looking from Douglas Bay to the west and the Murray Channel we can enjoy one of the most beautiful views of the Ponsonby Sound and the mountains of Hoste Island. On his first trip in 1830, Fitzroy arrived in this bay in autumn when the leaves of the deciduous trees show striking red and yellow colors. His first visit occurred on May 7, 1830. Fitzroy was thrilled to be one of the first Europeans to visit the area, and that morning noted in his diary that he and his men were escorted north through the Murray Channel by a very friendly group of Yahgan people:

"Soon after we set out, many canoes were seen in chase of us; but though they paddled fast in smooth water, our boat moved too quickly for them to succeed in their endeavors to barter with us, or to gratify their curiosity. The Murray Channel is the only passage into the long channel [the Beagle] which runs so nearly east and west. A strong tide sets through it, the flood coming from the [Beagle] channel. On each side is rather low land, on the west side being high, and covered with snow. When we stopped to cook and eat our dinner, canoes came from all sides, bringing plenty of fish for barter. None of the natives had any weapons; they seemed to be smaller in size, and less disposed to be mischievous, than the western race; their language sounded similar to that of the natives whom we saw in Orange Bay. We found a very large wigwam, built in a substantial manner, and a much better place to live in than many of the huts which are called houses in Chiloe. I think twenty men might have stood upright in it, in a circle;

Estación 4:
Bahía Douglas, los Tranquilos
Bosques del Capitán Fitzroy

La Bahía Douglas es un sitio que fue visitado recurrentemente por el capitán Fitzroy. Se ubica cerca del extremo sur de la costa oeste de la Isla Navarino, y está formada por el delta del río Douglas. Mirando desde la Bahía Douglas hacia el oeste y el Canal Murray se disfruta una de las más hermosas vistas del Seno Ponsonby y de las montañas de la Isla Hoste. En su primer viaje en 1830, Fitzroy arribó a esta bahía en otoño cuando las hojas de los árboles deciduos presentan llamativos colores rojos y amarillos. Su primera visita ocurrió el 7 de mayo de 1830. El capitán inglés estaba emocionado por ser uno de los primeros europeos que visitaba el área, y esa mañana anotó en su diario que él y sus hombres fueron escoltados hacia el norte a través del Canal Murray por un grupo yagán muy amistoso:

"Al poco rato de partir, muchas canoas nos siguieron, pero aunque remaban rápido en las quietas aguas nuestro bote se movía demasiado aprisa para que ellos pudieran hacer trueque con nosotros o satisfacer su curiosidad. El Canal Murray es el único paso interno del largo canal [Beagle] que corre más próximo este y oeste. Tiene una marea fuerte y el agua proviene del canal [Beagle]. En los costados hay tierras más bien bajas y las del lado oeste son altas y cubiertas de nieve. Cuando nos detuvimos para cocinar y comer, llegaron canoas de todos lados con mucho pescado para trueque. Ninguno de los nativos portaba armas; parecían más bajos en tamaño y menos maliciosos que la raza del oeste; su lengua sonaba similar a la de los nativos que vimos en Bahía Orange. Encontramos una choza muy grande, de buena construcción, un mucho mejor lugar para vivir que las chozas llamadas casas que vimos en Chiloé. Creo que veinte hombres podrían haber cabido adentro,

South of Mount King Scott, the coastal forests of western Navarino Island are better preserved than those near Wulaia, and in many ways they still resemble those observed by Fitzroy on his first *Beagle* voyage. On May 6, 1830, Fitzroy sailed with his men in a whaleboat north from Orange Bay toward Douglas Bay against a hard, cold wind, trying to make it through the Murray Narrow into the Beagle Channel. *(Photo Ricardo Rozzi).*

Al sur del Monte King Scott, los bosques costeros al oeste de la Isla Navarino están mejor preservados que aquellos cerca de Wulaia, y en muchos sentidos todavía son similares a los observados por Fitzroy en su primer viaje en el Beagle. *El 6 de mayo de 1830, Fitzroy navegó con sus hombres en un bote ballenero hacia el norte, desde Bahía Orange hacia Bahía Douglas, con un gélido viento, tratando de alcanzar el Canal Beagle a través del Canal Murray. (Foto Ricardo Rozzi).*

Oldgrowth forests grow on the slopes of Hoste Island, across Douglas Bay. (Photo Ricardo Rozzi).

Bosques antiguos crecen sobre las laderas de la Isla Hoste, al frente de la Bahía Douglas. (Foto Ricardo Rozzi).

but probably, of these Fuegians, it would house thirty or forty in the cold weather" (Fitzroy Narrative, June 1835, pp. 439-440).

Showing great respect for the Yahgans, Fitzroy positively contrasted their living conditions to those of the colonists in Chiloe. Observing their peacefulness, their honest trading ability, and their sociability, he seemed to be warming to the virtues of cultural relativism. He had been looking for allies in the Cape Horn region, and was wondering if he had finally found them.

Fitzroy wrote how in the vicinity of Douglas Bay he felt safe and secure. For the first time, he was free to amble through the tranquil forests of Navarino Island. Mount Tortuga rises in the southern sector of Douglas Bay, and on its northern slopes grow the southernmost populations of "lenga" or High-Deciduous Beech (*Nothofagus pumilio*). During autumn the leaves turn a beautiful red color. The tranquility of this place invited the captain to write down some reflections about how the forests of Navarino differ in a positive sense from those of the western region of Cape Horn:

"While our men were making a fire and cooking, I walked into the woods, but found it bore little resemblance to that which our eyes had lately been accustomed to. The trees were mostly birch, but grew tall and straight. The ground was dry and covered with withered leaves, which crackled as I walked; whereas, in other parts where we had lately passed our time, the splashing sound of wet, marshy soil had always attended our footsteps when not on rock. These Fuegians appeared to think the excrescences which grow on the birch trees, like gall-nuts on an oak, an estimable dainty. They offered us several, some as large as an apple, and seemed surprised at our refusal. Most of them had a small piece of guanaco, or sealskin, on the shoulders or

en círculo; pero probablemente, de estos fueguinos, albergaría unos treinta o cuarenta con tiempo frío" (Narrativa de Fitzroy, junio de 1835, pp. 439-440).

Mostrando un gran respeto por los yagán, Fitzroy contrastó positivamente sus condiciones de vida con aquella de los colonos de Chiloé. Observando su tranquilidad, su candidez en las transacciones mercantiles, y su sociabilidad, parecía coincidir con las virtudes del relativismo cultural. Había estado buscando aliados en la región del Cabo de Hornos, y se preguntaba si habría dado con ellos.

Fitzroy escribió cómo en las cercanías de la Bahía Douglas se sintió a salvo y seguro. Por primera vez, estuvo libre para deambular por los tranquilos bosques de la Isla Navarino. En el sector sur de la Bahía Douglas se eleva el Monte Tortuga, y en sus laderas norte crecen las poblaciones más australes de lenga (*Nothofagus pumilio*). Durante el otoño las hojas se tornan de un bello color rojo. La tranquilidad de este lugar invitó al capitán a escribir algunas reflexiones acerca de cómo los bosques de Navarino difieren en sentido positivo de aquellos de la región oeste del Cabo de Hornos:

"Mientras nuestros hombres preparaban el fuego y cocinaban, me interné en el bosque, pero encontré que tenía muy poca semejanza con lo que nuestros ojos se habían acostumbrado a ver en el último tiempo. Los árboles eran casi todos lengas pero altas y rectas. El suelo estaba seco y cubierto con hojas caídas, que crujían cuando caminaba; mientras, en otras partes donde habíamos estado el sonido del suelo húmedo y turboso siempre estaba bajo nuestros pies cuando no había rocas. Estos fueguinos parecen creer que las excrecencias sobre las lengas, como agallas sobre un encino, son golosinas muy estimables. Nos ofrecieron, algunas grandes como una manzana, y parecieron sorprendidos ante nuestra negativa. La mayoría lleva una pequeña piel de guanaco, o de lobo,

bodies, but not enough for warmth: perhaps they did not willingly approach strangers with their usual skin dress about them, their first impulse, on seeing us, to hide it. Several, whom I surprised at their wigwams, had large skins around their bodies, which they concealed chief food, for shell-fish are scarce and small; but they catch an abundance of excellent rock-fish, smelt, and what might be called a yellow mullet. Guanaco meat may occasionally be obtained by them, but not in sufficient quantity to be depended upon as an article of daily subsistence" (p. 440).

sobre la espalda o el cuerpo, pero no suficiente para calentarse: quizás no estaban dispuestos a aproximarse a los extranjeros con su ropa habitual de piel, su primer impulso al vernos, fue esconderla. Algunos a quienes sorprendí en sus chozas, tenían grandes pieles sobre su cuerpo, un alimento importante, porque los mariscos son escasos y pequeños; pero capturan en abundancia un excelente pez de roca que podría llamarse mullet amarillo. Ocasionalmente puede obtenerse carne de guanaco, pero no en cantidad suficiente como para depender como de un artículo de subsistencia diaria" (p. 440).

After the Fitzroy expeditions, Douglas Bay was a focal point for other relevant encounters between British people and members of Yahgan communities. In fact, until 2004, the oldest house in the Cape Horn Biosphere Reserve was here: the Stirling House. Built between 1869 and 1871 by the South American Missionary Society under the initiative of Waite Hockin Stirling, a young missionary who emigrated from London in 1862 to live with the Yahgan community. Stirling managed the purchase of the prefabricated building from England in 1869. In its amazing history, the Stirling house was transported from site to site: Ushuaia (1871-1886), Bayly Island (1888-1892), Tekenika Bay (1892-1907) and Douglas Bay (1907-1916), where it concluded its missionary function. Afterwards, the livestock activity took prevalence, and the house served as a dwelling in the Douglas Estancia (Ranch) until 2004. In 2003, the Stirling House was declared a National Historical Monument, and on June 5, 2004, it was moved by sea from Douglas Cove to its current location on the grounds of the Martin Gusinde Anthropological Museum in Puerto Williams. The photographs were taken in May 2004, just one month before the house was dismantled and transported to Puerto Williams. The upper picture shows the east and front faces of the house. The images also show how the landscape originally covered by Nothofagus *forests has been modified by the activity of the ranch. European settlers have introduced not only plants (as illustrated for Wulaia), but also equine and bovine cattle, and other domestic animals like chickens. Using a biocultural conservation approach, biosphere reserves seek to reconcile the diverse human needs with the conservation of biological and cultural diversity. Douglas Bay represents a biocultural heritage managed today by members of the Yahgan Indigenous Community, and could become a model site for sustainable tourism. (Photos Ricardo Rozzi).*

Después de las expediciones de Fitzroy, la Bahía Douglas fue un punto central para otros encuentros relevantes entre británicos y miembros de comunidades del pueblo yagán. De hecho, hasta el año 2004 se encontraba aquí la casa más antigua de la Reserva de la Biosfera Cabo de Hornos: la Casa Stirling. Construida entre 1869 y 1871 por la South American Missionary Society bajo la iniciativa de Waite Hockin Stirling, un joven misionero que emigró de Londres en 1862 para vivir con la comunidad yagán. Stirling gestionó la compra de esta casa prefabricada desde Inglaterra en 1869. En su asombrosa historia, la casa Stirling fue transportada de un sitio a otro: Ushuaia (1871-1886), Isla Bayly (1888-1892), Bahía Tekenika (1892-1907) y Bahía Douglas (1907-1916), donde concluyó su función misionera. Posteriormente, la actividad ganadera tuvo prevalencia, y la casa sirvió como vivienda en la Estancia Douglas hasta el 2004. En el año 2003 la Casa Stirling fue declarada Monumento Histórico Nacional, y el 5 de junio del 2004 fue trasladada por mar desde Caleta Douglas hasta su actual ubicación en los terrenos del Museo Antropológico Martín Gusinde en Puerto Williams. Las fotografías fueron tomadas en mayo 2004, sólo un mes antes de que la casa fuera desmantelada y transportada a Puerto Williams. Las imágenes superiores muestran las caras este y frontal de la casa. Las imágenes muestran también cómo el paisaje originalmente cubierto por Nothofagus *se ha modificado por la actividad de la estancia. Los colonos europeos introdujeron no sólo plantas (como se ilustró para Wulaia), sino también ganado equino y bovino, y otros animales domésticos como gallinas. Con un enfoque de conservación biocultural, las reservas de la biosfera procuran reconciliar las diversas necesidades humanas con la conservación de la diversidad biológica y cultural. Bahía Douglas representa un patrimonio biocultural administrado hoy por miembros de la Comunidad Indígena Yagán, y podría constituirse en un sitio modelo para el turismo sostenible. (Fotos Ricardo Rozzi).*

▲ At Douglas Bay, we reach the southernmost point of the Murray Channel Route, and leaving behind the "tranquil lenga forests," the navigation turns northward to visit Letier Cove on the northern coast of the Beagle Channel in order to learn about the place where Orundellico was taken from his family by Fitzroy, and brought to England. (Photo Ricardo Rozzi).

En la Bahía Douglas alcanzamos el punto más al sur de la Ruta del Canal Murray, y dejamos atrás los "tranquilos bosques de lenga". La navegación pone rumbo al norte para visitar la Caleta Letier en la costa norte del Canal de Beagle para aprender acerca del lugar donde Orundelico fue separado de su familia por Fitzroy y llevado a Inglaterra. (Foto Ricardo Rozzi).

▲ Today, evergreen and deciduous forests still grow on the slopes of Douglas Bay. (Photo Ricardo Rozzi).

Hoy, los bosques siempreverdes y deciduos todavía crecen en las laderas de la Bahía Douglas. (Foto Ricardo Rozzi).

Veering from subject to subject, the young captain's account betrayed the confusion he experienced as he tried to comprehend the unfamiliar new world he had entered. As might be expected from a narrative detailing a "first encounter," descriptions of the trees merged into descriptions of the people without transitions, in no apparent order, with no apparent intention except to provide his audience with a portrait of his experience. For visitors today, as it had for Fitzroy, Douglas Bay offers the opportunity to admire different landscapes, reflect on the concept of good life, and have intercultural encounters and exchanges with people with different life habits.

In Douglas Bay we reach the southernmost point of the Darwin Route by the Murray Canal. In the midst of the current global socio-environmental change, the experience of navigating Darwin's route today invites visitors to review and expand concepts that can be decisive in guiding ways to co-inhabit the region and the planet in a way that contributes to the sustainability of life of diverse cultures and biological species. From Douglas Bay, the navigation route will continue northwards leaving behind the tranquil deciduous forests. It heads towards the Beagle Channel to learn about the place where the most significant intercultural encounter in the history of Cape Horn took place: Letier Cove, where Orundellico (Jemmy Button) was originally taken from his family by Fitzroy, and brought to England.

Pasando de un tema a otro, la narración del joven capitán revelaba la confusión que experimentaba cuando intentaba comprender el exótico nuevo mundo en el que había entrado. Como podría esperarse de una narrativa detallando un "primer encuentro", las descripciones de los árboles se mezclan con descripciones de la gente, sin transición ni orden aparente, sólo tratando de proveer a su audiencia un retrato de su experiencia. Para los visitantes de hoy, tanto como para Fitzroy, Bahía Douglas ofrece la oportunidad para admirar paisajes diferentes, reflexionar sobre el concepto de buena vida, y tener encuentros e intercambios culturales con personas con hábitos de vida distintos.

En la Bahía Douglas alcanzamos el punto más al sur de la Ruta de Darwin por el Canal Murray. En medio del actual cambio socio-ambiental global, la experiencia de navegar hoy esta ruta de Darwin invita a los visitantes a revisar y ampliar conceptos que pueden ser decisivos para orientar formas de co-habitar la región y el planeta de manera que contribuya a la sustentabilidad de la vida de las diversas culturas y especies biológicas. Desde la Bahía Douglas la ruta de navegación continuará hacia el norte, dejando atrás los tranquilos bosques de lenga y poniendo rumbo hacia el Canal Beagle para aprender acerca del lugar donde tuvo origen el encuentro intercultural más significativo de la historia de Cabo de Hornos: Caleta Letier, donde Orundelico (Jemmy Button) fue separado de su familia por Fitzroy y llevado a Inglaterra.

▲ *The aerial view shows Letier Cove on the coast of the northwest corner of the Dumas Peninsula of Hoste Island. Letier Cove is located on the Beagle Channel near the Murray Channel. Behind the first line of mountains, you can see the waters of Ponsonby Sound, which is located between the Dumas Peninsula and the Pasteur Peninsula of Hoste Island. (Photo Ricardo Rozzi).*

La vista aérea muestra la Caleta Letier en la costa del extremo noroeste en la Península Dumas de la Isla Hoste. Caleta Letier se ubica en el Canal Beagle cerca del nacimiento del Canal Murray. Detrás de la primera línea de montañas se ven las aguas del Seno Ponsonby, ubicado entre la Península Dumas y la la Península Pasteur de la Isla Hoste. (Foto Ricardo Rozzi).

Station 5:
Letier Cove, where Orundellico (Jemmy Button) was Taken from His Family

Emerging north from the Murray Channel, the navigation route continues west along the Beagle Channel. In areas that have not been subjected to ranching, dense forests grow on the slopes of Hoste Island, from sea level up to the tree line at approximately 500 m. Above this altitude, a peculiar alpine or "high-Andean" flora grows on the rocky peaks. Darwin described the characteristic view of the Beagle Channel:

"The country on each side of the channel continues much the same, slates hills thickly clothed by the beech woods run nearly parallel to the water" (*Diary*, p. 289).

In the *Voyage of the Beagle*, he added:

"It was most curious to observe how level and truly horizontal the line on the mountain-side was, as far as the eye could range, at which trees ceased to grow. It precisely resembled the high-water mark of drift weed on a sea-beach." (Darwin 1871, p. 220).

Along the shoreline, forests are interrupted by grassy green spots that indicate the presence of shell middens. These archaelogical sites were created by the accumulation of mussel shells. Yahgan people were hunter-fisher-gatherers that inhabited the southernmost tip of South American continent. Fitzroy and Darwin observed how Yahgan people used bark canoes to go fishing and managing coastal ecosystems. They always kept fire on their canoes and huts (*akar*) for maintaining body temperature. They consumed marine mammals (mainly seals and sea lions, and whales when they beached), birds, eggs, fishes and shellfish, including bivalves especially mussels. With shells of mussels

Estación 5:
Caleta Letier, donde Orundelico (Jemmy Button) fue Separado de su Familia

Emergiendo hacia el norte desde el Canal Murray, la ruta de navegación continúa hacia el oeste por el Canal Beagle. En los sectores que no han tenido uso de hacienda, densos bosques crecen sobre las laderas de Isla Hoste desde el nivel del mar hasta el límite de la línea arbórea a unos 500 m. Por sobre esa altitud, una singular flora altoandina crece en las cumbres rocosas. Darwin describió la vista característica del canal:

"A cada lado del canal, el paisaje es similar, montañas densamente cubiertas de bosques de hayas que van en paralelo y muy cerca del agua" (*Diario*, p. 289).

En el *Viaje a Bordo del Beagle*, agregó:

"Era muy curioso observar la línea horizontal sobre las laderas, tan lejos como alcanzaba la vista, donde los árboles dejaban de crecer. Se parece de manera notable a la marca de la marea alta que deja una línea de algas en una playa" (Darwin 1871, p. 220).

A lo largo de la costa, los bosques son interrumpidos por montículos verdes de pastos y hierbas que indican la presencia de conchales. Estos sitios arqueológicos fueron creados por la acumulación de conchas. Los yagán eran cazadores-pescadores-recolectores que habitaban el extremo sur del continente sudamericano. Fitzroy y Darwin observaron cómo los yagán utilizaban canoas de corteza para salir a pescar y manejar los ecosistemas costeros. Siempre mantenían fogatas en sus canoas y chozas (*akar*) para mantener la temperatura corporal. Consumían mamíferos marinos (principalmente focas y lobos marinos, y ballenas cuando varaban), aves, huevos, peces y mariscos, especialmente bivalvos como choritos (o mejillones).

Yahgan people built middens that provided the floor for their huts, creating an effective protection against the wind and humidity. The first scientific explanations for the origin, function, and purpose of the Fuegian shell middens were proposed by Darwin based on his careful observations during the explorations of the archipelagoes of Cape Horn.

In these archaeological sites, there are bones that demonstrate that Yahgan people also hunted terrestrial mammals such as guanaco (*Lama guanicoe*), coastal birds such as kelp gull (*Larus dominicanus*), albatross (*Diomedea exulans*), and many other species of birds.

On January 28, 1833, Fitzroy and Darwin sailed northward through the Murray Channel "with a fair and fresh wind" billowing in the sails of two whaleboats, one of which carried Charles Darwin. When they entered the Beagle Channel, Darwin was astounded by what he beheld:

"To everybodys surprise the day was overpoweringly hot, so much so that our skin was burnt; this is quite novelty in Tierra del F.—The Beagle channel is here very striking, the view both ways is not to be intercepted, & to the West extends to the Pacific.—So narrow and straight a channel & in length nearly 120 miles, must be a rare phenomenon we were reminded that it was an arm of the sea, by the number of Whales which were sprouting in different directions" (p. 294).

Con las conchas de mejillones, los yagán construyeron conchales que formaban el piso o fondo de habitación para sus chozas, creando una protección efectiva contra el viento y la humedad. Las primeras explicaciones científicas sobre el origen, la función y el propósito de los conchales fueron propuestas por Darwin durante sus exploraciones en los archipiélagos del Cabo de Hornos.

En los sitios arqueológicos se pueden encontrar abundantes huesos que demuestran que los yagán también cazaban mamíferos terrestres como el guanaco (*Lama guanicoe*), aves costeras como la gaviota (*Larus dominicanus*), el albatros (*Diomedea exulans*) y muchas otras especies de aves.

El 28 de enero de 1833, Fitzroy y Darwin navegaban a través del Canal Murray hacia el norte "con un viento fresco y agradable" ondeando en las velas de dos balleneras, una de las cuales transportaba a Charles Darwin. Cuando entraron al Canal Beagle, éste quedó atónito por lo que contemplaba:

"Para nuestra sorpresa el día era muy caluroso, tanto que nuestra piel estaba ardiendo; esto es una novedad en Tierra del Fuego. El Canal Beagle es aquí muy impresionante, la vista en ambas direcciones no tiene interrupciones, y hacia el oeste se extiende hasta el Pacífico. Un canal tan estrecho y recto en longitud por cerca de 120 millas debe ser un fenómeno raro que nos recordó un brazo de mar, por el número de ballenas que abundaban en diferentes direcciones" (p. 294).

◄ *Entering Letier Cove, we observe how middens are usually found on protected beaches in between the prevailing rocky intertidal line. (Photo Ricardo Rozzi).*

Entrando a la Ensenada Letier, observamos que los conchales se encuentran generalmente en playas protegidas en la línea intermareal rocosa. (Foto Ricardo Rozzi).

▲ Most of the midden areas were inhabited until 200 years ago, when Darwin visited the area. The oldest ones are dated 7,500 years BP (before present). Middens are accumulations of shells that aerate the soil, and change its chemistry. The loose calcium-rich soil conditions suit herbaceous and grassy species, but not forest or shrub species. (Photo Ricardo Rozzi).

La mayor parte de los conchales estaban habitados hace 200 años, cuando Darwin visitó el área. Los más antiguos tienen una fecha de 7.500 AP (antes del presente). Los conchales son acumulaciones de conchas que airean el suelo y cambian su química. El suelo rico en calcio es adecuado para especies herbáceas y de pastos, pero no para bosques o matorrales. (Foto Ricardo Rozzi).

When they made camp somewhere that evening on the north shore of Peninsula Dumas on Hoste Island, they were visited by curious Yahgans. After ordering his men to point their muskets at them, Fitzroy was bothered when, instead of running away, they "made faces at us, and mocked whatever we did" (p. 215). As quickly as they could, the English re-packed their gear and sailed away.

At around midnight they landed on another pebble beach on Hoste Island near Canasaka Cove and, while the rest "slept undisturbed," Darwin stayed awake peering into the ever-expanding mystery of all that surrounded him: "It was my watch till one oclock; there is something solemn in such scenes; the consciousness rushes on the mind in how remote a corner of the globe you are then in; all tends to this end, the quiet of the night is only interrupted by the heavy breathing of the men and the cry of the night birds" (*Diary*, p. 295).

Darwin knew he had reached the very end of the inhabited world, and of western history itself, and could feel in his heart that he was far beyond the reach of his family and his professors. With his image of the watchful nocturnal sentinel, Darwin presented himself as a brave and independent soul. While all others slept, he was alone with the cosmos, alert to its signals, awakening to its secrets. The view from Canasaka towards the Beagle Channel and the mountains surrounding Yendegaia Bay moved the young naturalist. Some three years before Fitzroy had had in this sector of the Beagle Channel the most significant intercultural meeting, a meeting that would influence the young Darwin and the history of Western science.

During his first trip to Cape Horn, Fitzroy (on that occasion without the young Darwin on board) sailed on the Beagle Channel on May 11, 1830. On that day a Yahgan boy named Orundellico left the protected coves and inlets of

Cuando esa tarde acamparon en un sitio en la playa norte de la Península Dumas en la Isla Hoste, recibieron la visita de algunos yagán curiosos. Después de ordenar a sus hombres apuntar sus mosquetes hacia ellos, los nativos molestaron a Fitzroy en vez de escapar "haciéndonos gestos e imitando todo lo que hacíamos" (p. 215). Tan rápido como pudieron, los ingleses empacaron su equipaje y zarparon.

A medianoche desembarcaron en otra playa rocosa de la Isla Hoste, cerca de la Caleta Canasaka, mientras el resto "dormía sin perturbaciones", Darwin estuvo despierto escudriñando el misterio creciente que lo rodeaba: "Era la una en mi reloj; existe algo solemne en tales escenas, los pensamientos se agolpan en mi mente en cómo estoy en una esquina remota del globo; todo tiende a su fin, la quietud de la noche es sólo interrumpida por el pesado respirar de los hombres y los gritos de las aves nocturnas" (*Diario*, p. 295).

Darwin sabía que estaba fuera del mundo habitado y de la historia occidental en sí misma, y podía sentir en su corazón que estaba lejos del alcance de su familia y de sus profesores. Con esta imagen de un centinela nocturno, Darwin se presentaba a sí mismo como un alma intrépida e independiente. Mientras los demás dormían, estaba solo con el cosmos, alerta a sus señales, despertando a sus secretos. La vista desde Canasaka hacia el Canal Beagle y las montañas que rodean la Bahía Yendegaia conmovían al joven naturalista. Unos tres años antes Fitzroy había tenido en este sector del Canal Beagle el más significativo encuentro intercultural, un encuentro que influiría en el joven Darwin y en la historia de la ciencia occidental.

En su primer viaje a Cabo de Hornos, Fitzroy (en esa ocasión sin el joven Darwin a bordo) navegaba por el Canal Beagle el 11 de mayo de 1830. Ese día un niño yagán llamado Orundelico, junto con miembros de su

Letier Cove with members of his clan, and ventured out into the exposed waters off the coast of Hoste Island to fish. Fitzroy and his men were returning that day from their exploration of the Northwest Arm of the Beagle Channel, on their way back to Orange Bay where the *Beagle* was anchored. In the afternoon both groups met. Fitzroy described what happened:

"We landed, for dinner and rest, near the Murray Narrow, and close to a wigwam, whose inmates ran away; but soon returned, on seeing us quietly by their fire. We bought fish from them for beads, buttons, &c, and gave a knife for a very fine dog, which they were extremely reluctant to part with; but the knife was too great a temptation to be resisted, though dogs seem very scarce and proportionally valuable. Afterwards we continued our route, but were stopped when in sight of the Narrow by three canoes full of natives, anxious for barter. We gave them a few beads and buttons, for some fish; and, without any previous intention, I told one of the boys in a canoe to come into our boat, and gave the man sitting with him a large shining mother-of-pearl button. The boy got into my boat directly, and sat down. Seeing him and his friends quite contented, I pulled onwards, and, a light breeze springing up, made sail. Thinking that this accidental occurrence might prove useful to the natives, as well as to ourselves, I determined to take advantage of it. The canoe, from which the boy came, paddled towards the shore; but the others still paddled after us, holding up fish and skins to tempt us to trade with them. The breeze freshening in our favor, and a strong tide, soon carried

clan, dejaba las protegidas bahías y entradas de la Caleta Letier para aventurarse en las expuestas aguas fuera de las costas de la Isla Hoste para pescar. Fitzroy y sus hombres volvían ese día de su exploración del Brazo Noroeste del Canal Beagle, y navegaban de vuelta hacia la Bahía Orange donde estaba anclado el *Beagle*. En la tarde ambos grupos se encontraron. Fitzroy describió lo que sucedió ese día:

"Desembarcamos para comer y descansar cerca de la Angostura Murray y cerca de una choza cuyos habitantes escaparon; pero pronto volvieron al vernos tranquilos junto a su fogata. Les compramos pescado a cambio de cuentas, botones, etc. y ofrecimos un cuchillo a cambio de un perro muy fino, pero eran extremadamente reacios a desprenderse de el; pero el cuchillo era demasiada tentación para resistirla, aunque los perros parecen muy escasos y muy valiosos. Luego continuamos nuestra ruta, pero nos detuvimos cuando avistamos en el Murray tres canoas llenas de nativos ansiosos de trueque. Les dimos unas pocas cuentas y botones por algo de pescado; y sin ninguna intención previa, le dije a uno de los niños de la canoa que subiera a nuestro bote, y le di al hombre sentado con él un gran botón de brillante nácar. El niño trepó directamente a mi bote y se sentó. Viéndolo a él y a sus amigos satisfechos, seguimos adelante y una ligera brisa nos hizo navegar. Pensando que este accidente podría ser útil tanto para los nativos como para nosotros, determiné aprovecharlo. La canoa donde venía el niño remaba hacia la playa; pero las otras seguían remando cerca nuestro sosteniendo pescado y pieles para tentarnos a negociar con ellos. Con la brisa a nuestro favor y una fuerte marea, pronto navegamos a través del canal y

◄ *Protected bays, such as the ones found in the area of Letier Cove, contain islets and points that characterize the geography of the Yahgan territory. (Photos Paola Vezzani).*

Las bahías protegidas, como las que se encuentran en la zona de la Caleta Letier, contienen islotes y puntillas que caracterizan la geografía del territorio yagán. (Fotos Paola Vezzani).

us through the Narrow, and a half an hour after dark we stopped in a cove [probably Douglas Bay], where we had passed the second night of this excursion; 'Jemmy Button,' as the boat's crew called him, on account of his price, seemed to be pleased at this change, and fancied he was going to kill guanaco, or wanakaye, as he called them—as they were to be found near that place." (Fitzroy Narrative, May 1830, p. 444).

Fitzroy's reason for abducting Orundellico was very ambiguous; what did he mean that "this accidental occurrence might prove useful to the natives, as well as to ourselves?" Though Fitzroy's reasoning remains obscure, his relationship with Orundellico definitely changed his, and Darwin's life.

Today on the coasts and islets of the Letier Cove area we can observe the landscape characterized by protected bays where shell middens abound. These archaeological sites prove the Yahgan people inhabited these archipelagic ecosystems at least 7,000 years ago, thriving amidst abundant marine and terrestrial lifeforms. In 1833, on January 29, the young Darwin continued his navigation to Devil's Island and the Northwest Arm of the Beagle Channel where he made new observations that inspired the germinal ideas he later developed into his theory of evolution.

media hora después que oscureció nos detuvimos en una caleta [probablemente Bahía Douglas], donde habíamos pasado la segunda noche de esta excursión, `Jemmy Button`, como lo llamó la tripulación de la ballenera considerando su precio, parecía estar complacido con el cambio, y creía que iba a matar un guanaco, o wanakaye, como el los llamó, que se encontraban cerca de ese lugar". (Narrativa de Fitzroy, mayo de 1830, p. 444).

La razón de Fitzroy para raptar a Orundelico era muy ambigua; ¿qué quiso decir con que "este accidente podría ser útil tanto para los nativos como para nosotros"? Aunque las razones de Fitzroy permanecen difusas, está claro que su relación con Orundelico cambió su vida y la de Darwin.

Hoy en las costas e islotes del sector de Caleta Letier podemos observar el paisaje caracterizado por bahías protegidas donde abundan conchales. Estos sitios arqueológicos testimonian la presencia del pueblo yagán, desde hace unos 7.000 años, habitando estos ecosistemas archipelágicos con abundante vida marina y terrestre. En 1833, el 29 de enero el joven Darwin continuó su navegación hacia la Isla Diablo y el Brazo Noroeste del Canal Beagle donde hizo nuevas observaciones que fueron nutriendo sus ideas germinales para concebir la teoría de la evolución.

The first scientific explanations for the origin, function, and purpose of the Fuegian shell middens were proposed by Darwin based on his careful observations during the explorations of the archipelagoes of Cape Horn. Today, visitors can admire the beauty and ecological integrity of the Yahgan territories in places such as Letier Cove. (Photo Paola Vezzani).

Las primeras explicaciones científicas sobre el origen, la función y el propósito de los conchales fueron propuestas por Darwin durante sus exploraciones en los archipiélagos de Cabo de Hornos. Hoy los visitantes pueden admirar la belleza e integridad ecológica de los archipiélagos habitados por los yagán en lugares como Caleta Letier. (Foto Paola Vezzani).

▲ *A panoramic photograph taken from Mount Italy (Italia), looking towards the southwest, clarifies the geography. Below it flows the Northwest Arm of the Beagle Channel (NW) between Tierra del Fuego Island, where Olla Cove (CO) is found, and Gordon Island, which at its eastern end culminates at Punta Divide (PD). At the mouth of the Northwest Arm of the Beagle Channel is Devil's Island (DI). South of Gordon Island flows the Southwest Arm of the Beagle Channel (SW) that joins the Northwest Arm of the Beagle Channel (NW) to form the Beagle Channel (BC), which flows from Punta Divide eastward between the Island of Tierra del Fuego and Hoste Island. In the background on the left, on the northern coast of Hoste Island, we can see the Sampaio Mountains (SMt) that rise from the Beagle Channel with a dense forest cover and above 500 m altitude present a characteristic high Andean (sometimes called "alpine") vegetation zone. (Photo Kristin Hoelting).*

Esta foto panorámica tomada desde el Monte Italia mirando hacia el sudoeste clarifica la geografía. Abajo fluye el Brazo Noroeste del Canal Beagle (NW) entre la isla Tierra del Fuego, donde se encuentra Caleta Olla (CO), y la isla Gordon que en su extremo este culmina en la Punta Divide (PD). En la desembocadura el Brazo Noroeste del Canal Beagle se encuentra la Isla del Diablo (DI). Al sur de la isla Gordon fluye el Brazo Sudoeste del Canal Beagle (SW) que se une con el Brazo Noroeste del Canal Beagle (NW) para formar el Canal Beagle (BC) que fluye desde Punta Divide hacia el este entre la Isla Tierra del Fuego y la Isla Hoste. Al fondo a la izquierda, sobre la costa norte de la Isla Hoste, se observan los Montes Sampaio (SMt) que se elevan desde el Canal Beagle con una densa cobertura forestal y por sobre los 500 m de altitud presentan una característica zona de vegetación altoandina (a veces llamada "alpina"). (Foto Kristin Hoelting).

Station 6:
Devil's Island and Northwest Arm of the Beagle Channel

On his two *Beagle* voyages, Fitzroy journeyed from the area of Letier Cove westward to the Northwest Arm of the Beagle Channel, and each time he had interesting experiences at Devil Island and near the glaciers that descend from the Darwin Cordillera (or Darwin Mountain Range).

During the first *Beagle* voyage in 1830, captain Fitzroy and his men sailed west in a whaleboat from the northern mouth of the Murray Channel to Punta (Point) Divide, arriving on May 8th to the point where the Northern and Southern Arms of the Beagle Channel split. That evening they made camp on a small island situated beneath the lofty, glaciated mountains of the eastern Darwin Cordillera. While they were setting up camp, a crew-member--frightened by the feeling of being deep in an uncharted wilderness--imagined he saw the devil. That evening Fitzroy wrote:

"[We] reached the place where the two channels commence, and stopped for the night on a small island. Soon after dark, one of the boat's crew was startled by two large eyes staring at him, out of a thick bush, and he ran to his companions, saying he had seen the devil! A hearty laugh at his expense was followed by a shot at the bush, which brought to the ground a magnificent horned owl" [a species currently classified as *Bubo magellanicus*] (p. 441).

The laughter of the others surely eased the crew-member's tension, but the fact remained that Fitzroy was bringing his men into a part of the Cape Horn region that was strangely bereft of people, a feature that lent a gloomy aura to the grandiose landscape of mountains and

Estación 6:
Isla del Diablo y el Brazo Noroeste del Canal Beagle

En los dos viajes del *Beagle*, Fitzroy recorrió hacia el oeste al Brazo Noroeste del Canal Beagle desde la Caleta Letier, y las dos veces tuvo interesantes experiencias en la Isla del Diablo y cerca de los glaciares que descienden de la Cordillera Darwin.

Durante el primer viaje del *Beagle* en 1830, el capitán Fitzroy y sus hombres navegaron hacia el oeste en una ballenera desde la boca norte del Canal Murray hacia la Punta Divide, llegando el 8 de mayo a la punta donde los brazos norte y sur del Canal Beagle se separan. Esa tarde acamparon en una pequeña isla situada debajo de las montañas del este de la Cordillera Darwin. Mientras estaban sentados en el campamento, un miembro de la tripulación, asustado al sentirse enterrado en la naturaleza inexplorada, imaginó que veía al diablo. Esa tarde Fitzroy escribió:

"Llegamos al sitio donde comienzan los dos canales y nos detuvimos por la noche en una pequeña isla. Pronto después de oscurecer, uno de la tripulación del bote se asustó porque dos grandes ojos lo miraban fijamente desde un espeso matorral, y ¡corrió donde sus compañeros diciendo que había visto al demonio! La risa a sus expensas surgió luego que un tiro al matorral nos brindó un magnífico tucúquere" [una especie clasificada hoy como *Bubo magellanicus*] (p. 441).

La risa de los demás relajó la tensión de la tripulación, pero permaneció el hecho que Fitzroy traía a sus hombres a una región del Cabo de Hornos que era extrañamente carente de gente, característica que otorgaba un aura fúnebre al magnífico paisaje de montañas y glaciares;

A great horned owl (Bubo magellanicus) on Devil's Island. (Photo Omar Barroso).

Un tucúquere (Bubo magellanicus) en la Isla del Diablo. (Foto Omar Barroso).

Views of the forests of Devil's Island with Mount Frances and Holland [Holanda] Glacier in the background (left) (Photo Ricardo Rozzi).

Vistas de los bosques de la Isla Diablo con el Monte Francés y el Glaciar Holanda al fondo (Foto Ricardo Rozzi).

glaciers; this was a place, perhaps, that was forbidden to men. In his entry for of May 8, 1830, Fitzroy further stated:

"We continued on our westerly route. No natives were seen, though a few wigwams, of the round-topped kind, were passed. The westernmost sharp-pointed, or Yapoo wigwam, was on the main-land, close to Devil's Island; it was made of small trees, piled up in a circle (the branches and roots having been broken off) with the smaller ends meeting at the top. The boat's crew said it had been a 'Meeting House,' and perhaps they were not far wrong; for being large, and on what might be called neutral ground between the two tribes, it is not unlikely that there may have been many a meeting there—perhaps many a battle" (p. 441).

The area he described is probably located just east of Olla Cove. On the evening of May 9th, they decamped on Gordon Island in a small cove located east of Romanche Bay. With lyricism worthy of a Lake District nature writer, Fitzroy described looking northward at the mountains that tower above the Alemania [Germany] Glacier:

"Between some of the mountains the ice extended so widely as to form immense glaciers, which were faced, towards the water, by lofty cliffs. During a beautifully fine and still night, the view from our fireside, in this narrow channel, was most striking, though confined. Thickly-wooded and very steep mountains shut us in on three sides, and opposite, distant only a few miles, rose an immense barrier of snow-covered mountains, on which the moon was shining brightly" (p. 442).

Fitzroy's lyrical description continued:

"The water between was so glassy, that their outline might be distinctly traced in it: but a death-like stillness was sometimes broken by masses of ice falling from

este fue un lugar, quizás, prohibido a los hombres. En su registro del 8 de mayo de 1830, Fitzroy escribió más tarde:

"Continuamos con nuestra ruta al oeste. No vimos nativos aunque pasamos unas pocas chozas del tipo de estructura redonda. El extremo aguzado de más al oeste, o choza Yapoo, estaba en el continente, cerca de la Isla del Diablo; estaba construida con árboles pequeños, apilados en círculo (las ramas y raíces habían sido quebradas) con las puntas unidas en la parte superior. La tripulación dijo que había sido una ´casa de reuniones´ y quizás no estaban errados; por ser grande y porque podría haber sido neutral entre ambas tribus, no es improbable que haya habido un encuentro aquí, quizás una batalla" (p. 441).

El área que Fitzroy describió está probablemente localizada justo al este de Caleta Olla. En el atardecer del 9 de mayo, acamparon en la Isla Gordon en una pequeña caleta al este de la Bahía Romanche. Con la lírica propia de un amante de la naturaleza de la Tierra de los Lagos (*Lake District*), Fitzroy describió este sitio mirando hacia bajo el Glaciar Alemania:

"Entre algunos montes, el hielo se extiende tanto que forma inmensos glaciares que miran hacia el agua, con encumbradas pendientes. Durante una noche bella y quieta, la vista desde nuestro campamento, en este estrecho canal, era increíble aunque limitada. Espesos bosques y montañas muy empinadas nos encerraban por tres lados y al frente, distante a sólo unas pocas millas, se elevaba una inmensa barrera de montañas cubiertas de nieve donde la luna brillaba intensamente" (p. 442).

La lírica descripción de Fitzroy continúa:

"El agua era un espejo, tanto, que su contorno podía trazarse: pero su quietud de muerte era roto de vez en cuando por la caída del hielo de los glaciares,

▲ View of Alemania [Germany] Glacier, with the peak of Mount Darwin (2,438 m) rising on the left over the foregrounded peaks. Fitzroy dedicated this peak to Darwin, thinking of it as the highest of all in this mountain range. Today we know that only Mount Sarmiento (2,404 m), Mount Luigi Savola (2,469 m) and Mount Darwin (2,438) exceed 2,400 m in this range, which bears the name of the Fuegian Andes or Darwin Cordillera, a title that reminds us about how the sublime austral landscapes impressed the young naturalist's mind who, when he returned to England would develop his evolutionary theory that transformed the scientific understanding about the position that humans have in the great scheme of nature. (Photo Ricardo Rozzi).

Vista del Ventisquero Alemania con la cumbre del Monte Darwin (2.438 m) que se eleva sobre las otras cumbres. Fitzroy dedicó esta cumbre a Darwin, pensando que era la de mayor altitud de la cordillera. Hoy sabemos que sólo el Monte Sarmiento (2.404 m), el Monte Luigi Savola (2.469 m) y el Monte Darwin (2.438) exceden los 2.400 m en esta cordillera, nominada Los Andes Fueguinos o Cordillera Darwin, un nombre que nos recuerda lo sublime de los paisajes que dejaron huella en la mente del joven naturalista que, de vuelta en Inglaterra, desarrollaría su teoría de evolución que transformó la comprensión que tenía la ciencia sobre el posicionamiento que los humanos tienen en el gran complejo de la naturaleza. (Foto Ricardo Rozzi).

◄ Towards the Pacific Ocean, near Stewart Island, the climate is very rainy and hundreds of waterfalls and intermittent streams form on the slopes of the islands. (Photo Ricardo Rozzi).

Hacia el Océano Pacífico en las cercanías de la Isla Stewart el clima es muy lluvioso y en las laderas de las islas se forman centenares de cascadas y cursos de agua intermitentes. (Foto Ricardo Rozzi).

the opposite glaciers, which crashed, and reverberated around—like eruptions of a distant volcano" (p. 442).

The next day they sailed farther west until Fitzroy was satisfied that the Beagle Channel did not afford a northern passage that would allow them to reach the Strait of Magellan. Having thus removed much of the mystery from this part of the Cape Horn region, he returned with his men to the *Beagle* that was waiting for him in Orange Bay. On his way back to the Beagle and Murray Channels, Fitzroy kidnapped Orundellico near Letier Cove, setting up the sequence of events that led to the inter-cultural exchanges described in the section on Wulaia.

Darwin knew this story about his travel companion and guide, Orundelico, and was now interested in exploring the route to Devil's Island and the Northwestern Arm of the Beagle Channel. On January 29, 1833, Fitzroy and Darwin navigated westward together and arrived at Devil's Island, where three years earlier a sailor had mistaken an owl for the devil. This was a new zone for Fitzroy and the others, a grand and mysterious place where one was impressed by the expansive, towering landscape. Rowing against the current of the Northwest Arm of the Beagle Channel, they entered one of the most spectacular mountain, glacier and fjord wildernesses on earth. The large wigwam Fitzroy had seen three years before was still there, and he surmised the Yahgans allowed them to "decay naturally," instead of pulling them down. As they drew closer to Olla Cove, they paused and "enjoyed a grand view of the lofty mountain, now called Darwin, with its immense glaciers extending far and wide" (p. 215).

They continued the same day westward navigating through the Northwest Arm of the Beagle Channel. Darwin was enthralled by the grandeur of the snow-capped heights. In painterly terms, he expressed how the landscape affected him: "In the morning we arrived at the point where the channel divides & we entered

que crujían y reverberaban, como erupciones de un volcán lejano" (p. 442).

Al día siguiente navegaron hacia el oeste hasta que Fitzroy estuvo seguro que el Canal Beagle no tenía un paso hacia al norte que les permitiera alcanzar el Estrecho de Magallanes. Habiendo revelado gran parte del misterio de esta parte del Cabo de Hornos, volvió con su tripulación al *Beagle* que los esperaba en la Bahía Orange. En su retorno al Canal Murray, el 10 de mayo de 1830 Fitzroy raptó a Orundelico cerca de la Caleta Letier, dando inicio a la secuencia de eventos que llevó al intercambio inter-cultural descrito en la sección de Wulaia.

Darwin conocía esta historia de su compañero de viaje y guía, Orundelico, y estaba interesado en explorar la ruta hacia Isla del Diablo y el Brazo Noroeste del Canal Beagle. El 29 de enero de 1833 llegaron la mecionada isla donde tres años antes el marinero había confundido a un búho con el demonio. Esta era una zona nueva para Fitzroy y los demás, un sitio grande y misterioso donde uno se sentía impresionado por el paisaje. Navegando contra la corriente en el Brazo Noroeste del Canal Beagle, accedieron a una de las más espectaculares montañas, glaciar y fiordo natural sobre la Tierra. La gran choza que Fitzroy había visto hacía tres años estaba todavía ahí, por lo que supuso que los yaganes la dejaron para su "destrucción natural", en vez de tirarla. Cuando se acercaban a la Caleta Olla, Fitzroy anotó que se detuvieron para "disfrutar de la grandiosa vista de la encumbrada montaña, ahora llamada Darwin, con su inmenso glaciar extendido a lo largo y ancho" (p. 215).

Continuaron el mismo día hacia el oeste navegando a través del Brazo Noroeste del Canal Beagle. Darwin estaba fascinado por la grandeza de las cumbres cubiertas de nieve. En bellas palabras expresó cómo lo afectaba este paisaje: "En la mañana llegamos a un punto donde el canal se divide y entramos en el brazo norte. El escenario

▲ *View of Italia [Italy] Glacier, with Mount Italia's peak (2,250 m) on the top left corner of the picture. (Photo Jordi Plana).*

Vista del Glaciar Italia, con el Monte Italia (2.250 m) arriba a la izquierda de la foto. (Foto Jordi Plana).

the Northern arm. The scenery becomes very grand, the mountains on the right are very lofty & covered with a white mantle of perpetual snow: from the melting of this, numbers of cascades poured their waters through the woods into the channel.—In many places magnificent glaciers extended from the mountains to the waters edge.—I cannot imagine anything more beautiful than the beryl blue of these glaciers, especially when contrasted by the snow" (*Diary*, p. 296).

Further west, they lunched on the beach near Italia Glacier. There, Darwin did something that clearly marked his transition from youth to manhood. Fitzroy's report:

"We stopped to cook and eat our hasty meal upon a low point of land, immediately in front of a noble precipice of solid ice; the cliffy face of a huge glacier, which seemed to cover the side of a mountain, and completely filled a valley several leagues in extent... Wherever these enormous glaciers were seen, we remarked the most beautiful light blue or sea green tints in portions of the solid ice, caused by varied transmission, or reflection of light. Blue was the prevailing color, and the contrast which was of extremely delicate hue, with the dazzling white of other ice, afforded to the dark green foliage, the almost black precipices, and the deep, indigo blue water, was very remarkable. Miniature icebergs surrounded us; fragments of the cliff, which from time to time fall into a deep and gloomy basin beneath the precipice, and are floated out into the channel by a slow tidal stream.... Our boats were hauled up out of the water upon the sandy point, and we were sitting round a fire about two hundred yards from them, when a thundering crash shook us—down came the whole front of the icy cliff—and the sea surged up in a vast heap of foam. Reverberating echoes sounded in every direction, from the lofty mountains which hemmed us in; but our whole attention was immediately called to great rolling waves which came in so rapidly that there was scarcely time for the most active of our party to run and seize the boats before they were tossed along the

se hizo imponente, las montañas a la derecha estaban muy altas y cubiertas con un manto blanco de nieves perpetuas: con su derretimiento numerosas cascadas llevan sus aguas a través de los bosques hacia el canal. En muchos lugares magníficos glaciares se extienden desde las montañas hasta el borde de las aguas. No puedo imaginar nada más hermoso que el azul berilo de esos glaciares, especialmente cuando se contrasta con la nieve" (*Diario*, p. 296).

Hacia el oeste, almorzaron en la playa cerca del Glaciar Italia. Ahí, Darwin hizo algo que claramente marcó su transición de la juventud a la adultez. Fitzroy escribió:

"Nos detuvimos para cocinar y comer una comida rápida en un punto bajo de la playa, inmediatamente frente a un precipicio de hielo sólido; la cara abrupta de un gran glaciar parecía cubrir el costado de una montaña y llenaba completamente el valle de varias leguas de extensión... Desde donde se miraran, estos enormes glaciares eran del más bello color celeste o verde mar en partes del sólido hielo, provocados por la transmisión diferencial de la reflección de la luz. El azul era el color prevaleciente, y el contraste que hacía era extremadamente delicado con el blanco deslumbrante del hielo, con el follaje verde oscuro, el precipicio casi negro, y el profundo azul índigo de las aguas, era muy hermoso y llamativo. Los iceberg en miniatura nos rodeaban; fragmentos de la pared, que caen de vez en cuando en la cuenca profunda y tenebrosa bajo el precipicio, y flotan arrastrados hacia el canal por la lenta corriente de la marea ... Varamos nuestros botes en un sector arenoso, y estábamos sentados alrededor del fuego cerca de doscientas yardas de ellos, cuando un violento ruido que provenía del frente de la pared de hielo nos impactó, y el mar se onduló con mucha espuma. El eco del sonido reverberó en todas direcciones desde las altas montañas y nos rodeó; pero nuestra atención fue inmediatamente capturada por las grandes olas que venían tan rápido que apenas tuvimos tiempo para que

View of Mount Frances' peak taken from the base of Italia Glacier in the Northwest Arm of the Beagle Channel (above, photo Jordi Plana), and from Devil's Island (below, Photo Ricardo Rozzi).

Vista de la cumbre del Monte Francés tomada desde la base del Glaciar Italia en el Brazo Noroeste del Canal Beagle (arriba, foto Jordi Plana), y desde la Isla Diablo (abajo, foto Ricardo Rozzi).

beach like empty calabashes... By the exertions of those who grappled them or seized the ropes, they were hauled up again out of reach of a second and third roller; and indeed we had good reason to rejoice that they were just saved in time; for had not Mr. Darwin, and two or three of the men, run to them instantly, they would have been swept away irrevocably. Wind and tide would soon have drifted them beyond the distance a man could swim; and then, what prizes they would have been for the Fuegians, even if we had escaped by possessing ourselves of canoes. At the extremity of the sandy point on which we stood, there were many large blocks of stone, which seem to have been transported from the adjacent mountains, either upon masses of ice, or by the force of waves such as those which we witnessed. Had our boats struck those blocks, instead of soft sand, our dilemma would not have been much less than if they had been swept away." (Fitzroy Narrative, Jan. 1833, p. 216).

They continued quickly westward, enjoying the sunny and beautiful day, then decamped that evening at a place Fitzroy acclaimed for its serene majesty:

"We proceeded along a narrow passage, more like a river than an arm of the sea, till the setting son warned us to seek a resting place form the night; when, selecting a beach far from any glacier, we again hauled our boats on shore. Long after the sun had disappeared from our view, his setting rays shone so brightly upon the gilded icy sides of the summits above us, that twilight lasted an unusual time, and a fine clear evening enabled us to every varying tint till even the highest peak became like a dark shadow, whose outline only could be distinguished" (p. 217).

los más activos del grupo corrieran y sujetaran los botes antes de que fueran lanzados a la playa como calabazas vacías... Con trabajo varamos los botes fuera del alcance de una segunda y tercera ola; y en realidad tuvimos una buena razón para regocijarnos que fueran salvadas justo a tiempo; si el Sr. Darwin y dos o tres de los hombres no hubieran corrido a ellos instantáneamente, habrían sido arrastrados irrevocablemente. El viento y la marea pronto los habría derivado más allá de la distancia a nado... En un extremo de la punta arenosa en la que estábamos, había muchas piedras grandes que parecían haber sido transportadas desde las montañas adyacentes, ya sea sobre masas de hielo o por la fuerza de las olas como las que habíamos visto. Si nuestros botes hubieran estado en esos bloques de piedra en vez de arena, nuestro dilema no hubiera sido menor que si ellos hubieran sido arrastrados lejos". (Narrativa de Fitzroy, enero, 1833, p. 216).

Continuaron rápidamente rumbo al oeste, disfrutando del día bello y soleado. Ese atardecer acamparon en un lugar que Fitzroy aclamó por su serena majestuosidad:

"Seguimos por el angosto pasaje, más como un río que un brazo de mar hasta que la puesta del sol nos advirtiera buscar un sitio para descansar durante la noche; cuando seleccionando una playa lejos de un glaciar, desembarcamos arrastrando los botes a la playa. Después que el sol desapareció de nuestra vista, sus rayos brillaron tan resplandecientemente sobre los hielos de las cumbres que nos rodeaban, que el atardecer duró más tiempo de lo usual, y una linda y clara tarde nos permitió ver todos los colores hasta que las cumbres fueron sólo una sombra cuyo perfil podíamos distinguir" (p. 217).

(Next page). "I was very anxious to ascend some of the mountains in order to collect the Alpine plants & insects... I collected several alpine flowers, some of which were the most diminutive I ever saw; & altogether most throughily enjoyed the walk." Darwin's Diary, December 19, 1832. Dientes de Navarino mountain range, Navarino Island. (Photo Adam Wilson).

(Página siguiente). "Estaba ansioso por escalar algunas montañas para colectar plantas e insectos alpinos... Colecté varias flores alpinas, algunas eran las más diminutas que he visto jamás y, en general, disfruté mucho de la caminata". Diario de Darwin, *19 de diciembre de 1832.* Cadena de los Dientes de Navarino, Isla Navarino. (Foto Adam Wilson).

"When we arrived at Woolliah (Jemmy's cove) we found it far better suited for our purposes, than any place we had hitherto seen." *Darwin's Diary*, January 23, 1833, p. 291. Mount King Scott in Wulaia Bay. (Photo Adam Wilson).

"Cuando llegamos a Woolliah (ensenada de Jemmy), nos pareció mucho más adecuado para nuestros propósitos que cualquier otro lugar que hubiéramos visto hasta ahora". *Diario de Darwin*, 23 de enero de 1833, p. 291. Monte King Scott en la Bahía Wulaia. (Foto Adam Wilson).

9

Fitzroy's Attempt to Start a Colony at Wulaia
Los Intentos de Fitzroy por Establecer una Colonia en Wulaia

Kurt Heidinger

On February 5, 1833, Fitzroy and Darwin were returning to Wulaia from their explorations in the West Arm of the Beagle Channel. On the shore of Hoste Island, Fitzroy spotted a woman wearing Yok'cushlu's (Fuegia Basket) clothes among "a large party of natives" who were "in full dress, being bedaubed with red and white paint, and ornamented, after their fashion, with feathers and down of geese." He sensed, "an air almost of defiance among these people, which looked as thought they knew that harm had been done," and became concerned that something awful had occurred at the mission. As they "shot through the Murray Narrow" the next day, February 6th, "several parties were seen, who were ornamented with strips of tartan cloth or white linen." He "well knew they were obtained from our friends." When they arrived at Wulaia at noon, "the natives came hallooing and jumping about" the two whaleboats, "all much painted and ornamented with rags of English clothing."

Matthews appeared, Fitzroy noted, "dressed and looking as usual." But, when he interviewed him, the young missionary complained he "had had no peace by day, and very little rest at night," and explained how "his time had been altogether occupied in watching his property." "Some of them were always on the look-out for an opportunity to snatch up and run off with some tool or article of clothing," he said, "and others spent the greater

El 5 de febrero de 1833, Fitzroy y Darwin volvían a Wulaia luego de explorar el Brazo Noroeste del Canal Beagle. En una playa de la Isla Hoste, el capitán vio a una mujer vistiendo ropas de Yuc'kushlu (Fuegia Basket) entre "un gran grupo de nativos" que estaban "completamente vestidos y pintados con rojo y blanco, y adornados, a su usanza, con plumas y plumones de ganso". Sintió "un aire casi de desafío en esta gente, que parecía como si supieran que se había hecho daño" y se preocupó porque supuso que algo malo pudiera haber ocurrido a la misión. Cuando al día siguiente "navegaban por la Angostura Murray", el 6 de febrero, Fitzroy escribió: "Vimos varios grupos, adornados con bandas de ropa de algodón y lino blanco". Él "sabía bien que eran de nuestros amigos". Cuando llegaron a Wulaia al mediodía, "los nativos llegaron gritando y saltando alrededor" de los dos botes balleneros "todos muy pintados y adornados con tiras de ropa inglesa".

Matthews apareció, según Fitzroy, "vestido y luciendo como siempre". Pero cuando lo entrevistó, el joven misionero se quejó de que "no tenía paz en el día y muy poco descanso en la noche", y explicó cómo todo "su tiempo había estado ocupado vigilando su propiedad". "Algunos de ellos estaban siempre esperando la oportunidad para arrebatarle y escapar con alguna herramienta o ropa", dijo, "y otros pasan la mayor parte

part of the each day in his wigwam, asking for everything they saw, and often threatening him when he refused to comply with their wishes."

The gravity of the situation worried Darwin, who felt like he was now a member of a rescue party. Matthews had been surrounded by "Yapoos" who, "showed signs they would strip him & pluck all the hairs out of his face and body." Darwin recounted, "I think we returned just in time to save his life." However, what the young naturalist was seeing might not have been what he thought it was. Like the Ona of Good Success Bay, the Yahgans considered facial hair to be beastly. Ironically enough, they might have wanted to pluck Matthews' face and body hairs to show they had accepted him into their community. Despite the fears expressed by Darwin and Fitzroy, at Wulaia there were no violent exchanges between Yahgans and the men of *HMS Beagle*.

Fitzroy made the decision to bid farewell to his Fueguian friends and abandon Wulaia. Darwin felt, "quite melancholy leaving our Fuegians amongst their barbarous countrymen," thinking that they had, "far too much sense not to see the vast superiority of civilized over uncivilized habits; & yet I am afraid to the latter they must return." On February 6, he bade Jemmy and York farewell, promising to see them again in a few days.

On February 14, while the *Beagle* was anchored at Packsaddle Bay, Fitzroy returned to Wulaia in a whaleboat. His arrival did not cause the Yahgan people to drop what they were doing and swarm around him, as they had done in the past. This, he felt, "was a good sign." Still dressed like London office clerks, Orundellico (Jemmy Button) and El Leparu (York Minster) were busy making canoes. El Leparu made his out of planks left behind by the English, while Orundellico made his by "hollowing out the trunk of a large tree, in order to make such a

del día en su choza, pidiendo todo lo que veían, y a menudo lo amenazaban cuando se negaba a cumplir sus deseos".

La gravedad de la situación preocupó a Darwin, quien se sintió parte de un grupo de rescate. Matthews había estado rodeado de "Yapoos", quienes "mostraron señales que lo desnudarían y le depilarían la cara y cuerpo". Darwin escribió, "creo que volvimos justo a tiempo para salvar su vida". Sin embargo, lo que el joven naturalista estaba viendo podría ser muy distinto de lo que pensaba. Tanto como los selknam de la Bahía del Buen Suceso, los yagán consideraban bestial tener pelo facial. Irónicamente, podrían haber deseado rasurar la cara y el cuerpo de Matthews para demostrarle que lo aceptaban en su comunidad. A pesar de los temores expresados por Darwin y Fitzroy en Wulaia, no hubo intercambios violentos entre los yagán y los hombres del *HMS Beagle*.

Fitzroy tomó la decisión de despedirse de sus amigos fueguinos y abandonar Wulaia. Darwin se sintió "bastante triste dejando a nuestros fueguinos entre sus bárbaros compatriotas", pensando que tenían "suficiente sentido común como para ver la gran superioridad de los hábitos civilizados sobre los no civilizados; sin embargo, me temo que deberán regresar a estos últimos". El 6 de febrero dijo adiós a Jemmy y York, prometiendo volver a verlos en unos días.

El 14 de febrero, mientras el *Beagle* estaba anclado en la Bahía Packsaddle, Fitzroy volvió a Wulaia en un bote ballenero. Su arribo no provocó que los yagán dejaran lo que estaban haciendo y se arremolinaran a su alrededor, como habían hecho en el pasado. Esto, sintió, "era un buen augurio". Todavía vestidos como oficinistas londinenses, Orundelico y El Leparu estaban ocupados construyendo canoas: El Leparu sin los tablones dejados por los ingleses y Orundelico "ahuecando el tronco de un gran árbol para hacer una canoa como las que había visto en Río de

canoe as he had seen in Rio de Janeiro." Orundellico told Fitzroy how, after the English had left, "strangers had been there" who "kidnapped two women (in exchange for whom Jemmy's party abducted one)." After fighting with them, the strangers had retreated and not returned. While this was going on, Orundellico had been unable to keep his clan from helping themselves to his things. El Leparu and the "clean and tidily dressed" Yok'cushlu, on the other hand, "contrived to take better care of theirs." Fitzroy was greeted by Orundellico's mother who was, he was pleased to see, also "decently clothed, by her son's care." The English garden "was uninjured," he observed with a hint of satisfaction, "and some vegetables were already sprouting." Having collected the news from these "contented and apparently very happy" people, Fitzroy "left the place, with the rather sanguine hopes of their effecting among their countrymen some change for the better." His final reflection on all that had transpired between himself and these amazingly resilient human beings was stoic. He knew that he failed to realize his dream, but he found it difficult to relinquish his romantic idealism: "I hoped that through their means our motives in taking them to England would become understood and appreciated among their associates, and that a future visit might find them so favourably disposed towards us, that Matthews might then undertake, with far better prospect of success, that enterprise which circumstances had obliged him to defer, though not abandon altogether."

Over a year later, on March 5th, 1834, Fitzroy sailed the *Beagle* to Wulaia and found it deserted. When he went ashore, he found that the three houses had been abandoned, but not vandalized. From the "trampled" garden, he dug "some turnips and potatoes of moderate size" and, considering them "proof that they may be grown in that region," cooked and ate them.

Orundellico arrived in a canoe with his brother to greet them. At first, Fitzroy and Darwin did not recognize him.

Janeiro". Orundelico le dijo a Fitzroy cómo, después que los ingleses habían partido, "se habían visto extraños" que "raptaron dos mujeres (a cambio de las cuales el grupo de Jemmy raptó una)". Después de un combate, los extraños se habían retirado sin volver. Mientras esto ocurría, Orundelico había sido incapaz de mantener a su clan alejado de sus propias pertenencias. El Leparu y Yuc'kushlu, "limpios y atildadamente vestidos", por otra parte "se las ingeniaron para cuidar mejor sus cosas". Fitzroy también fue saludado por la madre de Orundelico y estuvo complacido de verla "cuidadosamente vestida por su hijo". Observó con un dejo de satisfacción que el jardín inglés "no estaba dañado", y "algunas hortalizas ya estaban creciendo". Habiendo recogido noticias de estas gentes "contentas y aparentemente muy felices", el capitán escribió: "Dejé el lugar con la esperanza más bien optimista de estar efectuando cambios entre los nativos para su propio beneficio". Considerando todo el esfuerzo que había realizado con estos seres humanos asombrosos, esta reflexión final de Fitzroy fue estoica. Sabía que había fallado en cumplir su sueño, pero encontraba difícil renunciar a su romántico idealismo: "Espero que nuestros motivos para llevarlos a Inglaterra puedan ser comprendidos y apreciados entre su gente, y que en una futura visita los encontremos tan favorablemente dispuestos hacia nosotros que Matthews pueda, con mayor probabilidad de éxito, realizar esta empresa que las circunstancias lo han obligado a aplazar, aunque no a abandonar".

Un año más tarde, el 5 de marzo de 1834, Fitzroy navegó en el *Beagle* hasta Wulaia y la encontró desierta. Cuando desembarcaron, vio que las tres casas habían sido abandonadas aunque no destruidas. Del jardín "pisoteado" desenterró "algunos nabos y papas de tamaño mediano" y considerándolos "prueba que podían crecer en esa región" los cocinaron y comieron.

Cuando Orundelico llegó en una canoa con su hermano para saludarlos, Fitzroy y Darwin no lo reconocieron al comienzo.

In his account, Fitzroy expressed a growing sense of loss when he realized that "Jemmy" had been, more or less, a figment of his imagination: "Looking through a glass I saw that two of the natives in [the canoes] were washing their faces, while the rest were paddling with might and main. I was then sure that some of our acquaintances were there, and in a few minutes recognized Tommy Button, Jemmy's brother. In the other canoe, there was a face which I knew I could not yet name. 'It must be someone I have seen before,' said I, when his sharp eye detected me, and a sudden movement of the hand to the head (as a sailor touches his hat) at once told me that it was indeed Jemmy Button, but how altered! I could not restrain my feelings, and I was not, by any means, the only one so touched by his squalid miserable appearance."

At first, Darwin was also upset by what he saw: "It was quite painful to behold him; thin, pale, & without a remnant of clothes, excepting a bit of blanket tied around his waist: his hair, hanging over his shoulders; & so ashamed of himself, he turned his back to the ship as the canoe approached. When he left us he was very fat, & so particular about his clothes, that he was always afraid of even dirtying his shoes; scarcely without gloves & his hair neatly cut.—I never saw so complete and grievous a change."

Displeased that Orundellico was naked, Fitzroy "hurried him below, clothed him immediately, and in half an hour he was sitting next to me at dinner in my cabin, using his knife and fork properly, and in every way behaving as correctly as if he had never left us." Orundellico tried hard to assuage the fears, and praise the goodness, of this earnest English captain who had, on one hand, kidnapped, yet on the other hand, had sincerely tried to protect and care for him. Both men knew that their unique relationship had joined their fates, and made them friends in way that no others would, or could,

En su relato, el capitán expresó el sentido creciente de pérdida cuando comprendió que Jemmy había sido, más o menos, una invención de su imaginación: "Mirando a través de un lente vi que dos de los nativos en [las canoas] estaban lavando sus caras, mientras el resto remaba con todas sus fuerzas. Estuve entonces seguro que algunos de nuestros conocidos estaban ahí, y en unos minutos reconocí a Tommy Button, el hermano de Jemmy. En la otra canoa había una cara que conocía pero que no pude reconocer. Me dije 'debe ser alguien que he visto antes', cuando su aguda vista me detectó y un repentino movimiento de la mano a la cabeza (como un marino toca su gorra) me dijo al punto que era Jemmy Button – ¡pero cuán cambiado! No pude contener mis sentimientos, pero no era el único conmovido por su apariencia miserable y escuálida".

Al principio, Darwin también estaba decepcionado con lo que vio: "Fue muy penoso contemplarlo; delgado, pálido y sin un resto de sus ropas, excepto un trozo de manta amarrada a su cintura: el pelo colgando sobre su espalda, y tan avergonzado de sí mismo, volvió su espalda al barco cuando la canoa se aproximaba. Cuando nos dejó estaba muy gordo y tan cuidadoso con su ropa, siempre temeroso de ensuciarse los zapatos, raramente sin guantes y su pelo muy corto. Nunca vi un cambio tan completo y lastimoso".

Fitzroy salió a encontrar a Orundelico: "Lo urgí a bajar y a vestirse inmediatamente, y en media hora estaba sentado al lado mío para cenar en mi cabina, usando adecuadamente cuchillo y tenedor y comportándose tan correctamente en todos los sentidos como si nunca nos hubiera abandonado". Orundelico trató con ahínco de calmar los temores y alabar la bondad de este inglés que, por un lado lo había raptado, pero por otro sinceramente había tratado de protegerlo y cuidarlo. Ambos hombres sabían que una relación especial había unido sus destinos y los había hecho amigos en una forma que otros no podrían o querrían comprender. Y así,

understand. And so, despite his disappointment, Fitzroy was gratified to hear that Orundellico had taught his clan English: "To our astonishment, his companions, his wife, his brothers and their wives, mixed broken English words in their talking with him."

Fitzroy was receptive, too, when Orundellico explained that, despite his ragged appearance, he was doing just fine. Fitzroy wrote in his *Diary*, "I thought he was ill, but he surprised me by saying 'hearty, sir, never better,'(a favourite saying of his formerly) that he had not been, even for a day, was happy and contented, and had no wish to whatever to change his way of life. He said that he got 'plenty fruits,' 'plenty birdies,' 'ten guanacos in snow time,' and 'too much fish.'"

Belying Darwin's initial and distorted negative estimation that the Yahgans "cannot know the feeling of having a home--& still less that of domestic affection," Orundellico did have a loving wife. Indeed, though he was too humble to tell Fitzroy about her as they dined together, the captain was very pleased when he found out: "I soon heard that there was a good looking young woman in his canoe, who was said to be his wife. Directly this became known, shawls, handkerchiefs, and a gold-laced cap appeared, with which she was speedily decorated."

Notwithstanding these belated wedding gifts, Orundellico's wife was very worried that he was going to be kidnapped again, as Fitzroy soon understood: "Fears had been excited for her husband's safe return to her, and no finery could stop her from crying until Jemmy again showed himself on deck. While he was below, his brother Tommy called out in a loud tone—'Jemmy Button, canoe, come!'"

Appreciating the depth of their feelings, Fitzroy loaded their canoes with presents and sent Jemmy ashore after he "promised to come again early next morning." Before Orundellico left, though, he presented Fitzroy with a

a pesar de su decepción, Fitzroy se sintió gratificado al saber que Orundelico había enseñado inglés a su grupo: "Para nuestro asombro sus compañeros, su esposa, sus hermanos y sus mujeres, mezclaban palabras inglesas en su conversación con él".

El capitán fue receptivo, también, cuando Orundelico explicó que, a pesar de su aspecto, él estaba muy bien. Ftzroy escribió en su *Diario*: "Pensé que estaba enfermo pero me sorprendió diciendo 'de corazón, señor, nunca mejor' (su expresión favorita antes), nunca había estado enfermo, ni por un día, estaba feliz y contento y no tenía deseos de cambiar su modo de vida. Dijo que tenía 'mucha fruta', 'muchos pájaros', 'diez guanacos en invierno' y 'demasiado pescado'".

Desmintiendo la valoración negativa que equivocadamente Darwin tuvo al inicio respecto a que los yagán "no conocen la sensación de tener un hogar, y aún menos el de afecto doméstico", Orundelico tenía una esposa amorosa. De hecho, aunque fuera demasiado humilde para decírselo a Fitzroy durante la cena, el capitán estuvo muy complacido cuando lo supo: "Pronto escuché que había una mujer de muy buen ver en su canoa y se dijo que era su esposa. Apenas se supo, aparecieron chales, pañuelos y una toca dorada con lazos con la que rápidamente se adornó".

No obstante estos obsequios tardíos de boda, la esposa de Orundelico estaba muy preocupada que fuera a ser raptado de nuevo, como Fitzroy pronto lo comprendió: "Tenía temor sobre la vuelta de su marido y nada pudo detener su llanto hasta que Jemmy apareció en la cubierta. Mientras estuvo abajo, su hermano lo llamaba con voz fuerte 'Jemmy Button, canoa, vamos'".

Al apreciar la profundidad de sus sentimientos, el capitán cargó la canoa con regalos y envió a Jemmy a tierra "luego que prometiera volver temprano a la mañana siguiente". Antes de retirarse, Orundelico le entregó un precioso

precious gift of his own: "two fine otter skins." Fitzroy was touched when Orundellico asked him to "carry a bow and quiver full of arrows to the schoolmaster of Walthamstow, with whom he had lived." Darwin also enjoyed Orundellico's kindness, who he had "made two spear-heads expressly" for him.

When Orundellico returned the next morning, he had a "long conversation" with Fitzroy. He told him how the Selknam had come to Wulaia not long after the *Beagle* had left the year before, and how his clan escaped death by fleeing to the smaller islands in Ponsonby Sound. Feeling unsettled, he had accepted El Leparu's invitation "to look at his land" far to the west. Unfortunately, however, when he and his family got to Devil's Island with El Leparu and Yuc'kushlu, "they met York's brother and some others of the Alikhoolip tribe; and, while Jemmy was asleep, all the Alikhoolip party stole off, taking nearly all Jemmy's things, and leaving him in his original condition." Orundellico confirmed the prejudice Fitzroy had long harbored against El Leparu: "I am now quite sure that from the time of changing his mind, and desiring to be placed at Woolya, with Matthews and Jemmy, he meditated taking a good opportunity of possessing everything of everything."

Fitzroy learned, too, that Orundellico's clan had abandoned Wulaia, not only because they were vulnerable to Ona attacks there but, also, because the "large wigwams which we had erected with some labour, proved to be cold in the winter, because they were too high; therefore they had been deserted after the first frosts." For these reasons, he preferred to live on Button Island: "his own island, as he called it." Having concluded the sharing of stories, and knowing now that he could not "make a second attempt to place Matthews among the natives of Tierra del Fuego," Fitzroy said goodbye, once and for all, to Orundellico and the Yahgan people.

regalo hecho por él: "Dos finas pieles de nutria". Fitzroy se emocionó cuando Orundelico le pidió "llevar un arco y un carcaj lleno de flechas para su maestro de escuela en Walthamstow, con quien había vivido". Darwin también disfrutó de la amabilidad de Orundelico, quien había fabricado "dos puntas de flecha expresamente" para él.

Cuando a la mañana siguiente Orundelico regresó, tuvo una "larga conversación" con Fitzroy. Le contó cómo los selknam habían llegado a Wulaia no mucho después que el *Beagle* zarpara el año anterior, y cómo su clan había escapado de la muerte huyendo a las pequeñas islas del Seno Ponsonby. Sintiéndose inseguro, había aceptado la invitación de El Leparu a "ver su tierra" allá lejos, al oeste. Desafortunadamente, sin embargo, cuando Jemmy y su familia llegaron a la Isla del Diablo con El Leparu y Yuc'kushlu, "ellos se encontraron con el hermano de York y otros miembros del grupo alikhoolip. Mientras Jemmy dormía, los alikhoolip le robaron casi todas sus cosas dejándolo en la condición inicial". Orundelico confirmó el prejuicio que Fitzroy había albergado por largo tiempo contra El Leparu: "Estoy ahora bastante seguro que cuando quiso quedarse en Woolya con Matthews y Jemmy, ya había resuelto encontrar una buena oportunidad de quedarse con todo".

El capitán supo que el clan de Orundelico había dejado Wulaia no sólo porque eran vulnerables al ataque de los selknam, sino también porque "las grandes chozas que se habían levantado con algún trabajo probaron ser frías en el invierno porque eran demasiado altas; por lo tanto, fueron abandonadas después de las primeras heladas". Por estas razones, Jemmy prefirió vivir en la Isla Button: "Su propia isla, como él la llamaba". Habiendo concluido de compartir historias y sabiendo ahora que no podría "hacer un segundo intento para establecer a Matthews entre los nativos de Tierra del Fuego" Fitzroy dijo adiós, por última vez, a Orundelico y a los demás miembros de la comunidad yagán.

Darwin wrote in his Diary that as the *Beagle* set sail on March 6th, with the intention of returning to the Falkland Islands, Orundellico did not leave the ship until "the ship got under weigh, which frightened his wife so that she did not cease crying till he was safe out of the ship with all his valuable presents." He was deeply moved by Orundellico's farewell: "Every soul on board was as sorry to shake hands with poor Jemmy for the last time, as we were glad to have seen him.—I hope & have little doubt he will be as happy as if he had never left his country; which is more han I formerly thought." Orundellico had indeed given Darwin much to think about.

The last the crew of *Beagle* saw of Orundellico was as dramatic as anything they had seen in the Cape Horn region: "He lighted a farewell signal as the ship stood out of Ponsonby Sound, on her course to East Falkland Island."

Darwin escribió en su Diario que cuando el *Beagle* zarpó el 6 de marzo con la intención de regresar a las Islas Falkland, Orundelico no partió hasta que "el barco estuvo cargado, lo que asustó tanto a su esposa que no paró de llorar hasta que estuvo a salvo fuera del barco con todos sus valiosos regalos". Y estaba muy emocionado por la despedida de Orundelico: "Todos a bordo estaban apenados al despedirse del pobre Jemmy por última vez, tanto como contentos por haberlo visto. Espero y tengo pocas dudas que será tan feliz como si nunca hubiera salido de su país; que es más de lo que yo pensaba". En realidad, Orundelico había dado mucho que pensar a Darwin.

Lo último que la tripulación del *Beagle* vio de Orundelico fue tan dramático como todo lo que habían visto en la región del Cabo de Hornos: "Encendió una señal de despedida mientras el barco se alejaba hacia el este del Seno Ponsonby rumbo a las Islas Falkland".

(Next page). "15th January 1833. The Beagle channel which was discovered by Captain FitzRoy during the last voyage, is a most remarkable feature in the geography of this, or indeed of any other country. Its length is about 120 miles... it is throughout the greater part so extremely straight, that the view, bounded on each side by a line of mountains, gradually becomes indistinct in the perspective. This arm of the sea may be compared to the valley of Lochness in Scotland, with its chain of lakes and entering friths. At some future epoch the resemblance perhaps will become complete. Already in one part we have proofs of a rising of the land in a line of cliff, or terrace, composed of coarse sandstone, mud, and shingle, which forms both shores. The Beagle channel crosses the southern part of Tierra del Fuego in an east and west line..." Darwin 1839, p. 197. Sunset on the Beagle Channel in the Letier Cove area, Hoste Island. (Photo Paola Vezzani).

>

(Página siguiente). "15 de enero de 1833. El Canal Beagle, que fue descubierto por el capitán FitzRoy durante el último viaje, es una característica notable en la geografía de este país, o incluso de cualquier otro en el mundo. Su longitud es de aproximadamente 120 millas... es en su mayor parte tan extremadamente recto, que la vista, limitada a cada lado por una línea de montañas, gradualmente se vuelve indistinta en la perspectiva. Este brazo del mar se puede comparar con el valle de Lochness en Escocia, con su cadena de lagos y riachuelos entrantes. En una época futura, el parecido tal vez será completo. Ya en una parte tenemos pruebas de un levantamiento de la tierra en una línea de acantilado o terraza, compuesta de piedra arenisca, barro y guijarros, que forma ambas orillas. El Canal Beagle cruza la parte sur de Tierra del Fuego en una línea este y oeste... ". Darwin 1839, p. 197. Atardecer en el Canal Beagle en el sector de Caleta Letier, Isla Hoste. (Foto Paola Vezzani).

V

Darwin and Some Unique
Representatives of the
Biodiversity in the
Cape Horn Biosphere

*Darwin y Algunos Representantes
Singulares de la Biodiversidad
de la Reserva de la Biosfera
Cabo de Hornos*

"My time passes very evenly. —one day hammering the rocks; another pulling up the roots of the kelp for the curious little corallines which are attached to them." *Darwin's Diary,* March 19, 1834, p. 440. Underwater image of kelps and rocks covered by coralline algae characterized by their hard calcareous thallus with pink colors. Above them a blue sea-star (*Henricia obesa*) feeds on phytoplankton, filtering it with its cilia. (Photo Mathias Hüne).

"Mi tiempo pasa muy uniformemente. Un día martillando rocas; otro arrancando raíces del kelp por las pequeñas y curiosas coralinas que están pegadas a ellas." *Diario de Darwin*, 19 de marzo de 1834, p. 440. Imagen submarina de algas y rocas cubiertas por algas coralinas caracterizadas por su duro talo calcáreo con colores rosados. Sobre ellas, una estrella de mar azul (*Henricia obesa*) se alimenta de fitoplancton, filtrándolo con sus cilios. (Foto Mathias Hüne).

10
Underwater Forests of Cape Horn:
A Sub-Antarctic Habitat that Marveled Darwin
Bosques Submarinos de Cabo de Hornos:
Un Hábitat Subantártico que Maravilló a Darwin

Andrés Mansilla, Jaime Ojeda, Sebastián Rosenfeld & Ricardo Rozzi

In December 1832 Charles Darwin arrived aboard the *HMS Beagle* to the sub-Antarctic ecoregion of archipelagoes and channels of southern South America, anchoring at Good Success Bay in the southeastern corner of Tierra del Fuego. From that moment on, he was dazzled by the large forests of brown algae, mainly *Macrocystis pyrifera*, known in the Yahgan language as *haush* and now known by its common name, *huiro* or kelp. Later, when he crossed the Strait of Magellan in June 1834, he wrote:

"If we turn from the land to the sea, we shall find the latter as abundantly stocked with living creatures as the former... Among marine producers, there is one that due to its importance deserves to be described with a particular history. It is the kelp, or *Macrocystis pyrifera*. This plant grows on every rock from low-water mark to a great depth, both on the outer coast and within the channe1s" (*Diary*, p. 342).

Darwin identified four distinguishing features that highlight these underwater forests which characterize the coasts of the sub-Antarctic Magellanic ecoregion: 1) their role in helping navigators orient themselves, 2) their exuberant size, 3) their abundant diversity and

En diciembre de 1832 Charles Darwin arribó a bordo del *HMS Beagle* a la ecorregión subantártica de archipiélagos y canales del sur de Sudamérica, anclando en la Bahía del Buen Suceso en el extremo sudeste de Tierra del Fuego. Desde este primer momento manifestó su asombro por los grandes bosques de algas pardas, principalmente *Macrocystis pyrifera*, conocida en lengua yagán como *haush* y en la actualidad por su nombre común, huiro. Más tarde, cuando cruzaba el Estrecho de Magallanes en junio de 1834, escribía:

"Si pasamos de la tierra al mar, hallaremos éste tan abundantemente provisto de criaturas vivientes como la primera... Entre los productores marinos, hay uno que por su importancia merece ser descrito de un modo especial: el alga gigante denominada *Macrocystis pyrifera*, que crece en todas las rocas desde la línea de bajamar hasta una gran profundidad, tanto en la costa libre como en la de los canales" (*Diario*, p. 342).

Darwin identificó cuatro razones que destacan a estos bosques submarinos que caracterizan las costas de la ecorregión subantártica de Magallanes: 1) su función de ayuda para la orientación de los navegantes, 2) su exuberante tamaño, 3) su abundante diversidad y

▲ *Kelp* (Macrocystis pyrifera) *forests (or Huiro) are still used as indicators of shallow places, and guide navigation with the direction of their fronds that indicate the direction of the sea currents. Photography in the Northwest Arm of the Beagle Channel, Cape Horn Biosphere Reserve. (Photo Ricardo Rozzi).*

Los bosques de huiro (Macrocystis pyrifera) *todavía son utilizados como indicadores de lugares de baja profundidad, y orientan la navegación con la dirección de sus frondas que señalan la dirección de las corrientes marinas. Fotografía en el Brazo Noroeste del Canal Beagle, Reserva de la Biosfera Cabo de Hornos. (Foto Ricardo Rozzi).*

biomass of marine organisms, and 4) their importance for the conservation of biodiversity in the far south of the Americas.

1) The Macrocystis pyrifera *Forests and Their Function for the Orientation of Navigators*

One of the first reasons for the importance of these large brown algae that attracted the English naturalist's attention came from the link that existed between the sailors of that time and the kelp forests. In his travel journal, Darwin wrote:

I believe, during the voyages of the *Adventure* and the *Beagle*, not one rock near the surface was discovered which was not buoyed by this floating weed. The good service it thus affords to vessels navigating near this stormy land is evident ; and it certainly has saved many a one from being wrecked." (p. 342).

Nowadays, the boats that sail through these remote areas use great technology. However, artisanal fishermen still use the kelp forests to orient their navigation, since they indicate shallow places. Currently, these forests are still considered in the navigation charts of the Hydrographic and Oceanographic Service (SHOA) of the Chilean Navy to indicate shallow places.

2) The Giant Forests of Macrocystis pyrifera *in the Extreme South of America*

Today the great and fascinating kelp forests continue to dominate the subtidal zone of the protected and semi-protected rocky coasts of the fjords and channels of the entire sub-Antarctic ecoregion of Magallanes, from Wellington Island (48ºS) to Diego Ramirez Archipelago (56º31'S). *Macrocystis pyrifera* grows in contrasting environmental conditions; near glaciers, along the

biomasa de organismos marinos, y 4) su importancia para la conservación de la biodiversidad del extremo austral de América.

1) Los Bosques de Macrocystis pyrifera *y su Función para la Orientación de los Navegantes*

Una de las primeras razones de la importancia de estas grandes algas pardas que llamaron la atención del naturalista inglés, surgió a partir del vínculo que existía entre los navegantes de esa época y los bosques de huiro. En su *Diario de Viaje*, Darwin anotaba:

"Durante los viajes del *Adventure* y *Beagle* tal vez no se descubrió una sola roca a la que el alga mencionada no sirviera de boya anunciadora flotando sobre ella. Los inapreciables servicios que presta a los barcos en las cercanías de esta región tempestuosa son evidentes y con toda seguridad, a más de uno ha librado de naufragar" (p. 342).

Hoy los barcos utilizan en su mayoría gran tecnología. Sin embargo, los pescadores artesanales aún usan los bosques de huiro como orientación para su navegación, puesto que señalan lugares de baja profundidad. Hoy estos bosques continúan siendo considerados en las cartas de navegación de Servicio Hidrográfico y Oceanográfico de la Armada de Chile (SHOA) para indicar lugares poco profundidad.

2) Los Bosques de Macrocystis pyrifera *del Extremo Austral de América*

Hoy los grandes y fascinantes bosques de huiro continúan dominando la zona submareal de las costas rocosas protegidas y semi-protegidas de los fiordos y canales de toda la ecorregión subantártica de Magallanes, desde la Isla Wellington (48ºS) hasta el Archipiélago Diego Ramírez (56º31'S). *Macrocystis pyrifera* crece en contrastantes condiciones ambientales: en la proximidad de glaciares

coast protected by channels and fjords, and on exposed areas near the breakers of the Pacific Ocean.

Darwin made detailed descriptions of this large brown seaweed and the underwater forests it forms. In his travel diary he states stated:

"I know few things more surprising than to see this plant growing and flourishing amidst those great breakers of the western ocean, which no mass of rock, let it be ever so hard, can long resist. The stem is round, slimy, and smooth, and seldom has a diameter of so much as an inch. A few taken together are sufficiently strong to support the weight of the large loose stones, to which in the inland channels they grow attached, and yet some of these stones were so heavy that when drawn to the surface, they coud scarcely be lifted into a boat by one person. Captain Cook, in his second voyage, says, that this plant at Kerguelen Land rises from a greater depth than twenty-four fathoms [37m]; and as it does not grow in a perpendicular direction, but makes a very acute angle with the bottom, and much of it afterwards spreads many fanthoms on the surface of the sea, I am well warranted to say that some of it grows to the length of sixty fathoms [110m] and upvards. I do not suppose the stem of any other plant attains so great a length as three hundred and sixty feet, as stated by Captain Cook. The beds of this sea-weed, even when of not great breadth, make excellent natural floating breakwaters. It is quite curious to see, in an exposed harbour, now soon the waves from the open sea, as they travel through the straggling stems, sink in height, and pass into smooth water" (p. 343).

en las costas protegidas de los canales y fiordos, o zonas expuestas a las rompientes del Océano Pacífico.

Darwin realizó detalladas descripciones de esta gran alga parda y los bosques submarinos formados por ella. En su *Diario de Viaje* expresó:

"Conozco pocas cosas más sorprendentes que ver crecer esta planta… Su talo es redondo, viscoso y suave, alcanzando rara vez el diámetro de dos y medio centímetros. Reuniendo unas cuantas se forma una cuerda de resistencia suficiente para sostener el peso de las grandes piedras sueltas a las que crecen en los canales interiores. Es de notar que algunas de estas piedras apenas pudieron ser trasladadas al bote por un hombre solo, a causa de su excesivo peso. El capitán Cook, en su segundo viaje, dice que en las Islas Kerguelen esta planta sube desde una profundidad de más de veinte brazas [37m] y no crece en dirección vertical, antes bien, forma un ángulo agudo con el fondo, extendiéndose después varias brazas en la superficie del agua, de modo que con toda seguridad puedo afirmar que algunas de ellas alcanzan una longitud de sesenta brazas [110m] y más. No creo que haya planta alguna que su tallo crezca hasta alcanzar la longitud de 110 metros, según testifica el capitán Cook. Las masas flotantes formadas por los talos de esta alga, aún cuando no de gran anchura, quebrantan la violencia de las olas; y es curioso ver, estando en puertos de ancha entrada, cómo las olas procedentes de alta mar, al pasar por los lechos del alga referida, se abaten resolviéndose en agua mansa" (p. 343).

Kelp forest with long taluses or stipes that reach up to 60 m in length, and branch off into large fronds that harbor communities of invertebrates, vertebrates and other associated algae species, whose diversity astonished Darwin. The Magellanic rockcod (Paranotothenia magellanica), photographed in the coast waters of Hornos Island. (Photo Mathias Hüne).

Bosque de huiro, Macrocistys pyrifera, con largos talos o estipes que alcanzan hasta 60 m de longitud, y se ramifican en grandes frondas que albergan comunidades de invertebrados, vertebrados y otras especies de algas asociadas, cuya diversidad asombró a Darwin. Un pez piedra (Paranotothenia magellanica), fotografiado en el submareal de la Isla Hornos. (Foto Mathias Hüne).

▲ Inclined stipes and fronds are characteristic of the channel zone of the sub-Antarctic archipelagoes due to the strong tidal currents generated by the marked differences between the high and low tides and the channeling of water masses in the narrow fjords and channels, which provoke the canopy to be almost horizontal. (Photo Jaime Ojeda).

Estipes y frondas inclinadas son característicos de la zona de canales de los archipiélagos subantárticos debido a las fuertes corrientes de marea que se generan por las marcadas diferencias entre la alta y baja marea y por la canalización de las masas de agua en los estrechos fiordos y canales provocando que el dosel quede casi horizontal. (Photo Jaime Ojeda).

Current studies indicate that this alga reaches its highest biomass in the sub-Antarctic ecoregion of Magallanes, and have determined that these forests are composed of large plants that can reach up to 60 meters in length. Its holdfast can reach 50 cm in diameter, with densities of 1 to 2 adult individuals per square meter. As Darwin mentions, this seaweed has buoyancy structures known as aerocysts, which allow its fronds to emerge towards the surface of the sea to capture light and perform photosynthesis. The fronds (leaves) as well as the stipes (central stalk) constitute "the canopy" of the forest, that modifies the physical factors of the marine environment, such as the movement of the water and the penetration of light.

3) The Exuberant Diversity of the Forests of Macrocystis pyrifera

After navigating the waters of the Strait of Magellan and the current Cape Horn Biosphere Reserve, Charles Darwin was so impressed by the diversity of organisms that inhabit the forests of *M. pyrifera* that he concluded that he can only compare the biodiversity of "these great aquatic forests of the Southern Hemisphere with the terrestrial ones of the tropical regions" (p. 343). Further on, he described that:

"The number of living creatures of all Orders, whose existence intimately depends on the kelp, is wonderful. A great volume might be written, describing the inhabitants of one of these beds of sea-weed. Almost all the leaves, excepting those that float on the surface, are so thickly incrusted with corallines as to be of a white colour. We find exquisitely delicate structures, some inhabited by simple hydra-like polypi, others by more organized kinds, and beautiful compound Ascidiae. On the leaves, also, various platelliform shells, *Trochi*, uncovered mollusks, and some bivalves are attached. Innumerable crustacea frequent every part of

Estudios actuales señalan que esta alga alcanza sus mayores biomasas en la ecorregión subantártica de Magallanes, y han determinado que estos bosques están conformados por plantas de gran tamaño que pueden alcanzar 60 metros de longitud. Sus discos de fijación alcanzan 50 cm de diámetro, con densidades de 1 a 2 individuos adultos por metro cuadrado. Como menciona Darwin, esta alga posee estructuras de flotabilidad conocidas como aerocistos, que permiten que sus frondas emerjan hacia la superficie del mar para captar la luz y realizar fotosíntesis. Tanto las frondas como los estipes constituyen "el dosel" del bosque, y modifican factores físicos del ambiente marino tales como el hidrodinamismo y la entrada de luz.

3) La Exuberante Diversidad de los Bosques de Macrocystis pyrifera

Después de haber navegado por las aguas del Estrecho de Magallanes y la actual Reserva de la Biosfera Cabo de Hornos, Charles Darwin quedó tan impresionado por la diversidad de organismos que habita en los bosques de *M. pyrifera*, que concluyó que sólo puede compararse la biodiversidad de "estos grandes bosques acuáticos del Hemisferio Sur con los terrestres de las regiones tropicales" (p. 343). Más adelante, describió:

"El número de seres vivos, de todos órdenes, cuya existencia depende íntimamente del *Macrocystis* es maravilloso. Podría escribirse un gran volumen dedicado a tratar sólo de los habitantes de uno de estos lechos de algas. Casi todas las hojas, exceptuando las que flotan en la superficie, están incrustadas de coralinas, en términos de darles una coloración blanca. Hállanse en ella estructuras exquisitamente finas, habitadas unas por sencillos pólipos de forma parecidas a hidras, y otras por especies más complicadas y bellísimas ascidias compuestas. Con ellas alternan variadas conchas pateliformes, *Trochus*, moluscos desnudos y algunos bivalvos. Todas las partes de la planta son frecuentadas por

the plant. On shaking the great entangled roots, a pile of small fish, shells, cuttle-fish, crabs of all orders, sea-eggs, star-fish, beautiful Holuthuriae, Planariae, and crawling nereidous animals of a multitude of forms, all fall out together. Often as I recurred to a branch of the kelp, I never failed to discover animals of new and curious structures" (p. 344).

The habitat generated by this macroalgae supports a great biodiversity, which is inhabited by both sessile organisms attached to its frond, stipes and/or crampons as well as the seabed protected by the deuces and

innumerables crustáceos. Al sacudir la enmarañada urdimbre de sus raíces caen de ellas, en confusa mescolanza, pececillos, conchas, calamares, cangrejos de todos los órdenes, erizos de mar, estrellas de mar, holoturias lindísimas, planarias y animales nereidos de una multitud de formas. Cuantas veces examiné una rama de esta alga, otras tantas descubrí nuevas y curiosas estructuras" (p. 344).

El hábitat generado por esta macroalga sustenta una gran biodiversidad de organismos sésiles que habitan tanto adheridos a sus frondas, estipes y/o grampones como en el fondo marino protegido por el dosel, y de organismos

Darwin compared the underwater forests with the terrestrial ones since in both ecosystems a diversity of invertebrate animals lives on and under the canopy. Top left) The scallop species Austrochlamys natans, *is characterized because during its life cycle it is an inhabitant of the kelps and other macroalgae, mainly when it is juvenile being part of the large community of invertebrates that inhabit these forests (photo Jaime Ojeda). Top right) Some invertebrates not only use the kelp as habitat, refuge or to feed, but there are also some species that use it as a spawning site. For example, the squid species* Dorytheutis gayi *travels from the open ocean to the shallow and interior part of the channels to place their egg masses in the stipes of* Macrocystis pyrifera *(photo Jaime Ojeda). Center left) There are species that are very dependent on kelp, for example, this species of bivalve* Gaimardia trapezina, *is considered an "epibionte" of* M. pyrifera, *since it lives attached to its fronds (photo Sebastián Rosenfeld). Center right) Another emblematic invertebrate of these kelp forests, which was also observed by Darwin is the* Nacella mytilina *species. Darwin mentions that on the surface of the fronds live mollusks with a "pateliform" shape. Also, it has been described that this species feeds on the fronds of this macroalga and the microalgae that inhabit the frond (photo Sebastián Rosenfeld). Bottom left) A very common herbivore of the kelp forests is the hedgehog species* Loxechinus albus, *which inhabits these forests and feeds on the fronds (photo Jaime Ojeda). Bottom right) The* Munida subrugosa *species, commonly known as the prawn of the channels, is an invertebrate that can use the forests of kelps as a place to feed (photo Jaime Ojeda).*

Darwin comparó los bosques submarinos con los terrestres puesto que en ambos ecosistemas habita una diversidad de animales invertebrados sobre y bajo el dosel. Arriba izquierda) la especie de ostión Austrochlamys natans *se caracteriza porque durante su ciclo de vida es un habitante de los kelp y otras macroalgas principalmente cuando es juvenil, siendo parte de la gran comunidad de invertebrados que habita estos bosques (foto Jaime Ojeda). Arriba derecha) Algunos invertebrados no sólo utilizan los kelp como hábitat, refugio o para alimentarse, sino también existen algunas especies que lo usan como sitio de desove. Por ejemplo, la especie de calamar* Dorytheutis gayi *viaja desde el océano abierto hacia la zona somera e interior de los canales para poner sus masas de huevos en los estipes de* Macrocystis pyrifera *(foto Jaime Ojeda). Centro izquierda) Existen especies que son muy dependientes de los kelp, por ejemplo, el bivalvo* Gaimardia trapezina *se considera un "epibionte" de* M. pyrifera, *ya que habita adherido a sus frondas (foto Sebastián Rosenfeld). Centro derecha) Otro invertebrado emblemático de estos bosques de kelp y que también fue observada por el Darwin, es la* Nacella mytilina. *Darwin menciona que en la superficie de las frondas habitan moluscos con forma "pateliforme". Asimismo, se ha descrito que esta especie se alimenta de las frondas de de* M. pyrifera *y de las microalgas que habitan sobre la fronda (foto Sebastián Rosenfeld). Abajo izquierda) Un herbívoro muy común de los bosques de huiro es la especie de erizo* Loxechinus albus, *que habita estos bosques y se alimenta de las frondas (Foto Jaime Ojeda). Abajo derecha) La especie* Munida subrugosa, *conocida comúnmente como langostino de los canales, es un invertebrado que puede utilizar los bosques de kelp como sitio de alimentación (foto Jaime Ojeda).*

pelagic organisms that swim between the frond of these underwater forests. For example, in grampones, or 'roots' as Darwin calls them, up to 114 species have been described, mainly belonging to the polychaetes group. Currently, 18 species of fish, 32 species of crustaceans, 22 species of mollusks, 83 species of algae living in close association with the forests of *M. pyrifera* in the sub-Antarctic ecoregion are being studied in detail. In this ecoregion, the bryozoans and mollusks reach the maximum diversity of Chile, but efforts are still lacking to register and determine all the species that depend on this macroalga.

4) The Underwater Forests of Cape Horn: A Critical Habitat for Biodiversity Conservation in the Sub-Antarctic Ecoregion

Darwin was not only amazed at the luxuriant biodiversity associated with the forests of *M. pyrifera*, but also expressed his concern for the conservation of this macroalgae and its associated communities. While exploring Port of Hunger on the shores of the Strait of Magellan, he wrote:

"Yet if in any country a forest was destroyed, I do not believe nearly so many species of animals would perish as would here, from the destruction of the kelp. Amidst the leaves of this plant numerous species of fish live, which nowhere else could find food or shelter; with their destruction the many cormorants and other fishing birds, the otters, seals, and porpoises, would soon perish also , and lastly, the Fuegian savage, the miserable lord of this miserable land, would redouble his cannibal feast, decrease in numbers, and perhaps cease to exist" (pp. 344-345).

The kelp forests fulfill multiple ecological functions. They serve as a place of reproduction, settlement, feeding and shelter for many organisms, which also

pelágicos que nadan entre las frondas de estos bosques submarinos. Por ejemplo, en los grampones o "raíces", como los denomina Darwin, se han descrito hasta 114 especies principalmente pertenecientes al grupo de los poliquetos. Actualmente se están estudiando en detalle 18 especies de peces, 32 especies de crustáceos, 22 especies de moluscos, 83 especies de algas que habitan en estrecha asociación a los bosques de *M. pyrifera* en la ecorregión subantártica. En esta ecorregión, los briozoos y los moluscos alcanzan la máxima diversidad chilena, pero aún faltan esfuerzos para registrar y determinar todas las especies que dependen de esta macroalga.

4) Los Bosques Submarinos del Cabo de Hornos: Un Hábitat Crítico para la Conservación de la Biodiversidad en la Ecorregión Subantártica

Darwin no sólo se asombró frente a la exuberante biodiversidad asociada a los bosques de *M. pyrifera*, sino que también expresó su preocupación por la conservación de esta macroalga y sus comunidades asociadas. Mientras exploraba Puerto del Hambre en las costas del Estrecho de Magallanes, escribió:

"Cualquier cataclismo que destruyera la vegetación forestal de cualquier país, no creo que perecieran tantas especies de animales como con la destrucción de esta alga. Entre las hojas de esta planta viven numerosas especies de peces que en ninguna otra parte podrían hallar alimento y abrigo; con su destrucción morirían de inanición los muchos cuervos marinos y otras aves pescadoras; las nutrias, focas y marsopas perecerían también; y en el último término el salvaje fueguino, el señor miserable de esta miserable tierra, redoblaría sus festines de canibalismo, decrecería en número y acaso dejase de existir" (pp. 344-345).

Los bosques de huiro cumplen múltiples funciones ecológicas. Son un lugar de reproducción, asentamiento, alimentación y refugio para muchos organismos, que

include species of commercial interest. For example, recruits and juveniles of oysters, crabs, sea urchins and limpets develop in these underwater forests. In addition, these habitats are important feeding areas for birds and marine mammals. The human beings that inhabit the high austral latitudes, have maintained strong trophic, medicinal and cultural relationships with these important submerged habitats, whose relevance was perceived by the English naturalist, but is often forgotten by current society.

Darwin's observations invite us to reinforce the message about the importance of the forests of *M. pyrifera* for the conservation of biodiversity and the subsistence of artisanal fishermen and society, just as it was for the populations of the Yahgan and Kawésqar canoe people.

incluyen también especies de interés comercial. Por ejemplo, reclutas y juveniles de ostiones, centollas, erizos y lapas se desarrollan en estos bosques submarinos. Además, estos hábitats constituyen importantes áreas de alimentación para aves y mamíferos marinos. Los seres humanos que habitan las altas latitudes australes han mantenido fuertes relaciones tróficas, medicinales y culturales con estos importantes hábitats sumergidos, cuya relevancia fue percibida por el naturalista inglés, pero es frecuentemente olvidada por la sociedad actual.

Las observaciones de Darwin nos invitan a reforzar el mensaje sobre la importancia de los bosques de *M. pyrifera* para la conservación de la biodiversidad y la subsistencia de los pescadores artesanales y la sociedad, tal como lo fue para las poblaciones de los pueblos canoeros yagán y kawésqar.

(Next page). The kelp forests float in the channels and fjords warning fishermen about the depth of the sea. (Photo Paola Vezzani). >

(Página siguiente). Los bosques de huiro o "kelps" flotan en los canales advirtiendo a los pescadores sobre la profundidad del mar. (Foto Paola Vezzani).

"The sea is here tenanted by many curious birds, amongst which the Steamer is remarkable; this [is] a large sort of goose [sic], which is quite unable to fly but uses its wings to flapper along the water; from thus beating the water it takes its name." *Darwin's Diary,* December 29, 1832, p. 279. Image of a Flightless Steamer duck (*Tachyeres pteneres*) in the Cape Horn Biosphere Reserve. (Photo Jorge Herreros).

"El mar está aquí habitado por muchos pájaros curiosos, entre los que destaca el [pato] vapor, una especie de ganso [sic] de gran tamaño, incapaz de volar, pero que utiliza sus alas para aletear a lo largo del agua; de ahí su nombre". *Diario de Darwin*, 29 de diciembre de 1832, p. 279. Imagen de un pato vapor o quetru no volador (*Tachyeres pteneres*) en la Reserva de la Biosfera Cabo de Hornos. (Foto Jorge Herreros).

11
The Steamer Duck: The "Remarkable" Navigator Along the Coasts of Cape Horn
El Pato Vapor: Un Navegante "Notable" de las Costas de Cabo de Hornos

Ricardo Rozzi & Francisca Massardo

Among the birds that characterize the coast of the sub-Antarctic islands of southern South America, the Magellanic Flightless Steamer Duck (or "Quetru") stands out for its large size and characteristic way of moving over water. This duck did not escape the attention of Darwin:

"In these islands a great loggerheaded duck or goose (*Anas brachyptera*), which sometimes weighs twenty-two pounds, is very abundant. These birds were in former days called, from their extraordinary manner of paddling and splashing upon the water, race-horses; but now they are named, much more appropriately, steamers. Their wings are too small and weak to allow flight, but with their help, partly swimming and partly flapping the surface of the water, they move very quickly. The manner is something like that by which the common house-duck escapes when pursued by a dog; but I am nearly sure that the steamer moves its wings alternately, instead of both together, as in other birds. These clumsy, loggerheaded ducks make such a noise and splashing, that the effect is exceedingly curious" (Darwin 1871, p. 200).

Referring to the size and curious way of moving, Darwin echoes annotations made by Captain Phillip Parker King during his first expedition to the Strait of Magellan. In mid-

Entre las aves que caracterizan las costas de los archipiélagos subantárticos del sur de Sudamérica, el pato vapor o quetru no volador sobresale por su gran tamaño y característica forma de desplazarse sobre el agua. Este pato no escapó a la atención de Darwin:

"Se ve, además, frecuentemente en estas islas un pato grande o ganso (*Anas brachyptera*) que a veces llega a pesar 22 libras [9,97 kilos]. En tiempos pasados se les llamó caballos de carrera, por su manera de bogar y chapuzarse; pero hoy se les denomina, más propiamente, patos vapor. Sus alas son tan pequeñas y débiles, que no pueden volar; pero con su ayuda, en parte nadando y en parte remando, se mueven con suma rapidez. El modo de efectuarlo se parece algo al del pato doméstico cuando huye perseguido por un perro; pero estoy casi seguro de que esta ave hace jugar las alas alternativamente y no a un tiempo, como las demás aves. Estos pesados y estúpidos ánades arman tal estrépito con sus graznidos y chapuces, que el efecto es extremadamente curioso" (Darwin 1871, p. 200).

Al referirse al tamaño y curioso modo de desplazarse, Darwin se hace eco de las anotaciones del capitán Phillip Parker King realizadas durante su primera expedición al Estrecho de

January, 1827, King established his point of operations in Port Famine, and went to explore the nearby coastal area, when first sighted this duck which he baptized with a new name:

"During an excursion with Mr. Tarn to Eagle Bay, (so named by Bougainville) beyond Cape San Isidro, ... Here we saw, for the first time, that most remarkable bird, the Steamer-duck. Before steam-boats were in general use, this bird was referred to, from its swiftness in skimming over the surface of the water, the 'race-horse,' a name which occurs frequently in Cook's, Byron's, and other voyages... I am averse to altering names, particularly in natural history,without very good reason, but in this case I do think the name of ' steamer' much more appropriate, and descriptive of the swift paddling motion of these birds, than that of ' racehorse.' I believe, too, the name of 'steamer' is now generally given to it by those who have visited these regions" (pp. 35-36).

So, in memory of James Watts' wonderful modern ship, which was poweered with steam, King named this bird, the Steamer duck. As Darwin, King also describes in detail how its moves, which justified the new name given to this duck: "The principal peculiarity of this bird is, the shortness and remarkably small size of the wings, which, not having sufficient power to raise the body, serve only to propel it along, rather than through the water, and

Magallanes. A mediados de enero de 1827, King estableció su punto de operaciones en Puerto del Hambre y se dedicó a explorar las costas cercanas cuando avistó por primera vez a este pato al que bautizó con un nuevo nombre:

"Durante una excursión con el Sr. Tarn a Bahía del Águila (así llamada por Bougainville), más allá de Cabo San Isidro... vimos por primera vez el ave tan notable que es el pato a vapor. Antes que se generalizara el uso de los buques a vapor, este pájaro se llamaba a causa de la rapidez con que resbala por la superficie del agua, el caballo de carrera, nombre que emplean en muchos relatos Cook, Byron y otros... Soy enemigo de alterar nombres, principalmente en historia natural, sin tener razones de peso; mas en este caso considero que el nombre de pato a vapor es mucho más apropiado e indicativo del movimiento de paletas de que está dotada esta ave... Creo, también, que el nombre 'a vapor' es el nombre que le dan hoy quienes han visitado estas regiones" (pp. 55-56).

Así, en recuerdo de la moderna y maravillosa nave de Watts impulsada por vapor, King bautizó a esta ave como Steamer duck, "pato a vapor". Tal como Darwin, King también describe detalladamente el modo de desplazarse que justificaba el nuevo nombre dado a este pato: "Su principal peculiaridad es la cortedad y notable pequeñez de sus alas; las cuales no teniendo poder suficiente para soliviar al cuerpo, sólo sirven para impelerlo sobre

---

Two of the four species of steamer ducks that can be identified in the coastal areas of the Cape Horn Biosphere Reserve: flying steamer duck (Tachyeres patachonicus King, 1831) and flightless steamer duck (Tachyeres pteneres Forster, 1844), also known as "pato motor" for Navarino Island local population. Towards the outlet of Germany River, in Germany [Alemania] Glacier in the Northwest Arm of the Beagle Channel, in the buffer area of the Cape Horn Biosphere Reserve, it is frequent to observe the flightless steamer duck (T. pteneres). (Photos Jorge Herreros, top, and Ricardo Rozzi, bottom).

Dos de las cuatro especies de pato vapor que se pueden avistar en las costas de la Reserva de la Biosfera Cabo de Hornos: el quetru volador (Tachyeres patachonicus King, 1831) y el quetru no volador (Tachyeres pteneres Forster, 1844), también conocido como "pato motor" para la población de la Isla Navarino. Hacia la desembocadura del río Alemania, en el Glaciar Alemania a lo largo del Brazo Noroeste del Canal Beagle, en el área de amortiguación de la Reserva de la Biosfera Cabo de Hornos, es frecuente observar al pato vapor o quetru no-volador (T. pteneres). (Fotos Jorge Herreros, arriba, y Ricardo Rozzi, abajo).

are used like the paddles of a steam-vessel. Aided by these and its strong, broad-webbed feet, it moves with astonishing velocity. It would not be an exaggeration to state its speed at from twelve to fifteen miles an hour. [25 - 30 km/hour]" (pp. 35-36).

Steamer ducks belong to *Tachyeres* genus, endemic to the temperate and sub-Antarctic ecoregions of South America. They include four species: Flying steamer duck (*Tachyeres patachonicus* King, 1831), Flightless steamer duck (*Tachyeres pteneres* Forster, 1844), Fakland steamer Duck (*Tachyeres brachypterus* Latham, 1790) and Chubut steamer duck (*Tachyeres leucocephalus* Humphrey & Thompson, 1981). Except *T. patachonicus*, all these species are flightless. The first two species are distributed along the Chilean coast from the Valdivian rainforest region to Cape Horn. The other two species, in contrast, are found in the Atlantic: *T. brachypterus* is endemic to the Malvinas Islands, and *T. leucocephalus* is a recently described species from the late 20th century living just off the coast of Chubut, Argentina.

These ducks are also characterized by their large size. The crew of the *Adventure'* captured one individual, "the largest specimen we found," measuring more than 100 inches between the tip of the beak and tail weighing about six kilos (130 lb). Captain King wrote that, "it is a gigantic duck, the largest I have met with" (p. 35). Then refer to Captain Cook on his second voyage to mention the catching of a steamer duck that weighed more than twenty-nine pounds. The capture of specimens of this species is not easy. King wrote "It is very difficult to kill them… together with the power this bird possesses of remaining a considerable length of time under water" (p. 36). Only the bullets of the *Adventure's* crew could pierced the hard feathers of these fast birds, and they ate this species more for lack of other options, than for taste, apparently. "The flavour of their flesh is so strong and fishy, that at first we killed them solely for specimens.

el agua…utilizándolas como las palas de rueda de los buques a vapor. Ayudado por éstas y por sus pies robustos y ampliamente palmados, muévese con sorprendente velocidad y no es exageración asegurar que alcanza a 12 y 15 nudos" [25 - 30 km/hora] (pp. 55-56).

Los patos a vapor pertenecen al género *Tachyeres*, endémico de las ecorregiones templadas y subantárticas de Sudamérica. Incluyen cuatro especies: Pato vapor volador (*Tachyeres patachonicus* King, 1831), Pato vapor no volador (*Tachyeres pteneres* Forster, 1844), Pato vapor malvinero (*Tachyeres brachypterus* Latham, 1790) y Pato vapor cabeza blanca (*Tachyeres leucocephalus* Humphrey & Thompson, 1981). A excepción de *T. patachonicus*, estas especies son no voladoras. Las dos primeras especies se distribuyen por la costa chilena desde la región de los bosques valdivianos hasta Cabo de Hornos. Las otras dos, en cambio, se encuentran en la costa Atlántica: *T. brachypteruses* es endémico de las Islas Malvinas, y *T. leucocephalus* es una especie recientemente descrita a fines del siglo XX que habita sólo en las costas del Chubut, Argentina.

Estos patos se caracterizan también por su gran tamaño. La tripulación del *Adventure* capturó un individuo, "el mayor ejemplar que encontramos", que medía más de 40 centímetros entre el extremo del pico y la cola con un peso sobre los seis kilos. El capitán King escribía que "es un pato gigantesco, el mayor que haya visto" (p. 35). Luego se refiere al capitán Cook, que en su segundo viaje mencionó la captura de un ejemplar de pato vapor que pesaba más de 13 kilos. La captura de especímenes de esta especie no es fácil. King escribía: "El pato vapor nos resultó caza difícil por su excesiva esquivez y la facultad que tiene de permanecer mucho tiempo bajo agua" (p. 36). Sólo con balas los tripulantes del *Adventure* perforaron las duras plumas de estas veloces aves, y comieron esta especie más por falta de otras opciones que por gusto, aparentemente, "el sabor de su carne es tan fuerte y sabe tanto a pescado que al principio los matábamos sólo para

Five or six months, however, on salt provisions, taught many to think such food palatable, and the seamen never lost an opportunity of eating them" (p. 36).

The steamer duck, *T. pteneres*, also known as Quetru duck, is the largest and heaviest of the Chilean ducks; the males reach a total length exceeding 80 cm (31 in) and weighing more than 6 kilos (130 lb), while the female is smaller and rarely reaches 5 kilos (110 lb). It only inhabits coastal environments where it feeds on mollusks, fish, and shellfish that it looks for, preferably in the huiro or kelp forests during the high tide, resting on a rock or mound during the low tide. They build their nests on the ground under the coastal scrub, lay five to eight eggs and the incubation period takes 30 to 40 days. Its abundant meat and large eggs, their inability to fly, and its habit of nesting on the ground, indicate that this species is highly vulnerable to introduced exotic mammals on the islands of the archipelagoes.

Today the populations of steamer-ducks that called the attention of Darwin, King, and so many navigators are very threatened because of the rapid expansion of a mammal introduced from Argentina in the Chilean archipelago: the American mink, *Mustela vison*. In just seven years, this exotic species, carnivorous and very aggressive, reduced steamer-duck abundance in the southern coast of the Beagle Channel. The arrival of mink to Navarino Island, on the shores of the Beagle Channel, was detected by researchers of the Omora Ethnobotanical Park in 2002, and in 2003 the Chilean Agriculture and Livestock Service of Chile (SAG) implemented a program to control invasive alien mammals that, however, has been insufficient to protect populations of this "remarkable bird" endemic sub-Antarctic archipelago of South America.

nuestra colección. Pero cinco o seis meses de víveres de mar enseñaron a muchos de nosotros a encontrarlos sabrosos y no perdían oportunidad de comerlos" (p. 36).

El pato a vapor, *T. pteneres*, conocido también como pato quetru, es el más grande y pesado de los patos chilenos; los machos alcanzan un largo total superior a 80 cm y un peso mayor a los 6 kilos, mientras que la hembra es de menor tamaño y rara vez alcanza los 5 kilos. Sólo habita en ambientes costeros donde se alimenta de moluscos, peces y crustáceos que busca preferentemente entre los bosques de huiro o *kelp forests* durante la marea alta, descansando en alguna roca o montículo durante la baja. Construye sus nidos en el suelo bajo el matorral costero, ponen de cinco a ocho huevos y la incubación tarda entre 30 a 40 días. Su abundante carne y grandes huevos, su incapacidad de volar y su hábito de nidificar en el suelo, determinan que esta especie sea muy vulnerable a mamíferos exóticos introducidos en las islas de los archipiélagos.

Hoy las poblaciones del pato a vapor que llamaran la atención de Darwin, King y tantos navegantes se encuentran muy amenazadas por la rápida expansión de un mamífero introducido desde Argentina en el archipiélago chileno: el visón norteamericano, *Mustela vison*. En sólo siete años, esta especie exótica, carnívora y muy agresiva, ha reducido la abundancia del pato vapor en la costa sur del Canal Beagle. La llegada del visón a la Isla Navarino, a orillas del Canal Beagle, fue detectada por investigadores del Parque Etnobotánico Omora el año 2002, y el 2003 el Servicio Agrícola y Ganadero de Chile (SAG) implementó un programa de control de mamíferos exóticos invasores que, sin embargo, ha sido insuficiente para proteger a las poblaciones de esta "notable ave" endémica del archipiélago templado-subantártico de Sudamérica.

*(Next page). Flightless steamer ducks (*Tachyeres pteneres*) in the northern coast of Navarino Island. (Photo Omar Barroso).* >

*(Página siguiente). Quetru no voladores (*Tachyeres pteneres*) en la costa norte de la Isla Navarino. (Foto Omar Barroso).*

"Inhospitable as this climate appears to our feelings, evergreen trees flourish luxuriantly under it. Humming-birds may be seen sucking the flowers, and parrots feeding on the seeds of the Winter's Bark [*Drimys winteri*], in lat. 55°S." Darwin 1871, p. 243.
Female of Green-backed Firecrown (*Sephanoides sephaniodes*) in Navarino Island. (Photo Omar Barroso).

"Aunque poco hospitalario, como nos parece este clima, los árboles siempreverdes florecen exuberantes en él. Pueden verse colibríes libando el néctar de las flores y loros alimentándose de las semillas del canelo [*Drimys winteri*] a 55°S de latitud". Darwin 1871, p. 243.
Hembra de picaflor chico (*Sephanoides sephaniodes)* en la Isla Navarino. (Foto Omar Barroso).

12

The Green-backed Firecrown: the Curious Case of a Hummingbird at the End of the World
El Picaflor Chico: El Curioso Caso de un Colibrí en el Fin del Mundo

Ricardo Rozzi & Francisca Massardo

During his explorations of southern South America, the young naturalist Charles Darwin was impressed by his observation of some notable differences between the biodiversity of the subpolar latitudes and temperate latitides of the Southern Hemisphere and the Northern Hemisphere. The tropical physiognomy of the sub-Antarctic Magellan forests surprised Darwin from the day he had his first encounter with the forests of Tierra del Fuego. On his arrival at Good Success Bay on December 17, 1832, Darwin described in his *Diary* how the numerous fallen trees and decaying logs reminded him of the tropical forests. A few years later he wrote:

"In another part of this same hemisphere, which has so uniform a character owing to its large proportional area of sea, Forster found parasitical orchideous plants living south of lat. 45° in New Zealand... Even in Tierra del Fuego, Captain King describes the 'vegetation thriving most luxuriantly, and large woody stemmed trees of Fuchsia and Veronica, ... that humming-birds were seen sipping the sweets of the flowers, after two or three days of constant rain, snow, and sleet, during which time the thermometer had been at the freezing point'" (Darwin 1839, pp. 271-272).

Durante sus exploraciones en el sur de Sudamérica, la observación de algunas notables diferencias entre la biodiversidad de latitudes subpolares y templadas del Hemisferio Sur y del Hemisferio Norte, impresionó hondamente al joven naturalista Charles Darwin. La fisonomía tropical de los bosques subantárticos de Magallanes sorprendió a Darwin desde el día en que tuvo su primer encuentro con los bosques de Tierra del Fuego. A su llegada a la Bahía del Buen Suceso el 17 de diciembre de 1832, describió en su *Diario* cómo los numerosos troncos caídos y en descomposición le recordaban los bosques tropicales. Unos años más tarde escribía:

"En otro lugar del mismo hemisferio, que también tiene un clima uniforme debido a la gran proporción de superficie cubierta por océanos, Forster encontró orquídeas parasíticas creciendo al sur de la latitud 45°S en Nueva Zelanda ... e incluso en Tierra del Fuego, el capitán King describe la 'vegetación creciendo profusamente entre grandes arbustos de fuchsia y verónica,... donde los colibríes fueron vistos libando los dulces de las flores, después de dos o tres días de tormentas de lluvia, nieve y granizo en los cuales el termómetro marcaba temperaturas bajo el punto de congelamiento'" (Darwin 1839, pp. 271-272).

Epiphytic orchids are a group of plants especially abundant and diverse in tropical forests. Hummingbirds belong to a family of birds endemic to the Americas whose range is concentrated in the tropics. Both the plants and birds of the world's southernmost forests reminded Darwin of the tropics. What a contrast it was to the coniferous forests of the northern hemisphere's boreal latitudes!

To support these arguments, Darwin recurrently incorporated observations of Captain Phillip Parker King in his journal *A Naturalist's Voyage Round the World*. Regarding the astonishing record of hummingbirds south of the Strait of Magellan, King made detailed observations in his journal entries in mid-March of 1828, when he examined the southern coast of the strait while aboard the *Adelaide,* and was surprised by a violent snow and hail storm. For shelter, King anchored in the bay of San Antonio (Dawson Island), a lush cove:

"... which is thickly wooded to the water's edge with the holly leaved berberis [*Berberis ilicifolia*], fuchsia [*Fuchsia magellanica*], and veronica [*Escallonia rosea*], growing to the height of twenty feet; over-topped and sheltered by large beech [*Nothofagus betuloides*], and Winter's-bark trees [*Drimys winteri*], rooted under a thick mossy carpet, through which a narrow Indian path winds between arbutus and currant bushes, and round prostrate stems of dead

Las orquídeas epífitas son un grupo de plantas especialmente abundantes y diversas en los bosques tropicales. Los colibríes pertenecen a una familia de aves endémica de América cuyo ámbito de distribución se concentra en los trópicos. Ambas, las plantas y las aves de los bosques más australes del planeta, le recuerdan a Darwin los trópicos, y ¡qué contraste con los bosques de coníferas de las latitudes boreales del Hemisferio Norte!

Para apoyar sus argumentos, en su *Diario de Viaje*, Darwin incorpora continuamente anotaciones del capitán Phillip Parker King. Respecto al asombroso registro de picaflores al sur del Estrecho de Magallanes, King dejó detalladas observaciones en sus entradas de diario a mediados de marzo de 1828, cuando recorría la costa sur del estrecho a bordo del *Adelaide* y fue sorprendido por una violenta tormenta de nieve y granizo. Para refugiarse, ancló en la Bahía de San Antonio (Isla Dawson), una caleta con exuberante vegetación:

"... hasta la orilla del mar, la isla está densamente cubierta de tupido berberis [*Berberis ilicifolia*], fuchsia [*Fuchsia magellanica*] y verónica [*Escallonia rosea*]; estos arbustos crecen hasta una altura de 20 pies, dominados y protegidos por grandes hayas [*Nothofagus betuloides*] y árboles de corteza de Winter [*Drimys winteri*], y arraigados debajo de una espesa alfombra de musgo... y troncos de árboles caídos hasta el lado del

◄ *The Green-backed Firecrown (*Sephanoides sephaniodes*) migrates each spring to the southern zone, reaching the islands south of the Beagle Channel. It feeds by sipping nectar from a variety of plants such as the* coicopihue *(*Philesia magellanica, *top left)and the Chilean Firebush (*Embothrium coccineum*). (Photos Ricardo Rozzi, top left, Günter Ziesler, top right, and John Schwenk, bottom).*

*El picaflor chico (*Sephanoides sephaniodes*), Omora en lengua yagán, migra cada primavera a la zona austral, llegando a las islas al sur del Canal Beagle. Se alimenta libando el néctar de una diversidad de plantas como el coicopihue (*Philesia magellanica, *arriba a la izquierda) y el ciruelillo o notro (*Embothrium coccineum, *abajo). (Fotos Ricardo Rozzi, arriba izquierda, Günter Ziesler arriba derecha, y John Schwenk, abajo).*

▲ *The Chilean Firebush* (Embothrium coccineum) *is a tree species that reaches south of the Beagle Channel, where its flowers provide a major source of food for bird species such as the Green-backed Firecrown* (Sephanoides sephaniodes) *and White-crested Elaenia* (Elaenia albiceps)*. This tree also provides food for insects and other arthropods due to the sweet and abundant nectar produced by its red tubular flowers. (Photo Paola Vezzani).*

El notro o ciruelillo (Embothrium coccineum) *es una especie arbustiva cuya distribución alcanza más al sur del Canal Beagle, donde sus flores proveen una fuente muy importante para la alimentación de especies de aves, como el picaflor chico* (Sephanoides sephaniodes) *y el fío-fío* (Elaenia albiceps)*. También provee alimento para insectos y otros artrópodos debido al néctar dulce y abundante producido por sus flores tubulares rojas. (Foto Paola Vezzani).*

trees, leading to the seaward side of the island. On the beach, within the bushes, and sheltered by a large and wide-spreading fuchsia bush, in full flower... The fuchsia also grows to a large size; but it is a more delicate plant than the veronica, and thrives only in sheltered places. The day after our arrival, the gale subsided, and the weather became very fine indeed. The stillness of the air may be imagined, when the chirping of humming-birds, and buzzing of large bees [*Bombus dahlbomii*], were heard at a considerable distance. A humming-bird had been seen at Port Gallant [in the Northern coast of the Strait of Magellan], last year, and was brought to me by Captain Stokes, after which none had been noticed. Here, however, we saw, and procured several; but of only one species. It is the same as that found on the western coast, as high as Lima; so that it has a range of 41° of latitude, the southern limit being 53½°, if not farther south" (King Narrative, March 1828, pp. 126-128).

These records by King are the starting point for Darwin, who elaborates more extensively details of the distribution of this small hummingbird species: "Two species of humming-birds are common; *Trochilus forficatus* is found over a space of 2500 miles on the west coast, from the hot dry country of Lima, to the forests of Tierra del Fuego—where it may be seen flitting about in snow storms" (Darwin 1871, p. 271). Today the scientific name *Trochilus forficatus* has been replaced by *Sephanoides sephaniodes*, and it has been determined that this species has a distribution range quite wide, between the valley of Huasco (28° 30'S) and the Cape Horn Archipelago (55° 30'S).

At the southern end of the Americas, this is the only species of hummingbird that feeds on pollen and nectar from flowers of a variety of shrub species including fuchsia (*Fuchsia magellanica*), the taique (*Desfontainea spinosa*), the ciruelillo (*Embothrium coccineum*), and a vine, the coicopihue (*Philesia magellanica*), whose beauty touched King when he was at the south exit, heading towards Gabriel Channel within Almirantazgo Sound: "Port

mar. En la playa, dentro de los primeros matorrales... había una mata de fuchsia grande y extendida en plena floración... la fuchsia alcanza gran tamaño; pero es planta delicada y solo se cría en lugares bien abrigados... Al día siguiente de llegar calmó el temporal y el tiempo se puso realmente muy hermoso...y podía oírse a una considerable distancia el canto del colibrí y el zumbido del abejorro [*Bombus dahlbomii*]. El año anterior el capitán Stokes me había traído un colibrí cazado en Puerto Gallant [en la costa norte del Estrecho de Magallanes], y desde entonces no se habían vuelto a ver más; pero aquí vimos y cazamos varios, si bien todos de la misma especie. Es el mismo que se encuentra en la costa occidental hasta la altura de Lima, de manera que está difundido en 41° de latitud, siendo el límite meridional los 53,5°, y acaso más lejos al sur" (Narrativa de King, marzo de 1828, pp. 160-162).

Estos registros de King sirven de punto de partida para Darwin, quien elabora más extensamente acerca de la distribución de este picaflor chico: "*Trochilus forficatus* habita en un espacio de más de 2.500 millas, por toda la costa occidental, desde la seca y calurosa región de Lima hasta las selvas de Tierra del Fuego, donde ha sido visto por el capitán King revoloteando en tormentas de nieve" (Darwin 1871, p. 271). Hoy, el nombre científico de *Trochilus forficatus* ha sido sustituido por *Sephanoides sephaniodes*, y se ha determinado que esta especie posee un ámbito de distribución bastante amplio, entre el Valle del Huasco (28°30'S) y el Archipiélago de Cabo de Hornos (55°30'S).

En el extremo sur esta única especie de colibrí se alimenta del polen y néctar de flores de una diversidad de especies arbustivas que incluyen la fuchsia (*Fuchsia magellanica*), el taique (*Desfontainea spinosa*), el ciruelillo (*Embothrium coccineum*), y una enredadera, el coicopihue (*Philesia magellanica*), cuya belleza conmovió a King en la salida sur del Canal Gabriel rumbo al Seno Almirantazgo: "En Puerto Cascada, un

Waterfall, ...for number and height, are not perhaps to be exceeded in an equal space of any part of the world. All the plants of the Strait grow here... and a beautiful flower we had not previously seen, was found by Mr. Graves [captain of *Adelaide*]: it was pendulous, tubular, about two inches long and of a rich carnation colour" (King, p. 73).

This species of vine grows on the coast of the southern islands, on rocky cliffs or old tree trunks, and its large flowers are a major source of nectar for the hummingbird south of the Strait of Magellan. The regional flower from Magallanes is the *coicopihue*, and the Green-backed Firecrown is a bioculturally keystone bird species to the Yahgan people, the world's southernmost ethnic group.

For the Yahgan culture, the Green-backed Firecrown hummingbird or *Omora* represents an occasional visitor, who is both a small bird and man, or spirit, who was the creator of the Beagle Channel and other southern fjords and archipelagoes, and has maintained the ecological and social order since ancient times (Rozzi 2004). Today, the story of *Omora* inspired the creation of the Omora Ethnobotanical Park. This park is the scientific center of the Cape Horn Biosphere Reserve. It continues Darwin's tradition of naturalist research, at the same time than the study of the Yahgan ecological knowledge. The logo of Omora Park includes both the hummingbird and the red flower *coicopihue* that impressed King.

Another behavior of the Green-backed Firecrown hummingbird that drew Darwin's attention in the archipelagoes stretching between Cape Horn and Chiloé, was its habit of building hanging nests with mosses, lichens, and algae. Darwin described that:

"[T]he ordinary form of nests; rather more than an inch in internal diameter, and not deep, composed externally of coarse and fine moss, neatly woven together, and

sitio de una belleza tal que es imposible de describir... todas las plantas del estrecho crecen aquí... y Graves [capitán del *Adelaide*] descubrió una hermosa flor que no habíamos visto antes: pendulosa, tubular, de unos cinco centímetros de largo y de un rico color encarnado" (King, p. 73).

Esta especie de enredadera crece en las costas de las islas australes sobre los acantilados rocosos o los troncos de árboles antiguos, y sus grandes flores constituyen una de las principales fuentes de néctar para el colibrí al sur del Estrecho de Magallanes. El coicopihue es la flor regional de Magallanes y el picaflor chico es una especie bioculturalmente clave para el pueblo yagán, la etnia más austral del planeta.

Para la cultura yagán, el picaflor chico u *omora* representa un visitante ocasional que es a la vez una pequeña ave, hombre o espíritu, quien ha sido el creador del Canal Beagle y otros fiordos australes, y ha mantenido en estos archipiélagos el orden ecológico y social desde tiempos ancestrales. Hoy, *omora* ha inspirado la iniciativa del Parque Etnobotánico Omora, centro científico en la Reserva de la Biosfera Cabo de Hornos, que continúa la tradición de investigación naturalista de Darwin a la vez que el estudio del conocimiento ecológico yagán. En su logo están representados el picaflor chico y la flor del coicopihue que tanto impresionaron a King.

Otra conducta del picaflor chico que llamó la atención de Darwin en los archipiélagos que se extienden entre Cabo de Hornos y Chiloé, fue su hábito de construir nidos colgantes con musgos, líquenes y algas. Darwin describió que:

"Tenían la forma típica de los nidos; más de una pulgada de diámetro interno, no profundo, compuesto externamente de musgo grueso y fino tejidos juntos ordenadamente y

lined with dried confervæ [algae], now forming a very fine reddish fibrous mass. I feel no doubt regarding the nature of this latter substance, as the transverse septa are yet quite distinct: hence this humming bird builds its nest entirely of cryptogamic plants" (Darwin 1841, p. 111).

In summary, in the temperate and sub-Antarctic archipelagos from Chile, the small hummingbird, *Sephanoides sephaniodes* is an ecologically key species , which establishes interactions with cryptogamic species and contributes to the pollination of an assemblage of plants with tubular flowers. At the same time, *Omora* is a sort of species culturally key species as well, not only for its central role in the Yahgan cosmology, but also for stimulating the development of biogeographic and evolutionary ideas of Charles Darwin, who was greatly amazed with its presence in the world's southernmost forests.

forrado con algas fibrosas, formando una masa fibrosa rojiza muy fina. No tengo dudas sobre la naturaleza de esta última sustancia, dado que las septas son bastante distinguibles: por lo tanto estos picaflores construyen sus nidos completamente con plantas criptógamas" (Darwin 1841, p. 111).

En suma, en los archipiélagos subantárticos y templados de Chile, el pequeño *Sephanoides sephaniodes* constituye una especie ecológicamente clave al establecer interacciones con especies criptógamas y contribuir a la polinización de un ensamble de plantas con flores tubulares. A la vez, *omora* es una especie culturalmente clave no sólo por su papel central en la cosmovisión yagán, sino también por estimular el desarrollo de ideas biogeográficas y evolutivas en Charles Darwin, a quien sorprendió con su presencia en los bosques más australes del planeta.

(Next page). In the Cape Horn Biosphere Reserve, forests formations extend from the tide line along the northern coats of Hoste Island. (Photo Paola Vezzani).

(Página siguiente). En la Reserva de la Biosfera Cabo de Hornos, las formaciones de bosques se extienden desde la línea de alta marea a lo largo de la costa norte de la Isla Hoste. (Foto Paola Vezzani).

VI

Darwin in Cape Horn:
Implications for a
Biocultural Ethics Today

*Darwin en Cabo de Hornos:
Implicaciones Para Una
Ética Biocultural Hoy*

"Every soul on board was heartily sorry to shake hands with him [Jemmy Button] for the last time. I do not now doubt that he will be as happy as, perhaps happier than, if he had never left his own country." Darwin 1839, p. 208. Drawing by Conrad Martens in March 1834, engraved later by Thomas Landseer for printing.

"Todos a bordo estaban apenados al despedirse de Jemmy por última vez. No tengo dudas ahora que tan será feliz, o quizas más, como si nunca hubiera dejado su propio país". Darwin 1839, p. 208. Dibujo de Conrad Martens en marzo 1834, que fue luego grabado por Thomas Landseer en Inglaterra para su impresión.

13
Ethical Implications of Darwin's Observations in Cape Horn
Implicaciones Éticas de las Observaciones de Darwin en Cabo de Hornos

Ricardo Rozzi[*]

Darwin's journey -widely known through his book *A Naturalist's Voyage Round the World* published in 1839- was actually a journey around the Southern Hemisphere, and mainly South America. More than 75% of the voyage took place on this continent, and two archipelagoes stand out for the inspiration they generated in the young naturalist: Galapagos and Cape Horn.

The relevance of the observations made and the collections amassed by Darwin in the Galapagos Archipelago of different finch species, whose variations in morphology and diet were essential to conceive the evolutionary mechanism of natural selection, is well known.[1] In contrast, little known is the fact that Cape Horn inspired the conception of his theory on human evolution, based on his encounters with Yahgan people and other Fuegian people.[2] In addition, his experiences in the southern archipelago stimulated early on, the central ethical notion that emerges from his discovery: respect for all human races and for all living beings with whom we share a common evolutionary lineage.[2]

El viaje de Darwin -ampliamente conocido a través de su libro *Viaje de un Naturalista Alrededor del Mundo* publicado en 1839- fue en realidad un viaje alrededor del Hemisferio Sur, y principalmente Sudamérica. En este continente estuvo más del 75% de su viaje, y dos archipiélagos resaltan por la inspiración que generaron en el joven naturalista: Galápagos y Cabo de Hornos.

Es bien conocida la relevancia de las observaciones y colectas que Darwin realizó en el Archipiélago de las Galápagos de distintas especies de pinzón, cuyas variaciones en la morfología y dieta fueron esenciales para concebir el mecanismo evolutivo de la selección natural.[1] En contraste, poco conocido es el hecho que Cabo de Hornos inspiró la concepción de su teoría sobre la evolución humana, a partir de sus encuentros con representantes del pueblo yagán y otros pueblos fueguinos.[2] Además, sus experiencias en el archipiélago austral estimularon tempranamente la noción ética central que se desprende de su descubrimiento: el respeto por todas las razas humanas y por todos los seres vivos con quienes compartimos un linaje evolutivo común.[2]

* An earlier version of this chapter was published in Spanish in Aldunate, C. et al. (eds.). 2017. *Cabo de Hornos*. Colección Santander, Museo de Chileno de Arte Precolombino, Santiago, Chile, pp. 174-193. English translation by the author.

* Una versión temprana de este capítulo fue publicada en Aldunate, C. et al. (eds.). 2017. *Cabo de Hornos*. Colección Santander, Museo de Chileno de Arte Precolombino, Santiago, Chile, pp. 174-193.

From the deck of *HMS Beagle*, on December 21, 1832 Charles Darwin sighted with amazement Cape Horn in all its splendor. This first sighting of Horn Island was ffleeting since the weather worsened rapidlly and they had to take refuge for several days in the neighboring Hermite Island, where Darwin celebrated Christmas day in his own way: climbing the highest peak, Mount Kater. The young naturalist had visited Brazil a few months earlier, and he was impressed to find these cold forests at the southern end of the continent with a physiognomy that reminded him of the tropical forests:

"The view was imposing... Their curved & bent trunks are coated with lichens, as their roots are with moss; in fact the whole bottom is a swamp, where nothing grows except rushes & various sorts of moss. — the number of decaying & fallen trees reminded me of the Tropical forest" (*Diary* 1832, p. 271).

During his expeditions through the archipelagoes in the Cape Horn region, Darwin was also surprised to observe birds that are characteristically tropical, such as parrots and hummingbirds, in the glacial landscapes of the sub-Antarctic Magellanic ecoregion. However, the most lasting impression was that, "in this region so inhospitable, it is difficult to conceive that man can exist" (Darwin 1839, p. 277). The human presence in Cape Horn profoundly intrigued Darwin. He was astonished by the canoeing habits of the Fuegian people, and their diet composed mainly of shellfish and other seafood. These observations about the landscapes, the fauna, and the life habits of the Fuegian Yahgan people led him to question the notions he had previously learned about the geographical distribution of species, and stimulated his initial thoughts on the theory of the evolution of species, including the human species.

Desde la cubierta del *HMS Beagle*, el 21 de diciembre de 1832 Charles Darwin avistó con asombro el cabo de la Isla Hornos en todo su esplendor. Este primer avistamiento fue efímero porque el tiempo empeoró rápidamente y debieron refugiarse por varios días en la vecina Isla Hermite, donde Darwin celebró el día de Navidad a su modo: escalando la cumbre más alta, el Monte Kater. El joven naturalista había visitado Brasil unos meses antes y se impresionó al encontrar estos bosques fríos en el extremo el sur del continente con una fisonomía que le recordaba aquella de los bosques tropicales:

"La vista era imponente... [los] troncos torcidos y rastreros están cubiertos de líquenes como sus raíces por musgos; en realidad, el piso es un pantano donde nada crece excepto juncos y varios tipos de musgos. La cantidad de troncos podridos y caídos me recordó el bosque tropical" (*Diario* 1832, p. 271).

Durante sus expediciones por los archipiélagos en la región de Cabo de Hornos, Darwin se sorprendió también al observar aves característicamente tropicales, como loros y colibríes, en los paisajes glaciares de la ecorregión subantártica de Magallanes. Sin embargo, la impresión más duradera fue que "en esta región tan inhóspita es difícil concebir que el hombre pueda existir" (Darwin 1839, p. 277). La presencia humana en Cabo de Hornos intrigó profundamente al naturalista. Se asombró con los hábitos canoeros de los habitantes fueguinos y su dieta compuesta principalmente por mariscos y otros productos del mar. Estas observaciones sobre los paisajes, la fauna y los hábitos de vida del pueblo yagán lo llevaron a cuestionarse nociones que había aprendido previamente acerca de la distribución geográfica de las especies, y estimularon sus pensamientos iniciales sobre la teoría de la evolución de las especies, incluida la especie humana.

Darwin's thinking about the evolution of the human species began to take shape in Cape Horn. His initial thinking changed and matured significantly during his life. In this final chapter, I will examine the central role that his experiences in Cape Horn, and the capacity he had to transform his initial judgment about the Fuegian peoples, played in the conception of his theory of human evolution, and the ethical implications that can be drawn from it. I identify four ethical concepts that emanate from Darwin's work in Cape Horn. These concepts help to orient global society toward a biocultural ethic that favors the sustainability of the biosphere, by overcoming some cultural causes of the global environmental crisis.

1) A Change of View About the Fuegian Cultures

As he matured, Darwin rectified, with integrity, the judgments he had made about the Fuegians as a young explorer. In 1881, fifty years after his expedition to Cape Horn, he wrote a letter to William Parker Snow, who had been captain of the *Allen Gardiner*, the vessel of the Anglican Mission wich was established on the Falkland Islands. In this letter, Darwin recognized that, "I had been very Wrong in my early judgments regarding the nature and capabilities of the Fuegians".[3] This significant letter and the transformation of this facet of Darwin's thought are much less well known than his distorted derogatory descriptions of the Fuegians, recorded in his *Diary* written in his youth.

The transformation of Darwin's thought process on evolution that began in Cape Horn represents an exemplary case of genuine scientific work. The researcher needs to be open to transforming his interpretations in the face of new empirical evidence or new forms of analysis of accumulated information. The change in his interpretation about the culture of the Yahgan and other Fuegian people emphasizes the critical and non-dogmatic

El pensamiento evolutivo de Darwin sobre la especie humana comenzó a gestarse en Cabo de Hornos. Su pensamiento inicial fue cambiando y madurando significativamente durante su vida. En este capítulo final, examinaré el papel central que tuvieron para Darwin sus experiencias en Cabo de Hornos y su capacidad para transformar su juicio inicial sobre los pueblos fueguinos para concebir la teoría de la evolución humana y sus implicaciones éticas. Identifico cuatro conceptos éticos que emanan desde el trabajo darwiniano en Cabo de Hornos. Estos conceptos contribuyen a orientar a la sociedad global hacia una etica biocultural que favorece la sustentabilidad de la biosfera, al superar algunas causas culturales de la crisis ambiental global.

1) Un Cambio de Visión Acerca de las Culturas Fueguinas

Durante su madurez, Darwin rectificó con enterez sus juicios de juventud sobre los fueguinos. En 1881, cincuenta años después de su expedición a Cabo de Hornos, escribió en una carta a William Parker Snow, quien había sido capitán del *Allen Gardiner*, la embarcación de la Misión Anglicana establecida en las Islas Malvinas. En esta carta Darwin reconocía que "había estado muy equivocado en mis juicios tempranos respecto a la naturaleza y capacidades de los fueguinos".[3] Esta significativa carta y la transformación de esta faceta del pensamiento darwiniano son mucho menos conocidas que sus distorsionadas descripciones despectivas sobre los fueguinos, plasmadas en el *Diario* escrito en su juventud.

El proceso de transformación del pensamiento evolutivo de Darwin que se inició en Cabo de Hornos representa un caso ejemplar de genuino quehacer científico. El investigador debe estar abierto a transformar sus interpretaciones frente a nuevas evidencias empíricas o nuevas formas de análisis de la información acumulada. El cambio de interpretación acerca de la cultura del pueblo yagán y otros pueblos fueguinos destaca el espíritu crítico

spirit of the naturalist. Darwin's new interpretation had important political, social, religious, and ethical implications, such as disarticulating arguments that justified racism and slavery.

To better understand the change in Darwin's thinking, let us analyze two contrasting statements about the Fuegians. The first, made in his youth, presents a distorted image, and a second one made in his maturity, expresses a pondered judgment about the Fueguian culture. The first is based on an annotation made in his *Diary* on February 25, 1834, while exploring the coast of an island in the Cape Horn archipelago. He described with brutal Eurocentric arrogance the encounter with a Yahgan group:

"Whilst going on shore, we pulled alongside [of the *Beagle*] a canoe with 6 Fuegians. I never saw more miserable creatures; stunted in their growth, their hideous faces bedaubed with white paint & quite naked. — One grown full aged woman absolutely so, the rain & spray were dripping from her body; their red skins filthy & greasy, their hair entangled, their voices discordant, their gesticulation violent & without any dignity. Viewing such men, one can hardly make oneself believe that they are fellow creatures placed in the same world... They cannot know the feeling of having a home — & still less that of domestic affection; ... Their skill, like the instinct of animals is not improved by experience; ... Although essentially the same creature, how little must the mind of one of these beings resemble that of an educated man. What a scale of improvement is comprehended between the faculties of a Fuegian savage & a Sir Isaac Newton — Whence have these people come? Have they remained in the same state since the creation of the world?" (*Diary* 1834, pp. 426-428).

Forty years later Darwin would write a very different account of the Fuegians in his revolutionary book *The*

y poco dogmático del naturalista. La nueva interpretación tuvo implicaciones políticas, sociales, religiosas y éticas gravitantes, tales como desarticular argumentos que justificaban el racismo y el esclavismo.

Para comprender mejor el cambio de pensamiento de Darwin, analicemos dos afirmaciones contrastantes sobre los fueguinos. Una primera de juventud que presenta una imagen distorsionada, y una segunda de madurez que expresa un juicio ponderado acerca de la cultura fueguina. La primera se basa en una anotación hecha en su *Diario de Viaje* el 25 de febrero de 1834, mientras exploraba la costa de una isla en el Archipiélago de Cabo de Hornos. Describió con brutal arrogancia eurocéntrica el encuentro con un grupo yagán:

"Cuando salíamos de la playa, se arrimó al costado [del *Beagle*] una canoa con seis fueguinos. Nunca vi criaturas más miserables: sus cuerpos raquíticos, casi desnudos y sus horrendas caras embadurnadas con pintura blanca. A una anciana completamente desnuda, la lluvia y el mar le chorreaban por su cuerpo. Sus pieles enrojecidas, inmundas y cubiertas de grasa, el pelo enmarañado, sus voces discordantes, su gesticulación violenta y carente de dignidad. Viendo tales hombres, es difícil pensar que se trata de criaturas como nosotros, puestas en el mismo mundo... Desconocen el sentimiento de tener un hogar y menos aún sentir el afecto familiar... Sus habilidades, como el instinto en los animales, no mejoran con la experiencia... Aunque esencialmente seamos la misma criatura, qué poco debe asemejarse la mente de uno de estos seres a la de un hombre educado. ¿Cuál es la escala de progreso comprendida entre las facultades de un salvaje fueguino y las de Sir Isaac Newton? ¿Desde dónde ha venido esta gente? ¿Han permanecido en el mismo estado desde la creación del mundo?"(*Diario* 1834, pp. 222-223).

Cuarenta años más tarde, Darwin escribiría un juicio muy diferente sobre los fueguinos en su revolucionario libro *El*

Descent of Man. At the beginning of his chapter on the mental faculties of humans and other animals, he wrote that often it is said that, "Fuegians rank amongst the lowest barbarians; but I was continually struck with surprise how closely the three natives on board *H.M.S. Beagle*, who had lived some years in England and could talk a little English" (Darwin 1871, p. 34).

What evidence moved Darwin to change his judgment on the Fuegians so profoundly? A possible explanation might be related to the knowledge that he gradually acquired about the richness of emotional expressions, symbolic culture and Yahgan language.[4] In his *Diary*, he described the Fuegian language as, "a crackling sound of teeth similar to what people do when they call the chickens" (Darwin 1839, p. 205). At first, he did not recognize the Fuegian's rich ecological knowledge and cosmogony in which birds play a central role. Nor did he notice the numerous Yahgan names for the birds that inhabit the forests of Cape Horn. His perspective changed when, two decades after returning from his trip to Cape Horn, Darwin became familiar with the manuscript of a Yahgan dictionary that included 32,000 words. The richness of Yahgan language documented in this dictionary, prepared by the Anglican missionary Thomas Bridges, changed the perception of the naturalist. Darwin immediately wrote to Bridges to also inquire about the emotional expressions of the Fuegians.[5] He received the answer from Bridges in 1867, when Darwin was working on the book *The Descent of Man* and was beginning to understand the environmental ethics implicit in Fuegian culture. In chapter 3 of his book, Darwin wrote:

"... for when the surgeon on board the 'Beagle' shot some young ducklings as specimens, York Minster declared in the most solemn manner, "Oh! Mr. Bynoe, much rain, much snow, blow much;" and this was evidently a retributive punishment for wasting human food." (Darwin 1871, p. 67).

Origen del Hombre. Al inicio del capítulo sobre las facultades mentales de los seres humanos y otros animales escribió que habitualmente "se sitúa a los fueguinos entre los pueblos más bárbaros, me sorprendía cuánto se asemejaban nuestro temperamento y facultades mentales a aquellas de los tres nativos fueguinos a bordo del *Beagle*, que habían vivido en Inglaterra y hablaban algo de inglés" (Darwin 1871, p. 34).

¿Qué evidencias hicieron cambiar tan profundamente el juicio de Darwin sobre los fueguinos? Una posible explicación podría estar relacionada con el conocimiento que gradualmente adquirió acerca de la riqueza de las expresiones emocionales, la cultura simbólica y el lenguaje yagán.[4] En su *Diario*, describió al lenguaje de los fueguinos como "un sonido de chasquido de dientes similar al que la gente hace cuando llama a los pollos" (Darwin 1839, p.205). Al comienzo, no reconoció el rico conocimiento ecológico ni la cosmogonía fueguina donde las aves desempeñan un papel central. Tampoco advirtió los numerosos nombres yagán para las aves que habitan los bosques de Cabo de Hornos. Su visión cambió cuando dos décadas después de regresar de su viaje a Cabo de Hornos, Darwin conoció el manuscrito de un diccionario yagán que incluía 32.000 palabras. La riqueza del lenguaje yagán documentada en el diccionario preparado por el misionero anglicano Thomas Bridges cambió la percepción del naturalista. Darwin le escribió a Bridges para preguntarle además sobre las expresiones emocionales de los fueguinos.[5] Recibió la respuesta de Bridges en 1867, cuando trabajaba en el libro *El Origen del Hombre* y comenzaba a comprender la ética ambiental implícita en la cultura fueguina. En el capítulo 3, Darwin escribió:

"Cuando el cirujano a bordo del 'Beagle' mató unos polluelos de pato, [el joven fueguino] York Minster pronunció del modo más solemne las siguientes palabras: 'Oh! Mr. Bynoe, mucha lluvia, mucha nieve, mucho viento!', evidentemente, tales calamidades eran el castigo por el desperdicio de alimento" (Darwin 1871, p. 67).

The richness of the Fuegian culture lay not only in language, but also in a worldview that contained ethical norms that are essential to survive in such a rigorous environment.

In his mature works, Darwin also highlighted the similarity between the mental faculties of the Fuegians and those of the Europeans. In 1872, he published *The Expression of the Emotions in Man and Animals*, where he examined the broad spectrum of emotions expressed by the Fuegians. For example, crying and pain for the loss of a brother, euphoric or joyful expressions shown by "prolonging the lips, hissing and lifting the nose" (p. 260), and the facial flush of the Fuegian Jemmy Button, who "blushed when asked about how much care he took to polish his shoes and groom" (Darwin 1872, p. 317). The comparative analysis of human emotions and behaviors allowed him to discover attributes common among the different races of *Homo sapiens*. Darwin (1872) concluded that: "...the study of the theory of expression confirms... the belief of the specific or subspecific unity of the several races" (p. 365).

In Darwin's mature works, the Fuegians and Isaac Newton were placed under the eaves of the same species, not in separate worlds. This Darwinian judgment reached through critical, self-critical thinking, based on empirical evidence, should contribute to promoting today an appreciation of Fuegian culture and an intercultural ethics in today's global society.

2) The "Good Living" Yahgan

One of the episodes that most moved Darwin took place on Navarino Island, in Wulaia Bay. The central character was the young Yahgan Orundellico, or Jemmy Button, who chose to stay on his islands and affirm his own way of life over the lifestyle of English society. Before departing from England, young Darwin met the three

La riqueza de la cultura fueguina radicaba no sólo en el lenguaje, sino también en una cosmovisión que contenía normas éticas esenciales para sobrevivir en un ambiente tan riguroso.

En sus obras de madurez, Darwin subrayó también la similitud entre las facultades mentales de los fueguinos y aquellas de los europeos. En 1872 publicó *La Expresión de las Emociones en el Hombre y en los Animales*, donde examinó el amplio espectro de emociones expresadas por los fueguinos. Por ejemplo, el llanto y dolor frente a la pérdida de un hermano, las expresiones eufóricas o de alegría expresadas mediante "la prolongación de los labios, sisear y levantar la nariz" (p. 260), y el rubor facial del fueguino Jemmy Button, quien "se ruborizaba cuando era interrogado acerca de cuánto cuidado ponía en lustrar sus zapatos y acicalarse" (Darwin 1872, p. 317). El análisis comparativo de las emociones y conductas humanas le permitió descubrir atributos comunes entre las diversas razas de *Homo sapiens*. Darwin (1872) concluyó que: "...el estudio de la teoría de la expresión de las emociones confirma... el concepto de la unidad específica o subespecífica de las variadas razas" (p. 365).

En las obras de madurez de Darwin, los fueguinos e Isaac Newton quedaron ubicados bajo el alero de una misma especie, y no en mundos separados. Este juicio darwiniano alcanzado a través de un pensamiento crítico, y autocrítico, fundado en evidencia empírica debiera contribuir a promover hoy una valoración de la cultura fueguina y una ética intercultural en la actual sociedad global.

2) El "Buen Vivir" Yagán

Uno de los episodios que más conmovió a Darwin tuvo lugar en la Isla Navarino, en la Bahía Wulaia. Fue protagonizado por el joven yagán Orundelico, Jemmy Button, quien optó por permanecer en sus islas y afirmar su propio estilo de vida por sobre el modo de vida de la sociedad inglesa. Antes de zarpar desde Inglaterra, el joven Darwin conoció a los

young Fuegians with whom he would shared the voyage aboard the *Beagle*: Yuc'kushlu or Fuegia Basket, El Leparu or York Minster, and Jemmy Button. Two years earlier, Captain Robert FitzRoy (during his first expedition to Tierra del Fuego and Cape Horn in 1830) had taken them to England to be educated under British religious precepts and deportment. With a critical tone Darwin wrote in his *Diary*:

"During the first voyage of the *Adventure* and the *Beagle*, in the years 1826 to 1830, with great risk to some officers working on the coastal topography, Captain Fitzroy seized a few natives, holding them hostage for the loss of a boat which had been stolen. Several of them, including a child that he had bought for the price of one a mother-of-pearl button, were taken to England with the aim of educating them about religion, at the captain's expense. One of the principal motives that induced Captain Fitzroy to undertake our present journey was to return and resettle these Fuegians in their own country" (Darwin 1871, pp. 206-207).

During their stay in England the three Fuegians attracted great attention from society and the local aristocracy. They even visited Queen Adelaide and William IV at Westminster Palace. Fitzroy hoped that, once evangelized and educated, the young Fuegians would serve as Christian missionaries after returning to their homeland. The captain's goal was to return them to the Cape Horn region to begin an Anglican mission run by the Reverend Richard Matthews, who traveled with them and Darwin aboard the *Beagle*. Due to adverse weather conditions, it was impossible to return York Minster and Fuegia Basket to their lands. Hence, they had to navigate to Navarino Island. Sailing through the Beagle Channel and the Murray Channel they arrived at Wulaia, the area from where Jemmy Button had come. When they disembarked at Wulaia Bay, Fitzroy ordered construction to begin on the mission and prepare the

tres jóvenes fueguinos con quienes compartió el viaje a bordo del *Beagle*: Yuc'kushlu o Fuegia Basket, El Leparu o York Minster, y Jemmy Button. Dos años antes el capitán Robert Fitzroy (durante su primera expedición a Tierra del Fuego y Cabo de Hornos en 1830) los había llevado a Inglaterra para que fueran educados bajo los preceptos religiosos y de comportamiento británicos. Con un tono crítico Darwin anotó en su *Diario*:

"Durante el primer viaje del *Adventure* y el *Beagle*, en los años de 1826 a 1830, con gran riesgo para algunos oficiales ocupados en la topografía litoral, el capitán Fitzroy se apoderó de unos cuantos nativos, reteniéndolos como rehenes por la pérdida de un bote que le habían robado. A varios de ellos, además de un niño que compró por un botón de nácar, se los llevó consigo a Inglaterra con ánimo de educarlos e instruirlos en la religión, a sus expensas. Uno de los principales motivos que indujeron al capitán Fitzroy a emprender nuestro actual viaje fue restituir e instalar a estos fueguinos en su propio país" (Darwin 1871, pp. 206-207).

Durante su estadía en Inglaterra los tres fueguinos suscitaron gran atención de la sociedad y la aristocracia local. Incluso visitaron a la reina Adelaida y a Guillermo IV en el palacio de Westminster. Fitzroy esperaba que, una vez evangelizados y educados, los jóvenes fueguinos sirvieran como misioneros cristianos después de retornar a su tierra natal. El objetivo del capitán era retornarlos a la región del Cabo de Hornos para iniciar una Misión Anglicana a cargo del reverendo Richard Matthews, quien viajó con ellos y Darwin a bordo del *Beagle*. Debido a las adversas condiciones climáticas fue imposible regresar a York Minster y a Fuegia Basket a sus territorios. Por tanto, debieron dirigirse hacia la Isla Navarino. Navegando por el Canal Beagle y el Canal Murray arribaron a Wulaia, al área de donde provenía Jemmy Button. Cuando desembarcaron en la Bahía Wulaia, Fitzroy ordenó comenzar la construcción de la misión y preparar las tierras para desarrollar

land for subsistence subsistence farming. However, the Fuegians who inhabited the Wulaia sector dismantled the houses of the mission to use the materials for other purposes, a fact that terrified Matthews who returned to the *Beagle*. Fitzroy headed east, but did not give up on his project of the Anglican mission. In his *Diary* he wrote:

"I hoped that through their means our motives in taking them to England would become understood and appreciated among their associates, and that a future visit might find them so favourably disposed towards us, that Matthews might then undertake, with a far better prospect of success, that enterprise which circumstances had obliged him to defer, though not to abandon altogether."[6]

In March 1834, a year after the failed attempt to establish the mission on Navarino Island, Fitzroy and his crew returned to Wulaia. They found abandoned remains of the buildings and the vegetable garden. They met again with Jemmy Button, who was "dirty, skinny and disheveled, a very precarious state from the British point of view." However, to the surprise of all, when the captain invited him to return to England, Jemmy replied, "no thanks, here I have abundant berries, fish and a wife".[6]

With affection, Jemmy presented the captain with "two fine otter skins" prepared by himself and asked him to carry a bow and a quiver filled with arrows for his schoolteacher with whom he had lived in Walthamstow. Then, he gave Darwin two arrowheads made "expressly" for him. Jemmy remained with them until "the ship was loaded." This "frightened his wife so much that she did not stop crying until Jemmy was safely off the ship with valuable gifts" (p. 227, Darwin 1839). This scene changed the initial impression of Darwin who considered that the Yagans, "do not know the feeling of home." When the *Beagle* sailed from the Cape Horn region for good, the naturalist wrote:

agricultura de subsistencia. Sin embargo, los fueguinos que habitaban en el sector de Wulaia desmantelaron las casas de la misión para utilizar los materiales para otros fines, hecho que aterrorizó a Matthews quien se reembarcó en el *Beagle*. Fitzroy enfiló rumbo al este, pero sin renunciar a su proyecto de la Misión Anglicana. En su bitácora escribió:

"Espero que nuestros motivos para llevarlos a Inglaterra puedan ser comprendidos y apreciados entre su gente, y que en una futura visita los encontremos tan favorablemente dispuestos hacia nosotros que Matthews pueda, con mayor probabilidad de éxito, realizar esta empresa que las circunstancias lo han obligado a aplazar, aunque no abandonar".[6]

En marzo de 1834, un año después del fallido intento de establecer la misión en la Isla Navarino, Fitzroy y su tripulación regresaron a Wulaia. Hallaron restos abandonados de las construcciones y del jardín de hortalizas. Se reencontraron con Jemmy Button, quien estaba "sucio, flaco y desgreñado, un estado muy precario desde el punto de vista británico". Sin embargo, ante la sorpresa de todos, cuando el capitán lo invitó a regresar a Inglaterra, Jemmy contestó: "No gracias, aquí tengo abundantes bayas, pescado y una esposa".[6]

Con afecto, Jemmy obsequió al capitán "dos finas pieles de nutria" preparadas por él mismo y le pidió llevar un arco y un carcaj lleno de flechas para su maestro de escuela con quien había vivido en Walthamstow. Luego, le entregó a Darwin dos puntas de flecha elaboradas "expresamente" para él. Jemmy se quedó acompañándolos hasta que "el barco estuvo cargado, lo que asustó tanto a su esposa que no paró de llorar hasta que estuvo seguro fuera del barco con todos sus valiosos regalos" (Darwin 1839, p. 227). Esta escena cambió la impresión inicial de Darwin, quien consideraba que los yagán "no conocen el sentimiento de hogar". Cuando el *Beagle* zarpó definitivamente de la región del Cabo de Hornos, el naturalista escribió:

"Every soul on board was heartily sorry to shake hands with him for the last time. I do not now doubt that he will be as happy as, perhaps happier than, if he had never left his own country" (Darwin 1839, p. 208).

The fact that Jemmy did not accept Fitzroy's invitation to return to England and, instead, with dignity and generosity gave gifts to the British crew, led Darwin to wonder about the concept of good life. What motivated the Fuegian to stay in this archipelagic territory with such a miserable climate? Why did Jemmy prefer to stay with a Fueguian woman, rather than return to a civilized environment and seek to mate with a European woman?

In his book *Sexual Selection*, Darwin suggested an evolutionary answer to these questions. He proposed that each race would have its own taste for the beautiful. Men of different races prefer women with features, skin color, long hair, ornaments and distinctive behaviors of their own group. Darwin considered that the missionary, Bridges, made a mistake when he responded in a letter that, "the Fuegians consider European women to be extremely beautiful." He asserted that this error was due to the fact that Bridges interrogated only Fuegians who lived in the mission, subject to a European hierarchy (Darwin 1871, p. 351). This criticism is consistent with the fact that when, in 1855, Captain William Parker Snow invited Jemmy Button to return to the Falkland Islands to live in the mission, once again Jemmy firmly declined the invitation and chose to continue his Yahgan way of life.

The archives of the Anglican Mission in the Falklands recorded numerous cases similar to that of Jemmy Button, in which Yahgan people preferred to remain in their habitats (marine and terrestrial) with their life-habits. Evolutionary theory helps us to understand the adaptive value of the co-evolution of the life-habits of native peoples in their own habitats. This Darwinian conclusion provides a

"Todos a bordo estaban apenados al despedirse de Jemmy por última vez. Tengo pocas dudas que será tan feliz, o quizás más, como si nunca hubiera dejado su propio país" (Darwin 1839, p. 208).

El hecho de que Jemmy no aceptara la invitación de Fitzroy para volver a Inglaterra y, en cambio, obsequiara con dignidad y generosidad regalos a los ingleses, llevó a Darwin a preguntarse acerca del concepto de buena vida. ¿Qué motivaba al fueguino a permanecer en este territorio archipelágico con un clima tan miserable? ¿Por qué prefería quedarse con una mujer fueguina, antes que volver a un ambiente civilizado y procurar emparejarse con una mujer europea?

En su libro *Selección Sexual*, Darwin sugirió una respuesta evolutiva a estas preguntas. Propuso que cada raza tendría su propio gusto por lo bello. Los hombres de diferentes razas prefieren a las mujeres con rasgos, color de piel, largo de cabello, ornamentos y conductas distintivos de su propio grupo. Darwin consideró que el misionero Bridges había incurrido en un error cuando le respondió en una carta que "los fueguinos consideran a las mujeres europeas como extremadamente bellas". Afirmó que este error se debía a que Bridges interrogó sólo a fueguinos que vivían en la misión, sometidos a la jerarquía europea (Darwin 1871, p. 351). Esta crítica es coherente con el hecho que cuando en 1855 Jemmy Button fue invitado por el capitán William Parker Snow a retornar a las Islas Malvinas para vivir en la misión, Jemmy volvió a declinar con firmeza la invitación y optó por continuar su modo de vida yagán.

Los archivos de la Misión Anglicana en las Malvinas registraron numerosos casos similares al de Jemmy Button, en que los yaganes preferían permanecer en sus hábitats marinos y terrestres con sus hábitos de vida. La teoría evolutiva permite comprender el valor adaptativo que tiene la co-evolución de los hábitos de vida de los pueblos nativos en sus propios hábitats. Esta conclusión

theoretical and empirical foundation for my proposal of the biocultural ethic, which values those links between specific life-habits and specific habits. The conceptual frameworks of both, Darwinian evolutionary theory and the biocultural ethic, imply a contextual concept of good living, which is sustained by biological and cultural diversity and their interrelations. Darwinian evolutionary theory and the biocultural ethic pose critical concepts for homogeneous development models that today impact even remote regions of the planet, such as Cape Horn.

3) Darwin's Encounters with the Fuegians and the Genesis of his Theory of Human Evolution

It is difficult to imagine that in the absence of the shocking experiences that Darwin had in Cape Horn, that a scientist from the Victorian culture could have arrived at the conclusion that *Homo sapiens* is an animal species - the product of biological evolution like any other species.[2] His experiences in Cape Horn show that field work is fundamental to the creation of great scientific ideas. If Darwin had not left the milieu of British society or observed other groups of human beings dwelling naked in the cold forests of the farthest edges of South American, it is unlikely that he would have conceived the revolutionary scientific theory, according to which humans belong to an animal species, a mammal that is an evolutionary relative of other primates.

Based on the observations he made in the archipelagoes of the Cape Horn region, Darwin began to question prevailing philosophical concepts from the early 19th century. These concepts supported a dualistic distinction between humans and other living beings. In the 17th century, Rene Descartes (considered the 'father' of modern philosophy) segregated the human being from nature. Descartes argued that humans are the only beings that would possess souls, thought, and rational knowledge (*res cogitans*). Animals, on the other hand,

---

darwiniana provee un fundamento teórico y empírico a mi propuesta de la ética biocultural que valora los vínculos entre hábitos de vida y hábitos específicos. Ambos, el planteamiento darwiniano y el que propongo en la ética biocultural afirman un concepto contextual del buen vivir que se sustenta en la diversidad biológica y cultural y sus interrelaciones. La teoria evolutiva darwiniana y la ética biocultural plantean conceptos críticos para modelos de desarrollo homogeneizadores que hoy afectan incluso a regiones remotas del planeta, como el Cabo de Hornos.

3) Encuentros de Darwin con los Fueguinos y la Génesis de su Teoría de Evolución Humana

Es difícil imaginar que en ausencia de experiencias tan remecedoras como las que vivió Darwin en Cabo de Hornos, un científico de la cultura victoriana pudiera haber arribado a la conclusión que *Homo sapiens* es una especie animal – el producto de la evolución biológica como cualquier otra especie.[2] Sus experiencias en Cabo de Hornos demuestran que las vivencias de campo son fundamentales para la generación de grandes ideas científicas. Si Darwin no hubiese salido del ambiente de la sociedad británica, ni observado otros grupos de seres humanos habitar desnudos en los fríos bosques del confín de Sudamérica, es improbable que hubiese concebido la revolucionaria teoría científica según la cual los humanos pertenecemos a una especie animal, un mamífero que es pariente evolutivo de los demás primates.

Basado en las observaciones que realizó en los archipiélagos de Cabo de Hornos, Darwin comenzó a cuestionar conceptos filosóficos prevalecientes a comienzos del siglo XIX. Estos conceptos sustentaban una distinción dualista entre los seres humanos y demás seres vivos. En el siglo XVII, René Descartes (considerado el 'padre' de la filosofía moderna) segregó al ser humano de la naturaleza. Descartes planteaba que los humanos son los únicos seres que poseerían alma, pensamiento y conocimiento racional (*res cogitans*). Los animales, en

would possess only corporality (*res extensa*). Thus, they would be mere automata that performed their movements mechanically since they lacked soul and rationality.[7] This dualistic view did not agree with the field observations that Darwin made about the Fuegians:

"While entering we were in a manner becoming the inhabitants of this savage land. A group of Fuegians partly concealed by the entangled forest, were perched on a wild point overhanging the sea; and when we passed by, they sprang up, and waiving their tattered cloacks sent forth a loud and sonorous shout. The savages followed the ship, and just before dark we saw their fire, and again heard their wild cry... I could not have believed how wide was the difference between savage and civilized man. It is greater than between a wild animal and domesticated animal" (Darwin 1839, pp. 171-172).

The cries and behaviors of the Fuegians, so similar to animals, undermined the Cartesian dogma for Darwin. The behavior, language, and thought of the Fuegians did not seem like a divine instrument lodged in the human soul (as Descartes thought), but rather an animal attribute developed for survival. As we pointed out earlier, Darwin's initial descriptions of the Fuegians are unjustly Eurocentric and pejorative.[8] However, Darwin modified his thinking and the comparison he made *in situ* between human and animal behavior later motivated a vast scientific and philosophical body of research that questioned the Cartesian dualist perspective and the Christian dogma of a special creation of man.

Darwin argued instead for a structural and genealogical continuity between humans and other living beings.[2] For this, he relied not only on his field observations, but also on the work of eighteenth-century philosophers. David Hume had stated an evolutionary view by arguing in his *Dialogues Concerning Natural Religion* that the world had not been created by God but generated by natural

cambio, poseerían solamente corporalidad (*res extensa*). Serían meros autómatas que realizaban sus movimientos de forma mecánica puesto que carecían de alma y racionalidad.[7] Esta visión dualista no concordaba con las observaciones que Darwin realizó sobre los fueguinos:

"A nuestra llegada recibimos un saludo digno de los habitantes de esta tierra inhóspita. Un grupo de fueguinos, disimulados en parte por la espesa selva, se había situado en la punta de un peñasco que dominaba el mar, y en el momento que pasábamos, saludaron agitando sus andrajos y lanzando un alarido largo y sonoro. Los fueguinos siguieron al barco y llegada la noche vimos la hoguera y oímos una vez más su grito desenfrenado... No me imaginaba cuán enorme es la diferencia que separa al hombre primitivo del civilizado, diferencia ciertamente mayor que la que existe entre el animal salvaje y el doméstico" (Darwin 1839, pp. 171-172).

Los gritos y conductas de los fueguinos, tan semejantes a los animales, socavaron en Darwin el dogma cartesiano. La conducta, el lenguaje y el pensamiento de los fueguinos no parecían un instrumento divino albergado en el alma humana (como pensaba Descartes), sino más bien un atributo animal desarrollado para la supervivencia. Como señalamos antes, las descripciones iniciales de Darwin sobre los fueguinos son injustamente eurocéntricas y peyorativas[8]. Sin embargo, Darwin fue modificando su pensamiento y la comparación que realizó *in situ* entre la conducta humana y la animal motivó más tarde una vasta investigación científica y filosófica que cuestionó la perspectiva dualista cartesiana y el dogma cristiano de una creación especial del hombre.

Darwin planteó, en cambio, una continuidad estructural y genealógica entre los seres humanos y los demás seres vivos.[2] Para ello se basó no solo en sus observaciones de campo, sino también en la obra de filósofos del siglo XVIII. David Hume había anunciado una visión evolutiva al plantear en sus *Diálogos Sobre Religión Natural* que el mundo no había sido creado por Dios sino generado por

processes. Additionally, in *An Enquiry Concerning Human Understanding,* Hume held that animals also possessed a degree of rationality and ethical behaviors that had their primary roots in feelings. This concept was essential for another British philosopher: Adam Smith, who elaborated on a 'theory of moral feelings,' associated with the 'very relevant emotion of sympathy.' This theory had great influence on Darwin.[9]

On his return to England, Darwin continued the analysis of his observations on the Fuegians by studying moral psychology and his observations on primates. In 1838, in his notebooks, he emphasized that, "Hume's essay on human understanding... has a section on the reason of animals".[10] And then, in another note, he added: "Let us visit a caged orangutan, let us hear his expressive moans, let us observe his intelligence; as if he understood every word we say... then observe a savage, caressing his parents, naked, coarse,..."[10]

Both Hume's and Smith's philosophy and their comparative ethological observations provided new evidence for Darwin about the similarities between the emotional expressions of humans and those of other mammals. He observed that in many species of mammals, prolonged care of the offspring by the parents is necessary to ensure reproductive success. This care is motivated by an instinct, experienced as a strong emotion felt by adult mammals for their offspring.

'Filial and kinship affections' in humans and other mammals stimulate the formation of small social units or clans. Individuals in whom these affections are stronger would form extended families and clans with stronger bonds. In his evolutionary theory Darwin argued that human ethics and a very similar type of proto-ethics in other mammalian species were a means for social cohesion. In *The Descent of Man*, he concluded that

procesos naturales. Además, en su *Investigación Sobre el Entendimiento Humano*, Hume sostuvo que los animales también poseían un grado de racionalidad y conducta ética que tenía sus raíces primarias en el sentimiento. Este concepto fue esencial para otro filósofo británico. Adam Smith elaboró una 'teoría de los sentimientos morales', asociada a la "muy relevante emoción de la simpatía". Esta teoría tuvo gran influencia sobre Darwin.[9]

A su regreso a Inglaterra, Darwin continuó el análisis de sus observaciones sobre los fueguinos mediante el estudio de la sicología moral y sus observaciones sobre los primates. En 1838, en sus notas destacó que "el ensayo de Hume sobre el entendimiento humano... posee una sección sobre la razón de los animales".[10] Luego añadió: "Visitemos a un orangután enjaulado, escuchemos sus expresivos gemidos, observemos su inteligencia; como si comprendiera cada palabra que decimos... luego observemos a un salvaje, acariciando a sus padres, desnudos, toscos,..."[10]

Tanto la filosofía de Hume y de Smith como sus observaciones etológicas comparadas, proveyeron a Darwin nuevas evidencias acerca de las similitudes entre las expresiones emocionales de los seres humanos y aquellas de otros mamíferos. Observó que en muchas especies de mamíferos el cuidado prolongado de las crías por parte de los padres es necesario para garantizar el éxito reproductivo. Este cuidado es motivado por un instinto, experimentado como una fuerte emoción que sienten los mamíferos adultos por su descendencia.

Los 'afectos filiales y de parentesco' promueven en los seres humanos y otros mamíferos la formación de pequeñas unidades sociales o clanes. Los individuos en quienes estos afectos son más fuertes formarían familias extendidas y clanes con vínculos más sólidos. En su teoría evolutiva Darwin planteó que la ética humana y un tipo muy similar de proto-ética en otras especies de mamíferos serían un medio para la cohesión social. En *El Origen del*

feelings for social empathy: "it will have been increased, through natural selection; for those communities, which included the greatest number of the most sympathetic members, would flourish best and rear the greatest number of offspring" (Darwin 1871, p. 82).

This evolutionary mechanism provided an explanation for group behavior in Fuegian and other human societies. At the beginning of *The Descent of Man*, Darwin further affirms that: "It is notorious that man is constructed on the same general type or model with other mammals... every chief fissure and fold in the brain of man has its analogy in that of the orang" (Darwin 1871, pp. 10-11).

Then, in chapter 3 of his book on human evolution, Darwin analyzes how the brain and other anatomical structures would have been modified in relation to their use and the environment. He explains that: "the inferiority of Europeans, in comparison with savages, in eye-sight and in the other senses, is no doubt the accumulated and transmitted effect of lessened use during many generations; I have had good opportunities for observing the extraordinary power of eyesight in the Fuegians" (Darwin 1871, p. 118).

In his work on human evolution, Darwin recognized the skills of the Fuegians, which were functional to their survival. Through comparative analyses of aborigines, Europeans, and other primate species, Darwin obtained ethological and anatomical evidence to conceive a mechanism of evolution that overcame the Cartesian dualistic distinction between humans and other animals, as well as essentialist distinctions between Europeans and other cultures. Darwin concluded that:

"...whether man varies... in bodily structure and in mental faculties; and if so, whether the variations are transmitted to his offspring in accordance with the laws which prevail

Hombre, concluyó que los sentimientos de empatía social: "habrían aumentado a través de la selección natural; ya que aquellas comunidades cuyos miembros presentaban mayor capacidad de empatía se desempeñarían mejor y dejarían un mayor número de descendientes" (Darwin 1871, p. 82).

Este mecanismo evolutivo proveía una explicación para la conducta grupal en los fueguinos y otras sociedades humanas. Al comienzo de *El Origen del Hombre*, Darwin advierte además que "es evidente que el hombre está construido sobre el mismo modelo o arquetipo general que los demás mamíferos... cada pliegue del cerebro humano tiene su correspondiente análogo en el cerebro del orangután" (Darwin 1871, pp. 10-11).

Luego, en el capítulo 3 de su libro sobre evolución humana, Darwin analiza cómo el cerebro y otras estructuras anatómicas se habrían modificado en relación con su uso y el medio ambiente. Explica que "la inferioridad de los europeos comparados con los fueguinos en lo que se refiere a la perfección de la vista y otros sentidos, es sin duda alguna, un efecto de la falta de uso, acumulada y transmitida durante un gran número de generaciones. Yo tuve la buena fortuna de apreciar la extraordinaria agudeza visual de los fueguinos" (Darwin 1871, p. 118).

En su obra sobre evolución humana, Darwin reconoció las habilidades de los fueguinos que eran funcionales a su supervivencia. Las comparaciones entre los aborígenes, los europeos y otras especies de primates proveyeron a Darwin las pruebas etológicas y anatómicas para concebir un mecanismo evolutivo que superaba la distinción dualista cartesiana entre los seres humanos y los demás animales, como también distinciones esencialistas entre los europeos y otras culturas. Darwin concluyó:

"El hombre varía en cuerpo y mente, y tales variaciones dependen directa o indirectamente de las mismas causas generales y de las mismas leyes que rigen para los

with the lower animals... (Darwin 1871, p. 9). Man has spread widely over the face of the Earth, and must have been exposed, during his incessant migrations, to the most diversified conditions. The inhabitants of Tierra del Fuego, the Cape of Good Hope, and Tasmania in the one hemisphere, and of the Arctic regions in the other, must have passed through many climates and changed their habits many times, before they reached their present homes (Darwin 1871, pp. 135-136).

At the beginning of the 21st century, the inhabitants of Cape Horn and most of the people on the planet belong to at least two cultures: a local and a global one. For this local-global dialectic, it is important to recognize the scientific foundations that Darwin contributed to toward the affirmation of the dignity of all human beings and the value of cultural diversity associated with the diversity of habitats and socio-ecological contexts. On the one hand, by conceiving humans as an animal species, Darwin opened a notion of evolutionary kinship that should imply an ethical respect for all living beings. On the other hand, today we can and should pay attention to how the worldviews of the Fuegians and other Native American cultures present some essential concordances with the Darwinian evolutionary worldview, which have implications both for intercultural ethics and for environmental ethics.

4) Darwinian Theory Promotes an Environmental Ethic

The ethical implications of Darwin's theory of evolution were elaborated in the mid-20th century by Aldo Leopold, considered the father of contemporary environmental ethics. In May 1947, in his essay on the migratory pigeon (*Ectopistes migratorius*) he wrote:

"It is a century now since Darwin gave us the first glimpse of the origin of species. We know now what was unknown to all the preceding caravan of generations:

animales inferiores... (Darwin 1871, p. 9). El hombre se ha diseminado por la superficie del planeta y en sus incesantes migraciones ha debido pasar por las más diversas condiciones. Los habitantes de Tierra del Fuego, del Cabo de Buena Esperanza y de Tasmania, en un hemisferio, y de las regiones árticas en el otro, deben haber pasado a través de muchos climas y haber modificado sus hábitos de vida en numerosas ocasiones, antes de establecerse en sus territorios actuales" (Darwin 1871, pp. 135-136).

A inicios del siglo XXI, los habitantes de Cabo de Hornos y la mayoría de las personas en el planeta pertenecen al menos a dos culturas: una local y una global. Para esta dialéctica local-global, es importante reconocer los fundamentos científicos que Darwin aportó para afirmar la dignidad de todos los seres humanos y el valor de la diversidad cultural asociada a la diversidad de hábitats y contextos socio-ecológicos. Por un lado, al concebir a los humanos como una especie animal, Darwin abrió una noción de parentesco evolutivo que debiera implicar un respeto ético por todos los seres vivos. Por otro lado, hoy podemos y debemos constatar cómo las cosmovisiones de los fueguinos y de otros pueblos amerindios presentan algunas concordancias esenciales con la cosmovisión evolutiva darwiniana, que tienen implicaciones tanto para una ética intercultural como para una ética ambiental.

4) La Teoría Darwiniana Promueve una Ética Ambiental

Las implicaciones éticas de la teoría evolutiva de Darwin fueron elaboradas a mediados del siglo XX por Aldo Leopold, considerado como el padre de la ética ambiental contemporánea. En mayo de 1947, en su ensayo dedicado a la paloma migratoria (*Ectopistes migratorius*) escribió:

"Hace un siglo Darwin nos dio un primer atisbo sobre el origen de las especies. Sabemos hoy lo que era desconocido para todas las generaciones precedentes:

that men are only fellow voyagers with other creatures in the odyssey of evolution. This new knowledge should have given us, by this time, a sense of kinship with fellow-creatures; a wish to live and let live; a sense of wonder over the magnitude and duration of the biotic enterprise".[11]

From this evolutionary foundation, Leopold extends the community of moral subjects to include the totality of beings with which we co-inhabit. Following a Darwinian reasoning, when human beings represent plants and animals as 'companions of a biotic community' or as 'traveling companions in the odyssey of evolution,' social sympathies are stimulated by non-human beings. These sympathies activate our moral feelings and, consequently, contribute to the extension of our ethical considerations beyond the human species. Therefore, we grant moral rights to both human and no-human co-inhabitants in our ecological and evolutionary history.

For Western globalized society, an ethical turn toward a non-anthropocentric ethics based on a evolutionary and ecological scientific worldview represents a cultural revolution. Darwinian theory contributes to transform the prevalence of a modern ethic centered on the human being dissociated from its environment and other living beings. In contrast, for the culture of Jemmy Button and other Native American people a non-anthropocentric ethics is not a cultural novelty, but a traditional environmental ethics. In both, Darwinian theory and the Yahgan worldview, there is a sense of genealogical kinship between humans and other living beings. According to the Yahgan cosmogony, in the origin of life all living beings were humans.[12] Indeed, numerous stories about birds begin with the sentence "in ancestral times, when birds were human beings," as shown in the following story about of the Magellanic Woodpecker (*Campephilus magellanicus*) or *lana*, in Yahgan.[13]

que los hombres son sólo compañeros de viaje de otras criaturas en la odisea de la evolución. Este conocimiento debiera habernos dado, hoy en día, un sentido de parentesco con las criaturas compañeras; un deseo de vivir y dejar vivir; un sentido de asombro frente a la magnitud y duración de la empresa biótica".[11]

A partir de esta fundamentación evolutiva, Leopold extiende la comunidad de sujetos morales para incluir a la totalidad de seres con que co-habitamos. Siguiendo un razonamiento darwiniano, cuando los seres humanos representamos a plantas y animales como 'compañeros de una comunidad biótica' o como 'compañeros de viaje en la odisea de la evolución', se estimulan simpatías sociales por los seres no-humanos. Estas simpatías activan nuestros sentimientos morales y, en consecuencia, contribuyen a extender nuestras consideraciones éticas más allá de la especie humana. Por lo tanto, otorgamos derechos morales a co-habitantes humanos y no-humanos en nuestra historia ecológica y evolutiva.

Para la sociedad occidental globalizada, un giro ético hacia una ética no-antropocéntrica fundada en una cosmovisión científica evolutiva y ecológica representa una revolución cultural. La teoría darwiniana contribuye a transformar la prevalencia de una ética moderna centrada en el ser humano disociado de su medio ambiente y otros seres vivos. En cambio, para la cultura de Jemmy Button y otros pueblos fueguinos una ética no-antropocéntrica no representa una novedad cultural sino una ética ambiental tradicional. Tanto en la teoría darwiniana como en la cosmovisión yagán se encuentra un sentido de parentesco genealógico entre los seres humanos y los demás seres vivos. De acuerdo a la cosmogonía yagán, en el origen de la vida el conjunto de los seres eran humanos[12.] Numerosas historias yagán sobre aves se inician con la frase "en tiempos ancestrales, cuando las aves eran seres humanos", como se aprecia en el siguiente relato sobre el pájaro carpintero (*Campephilus magellanicus*) o *lana*.[13]

In the forests of the Cape Horn Archipelago, there dwells the Magellanic Woodpecker or *lana*, who accompanied the women yaganes when collecting *dihueñes* in these forests. Yahgan Grandfather Juan Calderón related that the origin of this beautiful bird goes back to ancient times, when the birds were still human. In those days, a boy fell in love with his sister and sought any trick to meet and sleep next to her. Her sister had noticed this intention and dodged her brother every time he sought her, avoiding forbidden relationships. But deep down she was divided: she wanted to be with him and not at the same time. The brother kept thinking of pretexts to attract her out of the *akar* or ruca. One day he discovered great fruits of red *chaura* in the clearing of a forest and went to tell his sister: "I have found huge *chauras* [*amai, Gaultheria mucronata*] in a place of the forest, you should go and pick them up." The sister took her basket and went into the forest, while her brother followed her without anyone noticing and hid in a place near where she would have to pass. Once passing his sister, he threw himself embracing her and together they fell to the ground giving way to his love. When they got up they became birds and flew like *lana*. Since then they live together in the forests and the brother has on his head a red plume that remembers the color of those great fruits of *chaura*.[13]

The Yahgan story affirms that these birds are descendants of a pair of Yahgan siblings. In the *On The Origin of Species*, Darwin examines the mutual affinities of organic beings and argues that the species that currently exist and descend from a common ancestor, "can be called metaphorically prime in the millionth degree" (Darwin 1869, p. 500). Although of a different nature, the scientific theory and the Native American cosmogony converge in a sense of genealogical kinship that has ethical implications. Darwin concludes his chapter on the evolution of ethics in the *The Descent of Man* pointing out that:

"As man advances in civilisation, and small tribes are united into larger communities, the simplest reason would tell each individual that he ought to extend his social instincts and sympathies to all the members of the same nation, though personally unknown to him. This point being once reached, there is only an artificial barrier to prevent his sympathies extending to the men of all nations and races.... Sympathy beyond the confines of man, that is humanity to the lower animals, seems to be one of the latest moral acquisitions. This virtue, one of the noblest with which man is endowed, seems to arise incidentally from our sympathies becoming more tender and more widely diffused, until they are extended to all sentient beings. As soon as this virtue is honoured and practised by some few men, it spreads through instruction and example to the young, and eventually through public opinion" (Darwin 1871, pp. 100-101).

Based on his early field experiences in Cape Horn, and his vast scientific and philosophical studies, Darwin concluded his work on human evolution by proposing an environmental ethic as a "virtue that must be honored and practiced" to promote the continuity of life, and the welfare of humans and non-human living beings. This ethical imperative that involves the Darwinian theory represents today a pending task. To take on this task, the members of the global society can and must learn from both worldviews, the Darwinian scientist and the Yahgan Fuegian from Cape Horn. In this way, today the experience of tracing Darwin's path in Cape Horn opens new horizons towards a biocultural ethic.

"A medida que el hombre avanza en la civilización y pequeñas tribus se unen en comunidades más grandes, el razonamiento más simple le enseñaría a cada individuo que deberá extender sus instintos sociales y simpatías a todos los miembros de la misma nación, aunque no los conociera personalmente. Una vez alcanzado este punto, solamente una barrera artificial impedirá que estas simpatías se extiendan a los hombres de todas las naciones y razas... La simpatía más allá de los confines del hombre, esto es, el sentimiento humanitario hacia animales inferiores, parece ser una de las adquisiciones morales más recientes... Esta virtud, una de las más nobles del hombre, parece surgir de manera incidental cuando nuestras simpatías se tornan más delicadas y se difunden ampliamente hasta extenderse a todos los seres con sentimientos. Tan pronto como esta virtud sea honrada y practicada por algunos pocos hombres, ésta se diseminará a través de la educación y el ejemplo a los jóvenes, y eventualmente a la opinión pública" (Darwin 1871, pp. 100-101).

Basado en sus tempranas experiencias de campo en Cabo de Hornos y sus vastos estudios científicos y filosóficos, Darwin concluyó su obra sobre evolución humana proponiendo una ética ambiental como una "virtud que debe ser honrada y practicada" para promover la continuidad de la vida y el bienestar de los seres humanos y no-humanos. Este imperativo ético que conlleva la teoría darwiniana representa hoy una tarea pendiente. Para asumir esta tarea, los miembros de la sociedad global pueden y deben aprender de ambas cosmovisiones, la científica darwiniana y la fueguina yagán de Cabo de Hornos. De esta manera, hoy la experiencia de revisitar la ruta de Darwin en Cabo de Hornos abre nuevos horizontes hacia una etica biocultural.

(Next page). The sub-Antarctic forests of the Cape Horn Biosphere Reserve harbor mysteries that inspired not only the young Darwin. Today, they continue inspiring explorers and visitors who arrive from different regions of the planet to study, understand and affirm the value of biological and cultural diversity. Dawn in the Northwest Arm of the Beagle Channel. (Photo Paola Vezzani).

(Página siguiente). Los bosques subantárticos de la Reserva de la Biosfera Cabo de Hornos albergan misterios que no sólo inspiraron al joven Darwin. Hoy continúan inspirando a los exploradores y visitantes que arriban desde distintas regiones del planeta para estudiar, comprender y afirmar el valor de la diversidad biológica y cultural. Amanecer en el Brazo Noroeste del Canal Beagle. (Foto Paola Vezzani).

REFERENCES

REFERENCIAS

DARWIN'S PRECURSORS / *PRECURSORES DE DARWIN*

BANKS J (1768-1771) *The Endeavour Journal of Joseph Banks, 1768-1771*. Edited by JC Beaglehole (1963) 2nd edition. Volume I: The Journal 1768-1770, Volume II: The Journal 1770-1771. Halstead Press, Sydney, Australia

BARCLAY BS (1926) *The Land of Magellan*. Methuen & Co. Ltda., London

BEASLEY AW (2005) Deep Depression: Mapping, weather forecasting and the Beagle. *ANZ Journal of Surgery* 75: 327–332

CHAPMAN A (2010) *European Encounters with the Yamana People of Cape Horn, Before and After Darwin*. Cambridge University Press, New York

COOK J (1768-1775) *The Journals of Captain James Cook*. Edited by JC Beaglehole (1955) Volume I: The Voyage of the Endeavour, 1768-1771. Cambridge University Press, Cambridge, UK; Edited by JC Beaglehole (1961) Volume II: The Voyage of the Resolution and Adventure, 1772-1775. Cambridge University Press, Cambridge, UK

COOK J (1768-1771) *Captain Cook's Journal. Captain Cook's Journal During His First Voyage Round The World Made in H.M. Bark "Endeavour" 1768-71*. A Literal Transcription Of The Original Mss. With Notes And Introduction Edited By Captain W.J.L. Wharton, R.N., F.R.S. Hydrographer Of The Admiralty. Illustrated By Maps And Facsimiles. London Elliot Stock, 62 Paternoster Row 1893. First Voyage http://gutenberg.net.au/ebooks/e00043.html#ch2

DE ACOSTA J (1590) *Historia Natural y Moral de las Indias*. Casa San Juan de León, Sevilla, España

DE AGOSTINI A (2005) *Treinta Años en Tierra del Fuego*. El Elefante Blanco, Argentina

DE BOUGAINVILLE LA (1766-1769) *Viaje Alrededor del Mundo. En la Fragata Real Boudeuse y El Étoile (1766-1769)*. Trad. Néstor Barron y Miranda Barron (2004) Ediciones Continente, Buenos Aires

DE LUIGI J, E BOCCALETTI (1992) *América, el Mundo Nuevo y los Navegantes Italianos*. Ediciones Falabella, Santiago, Chile

DE ROSALES D (1667) *Historia Jeneral del Reyno de Chile. Flandes Indiano*. En B. Vicuña Mackenna. Imprenta del Mercurio, 1877, Valparaíso, Chile. Tomo I

DOUGLAS P (2014) *Cape Horn: how a trading monopoly, a disenchanted wealthy merchant, and two Dutch explorers put it on the map*. New Netherland Institute. Exploring American Dutch Heritage. https://www.newnetherlandinstitute.org/files/7313/5757/5023/CAPE_HORN.pdf (downloaded January 17, 2016)

DRAKE F (1628) *The World Encompassed by Sir Francis Drake: Being His Next Voyage to That to Nombre De Dios. Collated with an unpublished manuscript of Francis Fletcher, chaplain to the expedition*. Printed for the Hakluyt Society, 1854, London

EDWARDS P (ed.) (1999) T*he Journals of Captain Cook*. Selected and edited by Philip Edwards. Prepared from the original manuscripts by JC Beaglehole for the Hakluyt Society, 1955-67. Penguin Books, London

FORMAN W, R SYME (1971). *The Travels of Captain Cook*. McGraw-Hill, New York

FORSTER JR (1772-1775) *The Resolution Journal of Johann Reinhold Forster 1772-1775*. Edited by M.E. Hoare, volumes I, II, and III, 1982) The Hakluyt Society, London

GRENFELL PA (ed.) (1949) *The Explorations of Captain James Cook In the Pacific: As Told by Selections of His Own Journals 1768-1779*. Heritage Press, New York

HAZLEWOOD N (2001) *Savage. The Life and Times of Jemmy Button*. Thomas Dune Books – St. Martin Press, New York

HOUGH R (1990) *The Blind Horn's Hate: Magellan, Drake, and Other Adventurers in the Uttermost South*. W.W. Norton, New York

HOUGH R (1995) *Captain James Cook*. W.W. Norton, New York

FITZROY R (1839) *Narrative of the Surveying Voyages of His Majesty's Ships Adventure and Beagle, Between the Years 1826 and 1836: Proceedings of the first expedition, 1826-1830, under the command of Captain P. Parker King*. Vol I. Henry Colburn, London

FITZROY R (1839) *Narración de los Viajes del Levantamiento de los Buques de S. M. "Adventure" y "Beagle" en los años 1826 a 1836*. Exploración de las Costas Meridionales de la América del Sud y Viaje de Circunnavegación de la Beagle publicado en Londres, 1839. Partes I y II, trad. CF Teodoro Caillet-Bois. Biblioteca del Oficial de Marina, Volumen XIV, 1932, Centro Naval, Argentina

KNIGHT F (1968) *Captain Cook and the Voyage of the Endeavour 1768-1771*. Wilke and Co. Ltd Clayton, Victoria, Australia, pp. 251-371

KNOX-JOHNSTON R (1995) *Cape Horn. A Maritime History*. Hodder & Sloughton, London

MARTINIC M, D MOORE (1982) Las exploraciones inglesas en el estrecho de Magallanes 1670-1671. *Anales del Instituto de la Patagonia* 13: 17-19

MARTINIC M (2006) *Historia de la Región Magallánica*. Tomo I. Ediciones de la Universidad de Magallanes, Punta Arenas, Chile

MOOREHEAD A (1966) *The Fatal Impact: An Account of the Invasion of the South Pacific 1767-1840*. Harper & Row, New York

MURPHY D (2004) *Rounding the Horn*. Basic Book, New York

NICHOLS P (2003) *Evolution's Captain. The Tragic Fate of Robert FitzRoy, the Man who Sailed Charles Darwin Around the World*. Profile Books Ltd., London

PARKINSON S (1984) *A Journal of a Voyage to the South Seas, In His Majesty's Ship The Endeavour*. Caliban Books, London

PIGAFETTA A (1519-1522) *First Voyage Round the World by Magellan: Translated from the Accounts of Pigafetta and Other Contemporary Writers*. Edited by Lord Henry Edward John Stanley of Alderley, 1874. Reprinted by Cambridge Library Collection - Hakluyt First Series, 2010) Cambridge: Cambridge University Press

PIGAFETTA A (1519-1522) *Primer Viaje en Torno del Globo*. Editorial Francisco de Aguirre, Buenos Aires (1970) Edición original en italiano (1800), Primera edición en castellano (1882)

PURCHAS S (1625) *Hakluytus Posthumus or Purchas His Pilgrimes. Containing a History of the World in Sea Voyages and Lande Travells by Englishmen and others*. Chapter VII. William Cornelison Schouten. Volume II. James MacLehose and Sons, Glasgow (1905), pp. 232-284. https://archive.org/stream/cu31924065997144#page/n269

RHYS E (ed.) (1999) *The Voyages of Captain Cook*. Wordsworth Classics of World Literature, Great Britain

RIESENBERG F (1939) *Cape Horn: The Story of the Cape Horn Region*. Dood, Mead & Company, Inc., New York

THOMAS N (1906) *Cook: The Extraordinary Voyages of Captain James Cook*. JAJ de Villiers. The East and West Indian Mirror, Being an Account of Joris Van Speilbergen's Voyage Around the World (1614-1617), and the Australian Navigations of Jacob Le Maire. The Hakluyt Society

VICUÑA MACKENNA B (1877) Advertencia del Editor. En *Historia Jeneral del Reyno de Chile. Flandes Indiano,* Diego de Rosales 1667. Imprenta Del Mercurio, Valparaíso, Chile. Tomo I. pp. v-x

WHARTON WJL (1893) *Captain Cook's Journal During His First Voyage Round The World Made In H.M. Bark "Endeavour" 1768-71*. http://gutenberg.net.au/ebooks/e00043.html#ch10

SOURCES ABOUT DARWIN'S WORKS / *FUENTES DE LOS TRABAJOS DE DARWIN*

AYALA FJ (2008) Where is Darwin 200 years later? *Journal of Genetics* 87: 321-325

BARLOW N (1945) *Charles Darwin and the Voyage of the Beagle*. Edited with an Introduction by Nora Barlow. http://darwin-online.org.uk/content/frameset?viewtype=side&itemID=F1571&pageseq=90

BARLOW N (1959) *The Autobiography of Charles Darwin 1809-1882. With original omissions restored Edited with Appendix and Notes by his grand-daughter Nora Barlow*. The Easton Press, Norwalk, Connecticut

BARRETT PH, PJ GAUTREY, S HERBERT, S KOHN, S SMITH (1987) *Charles Darwin's Notebooks, 1836-1844*. Cornell University Press, Ithaca, New York

BOWLER PJ (1996) *Charles Darwin. The Man and His Influence*. Cambridge University Press, Cambridge

BRIDGES T (1933) *Yamana-English Dictionary*. Zaglier y Urruty Publicaciones, Buenos Aires (1987)

BROWNE J (2011) *Charles Darwin: The Power of Place*. Alfred A. Knopf, New York

BROWNE J (2010) Making Darwin: Biography and the changing representations of Charles Darwin. *Journal of Interdisciplinary History* 40(3): 347-373

BROWNE J (2001) Darwin in caricature: A study in the popularisation and dissemination of evolution. *Proceedings of the American Philosophical Society* 145(4): 496-509

BURKHARDT F, J BROWNE, DM PORTER, M RICHMOND (1993) *The Correspondence of Charles Darwin, Volume 8: 1860*. Cambridge University Press, Cambridge

BURKHARDT F, S SMITH, C BOWMAN, J BROWNE, AN BURKHARDT, D KOHN, W MONTGOMERY, SV POCOCK, A SECORD, NC STEVENSON (eds.) (2008) *Charles Darwin. The Beagle' Letters*. Cambridge University Press, New York

CAMPBELL J (1997) *In Darwin's Wake. Revisiting Beagle's South American Anchorages*. Waterline Books, Great Britain

CÁRDENAS R, A PRIETO (1999) Entre los fueguinos: ¿una reacción antievolucionista de la escuela histórico-cultural? *Anales del Instituto de la Patagonia* 27: 89-98

CHAPMAN A (2006) *Darwin in Tierra del Fuego*. Ediciones Imago Mundi, Buenos Aires

DARWIN C (1838) *The Voyage of the Beagle*. Everyman's Library, London (1975)

DARWIN C (1839) *The Voyage of the H.M.S. Beagle*. The Easton Press, Norwalk, CT (2000)

DARWIN C (1839) *Voyage of the Beagle*. Penguin Books, London (1989)

DARWIN C (1860) *A Naturalist's Voyage Round the World. Journal of Researches into the Natural History and Geology of the countries visited during the voyage round the world of H.M.S. Beagle under the command of Captain Fitz Roy, R.N.* John Murray, Albemarle Street, London (1913) https://www.gutenberg.org/files/3704/3704-h/3704-h.htm

DARWIN C (1869) *El Origen de las Especies por Medio de la Selección Natural*. Editorial Diana, Mexico. 12 Edición (1977)

DARWIN C (1871) *Journal of Researches, into the Natural History and Geology of the Countries Visited During the Voyage of H.M.S Beagle Round the World, under the Command of Robert Fitzroy, by Charles Darwin, M.A., F.R.S.* D. Appleton and Company, New York

DARWIN C (1871) *The Descent of Man, and Selection in Relation to Sex*. Princeton University Press, Princeton, New Jersey (1981)

DARWIN C (1831-1836). *Darwin's Beagle diary*. Edited by Kees Rookmaaker (2006) [English Heritage 88202366] Darwin Online, http://darwin-online.org.uk/

DARWIN C (1832-1836) *Charles Darwin's Beagle Diary*. Edited by R.D. Keynes (2001) Cambridge University Press, Cambridge. http://darwin-online.org.uk/content/frameset?itemID=F1925&viewtype=text&pageseq=1

DARWIN C (1839) *Narrative of the Surveying Voyages of His Majesty's Ships Adventure and Beagle Between the Years 1826 and 1836, Describing their Examination of the Southern Shores of South America, and the Beagle's Circumnavigation of the Globe. Journal and Remarks (1832-1836).* Henry Colburn, London

DARWIN C (1869) *On the Origin of Species by Means of Natural Selection, or the Preservation of Favored Races in the Struggle for Life.* John Murray, London (5th edition)

DARWIN C (1871) *The Descent of Man, and Selection in Relation to Sex.* John Murray. London. Volume 1 (1st edition)

DARWIN C (1872) *The Expression of the Emotions in Man and Animals.* The University of Chicago Press, Chicago (1965)

DARWIN C (ed.) (1841) *Birds. Part 3 of The Zoology of the Voyage of H.M.S. Beagle, by John Gould.* Edited and superintended by Charles Darwin. Smith Elder and Co, London

DESMOND A, J MOORE (2009) *Darwin's Sacred Cause. How a Hatred of Slavery Shaped Darwin's Views on Human Evolution.* Houghton Mifflin Harcourt, Boston, New York

FITZ ROY R (1839) *Viajes del 'Adventure' y el 'Beagle'.* Catarata, CSIC, UNAM, DIBAM, Centro de Investigaciones Barros Arana, Chile, Universidad Austral de Chile, Madrid, España (2013)

FITZROY R (1839) *Narrative of the Surveying Voyages of His Majesty's Ships Adventure and Beagle, Between the Years 1826 and 1836, Describing their Examination of the Southern Shores of South America and the 'Beagle' Circumnavigation of the Globe.* Proceedings of the Second Expedition, 1831-1836, under the command of Captain Robert Fitz-Roy, Vol. II. Henry Colburn, London

FREEMAN D, CJ BAJEMA, J BLACKING, RL CARNEIRO, UM COWGILL, S GENOVÉS, CC GILLISPIE, MT GHISELIN, JC GREENE, M HARRIS, D HEYDUK (1974) The evolutionary theories of Charles Darwin and Herbert Spencer. *Current Anthropology* 15(3): 211-237

GOULD SJ, RC LEWONTIN (1979) The spandrels of San Marco and the Panglossian paradigm: a critique of the adaptationist programme. *Proc. R. Soc. Lond. B* 205(1161): 581-598

GREEN T (2000) *Tras las Huellas de Darwin.* Editorial Sudamericana, Buenos Aires

HOFFMANN A, J ARMESTO, MT ARROYO. *Darwin en Sudamérica. Nace un Gran Naturalista.* Instituto de Ecología y Biodiversidad. Andros Impresores, Santiago

JAKSIC FM, I LAZO (1994) La contribución de Darwin al conocimiento de los vertebrados terrestres de Chile. *Revista Chilena de Historia Natural* 67: 9-26

KEYNES R (2003) *Fossils, Finches, and Fuegians: Darwin's Adventures and Discoveries on the Beagle.* Oxford University Press, New York

LEE MARKS R (1994) *Tres Hombres a Bordo del Beagle. La Aventura Jamás Narrada de Darwin, el Capitán Fitzroy y un Indígena al que Bautizaron Jemmy Button.* Javier Vergara Editor, Buenos Aires

MATURANA H, FJ VARELA (1990) *El Árbol del Conocimiento.* Editorial Universitaria, Santiago.

MATURANA H, J MPODOZIS (2000) The origin of species by means of natural drift. *Revista Chilena de Historia Natural* 73: 261-310

MAYR E (1991) *One Long Argument: Charles Darwin and the Genesis of Modern Evolutionary Thought.* Harvard University Press, Cambridge, Massachusetts

MAYR E (2000) Darwin's influence on modern thought. *Scientific American* 283(1): 78-83

MAYER R (2008) The things of civilization, the matters of empire: representing Jemmy Button. *New Literary History* 39(2): 193-215

MAYO O (2018) *Evolution by Natural Selection and Ethics.* Schweizerbart and Borntraeger Science Publishers, Stuttgart, Germany

MOOREHEAD A (1969) *Darwin and the Beagle.* Harper & Row, Publishers, New York & Evanston

PROVINE WB (1982) Influence of Darwin's ideas on the study of evolution. *Bioscience* 32(6): 501-506

RACHELS J (1990) *Created from Animals: The Moral Implications of Darwinism.* Oxford University Press, New York

RADICK G (2010) Did Darwin change his mind about the Fuegians? *Endeavour* 34(2): 50-54

RICHARDS RJ (1987) *Darwin and the Emergence of Evolutionary Theories of Mind and Behavior.* The University of Chicago Press, Chicago

ROZZI R (1999) The reciprocal links between evolutionary-ecological sciences and environmental ethics. *BioScience* 49 (11): 911-921

ROZZI R (2004) Implicaciones éticas de narrativas yaganes y mapuches sobre las aves de los bosques templados de Sudamérica austral. *Ornitología Neotropical* 15: 435-444

ROZZI R (2018) Transformaciones del pensamiento de Darwin en Cabo de Hornos: un legado para la ciencia y la ética ambiental. *Magallania* 46(1): 267-277

ROZZI R, K HEIDINGER (2006) *The Route of Darwin Through the Cape Horn Archipelago.* Ediciones Universidad de Magallanes, Punta Arenas, Chile

ROZZI R, F MASSARDO, C ANDERSON, K HEIDINGER, J SILANDER Jr (2006) Ten Principles for Biocultural Conservation at the Southern Tip of the Americas: The Approach of the Omora Ethnobotanical Park. *Ecology &Society* 11(1): 43. [online] URL: http://www.ecologyandsociety.org/vol11/iss1/art43/

RUSE M (1975) Charles Darwin's theory of evolution: an analysis. *Journal of the History of Biology* 8(2): 219-241.

RUSE M (2000) Darwin and the philosophers. In *Biology and Epistemology*, R Creath & J Maienschein (eds.) Cambridge University Press, Cambridge, Massachusetts, pp.3-26

SARUKHÁN J (2009) *Las Musas de Darwin.* Fondo de Cultura Económica, México

SKEWES-VODANOVIC JC, L PALMA-MORALES, D GUERRA-MALDONADO (2017) Voces del bosque: Entrevero de seres humanos y árboles en la emergencia de una nueva comunidad moral en la cordillera del sur de Chile. *Alpha* 45:105-26

SPOTORNO AE (2012) Orígenes y conexiones de las leyes de la evolución según Darwin. In *Darwin y la Evolución: Avances en la Universidad de Chile*, A Veloso & A Spotorno (eds.) Editorial Universitaria, Santiago, Chile, pp. 21-42

VELOSO A, A SPOTORNO (eds.) (2012) *Darwin y la Evolución: Avances en la Universidad de Chile.* Editorial Universitaria, Santiago, Chile

VON BODO H, M BAUMUNK, J RIESS (1994) *Darwin und Darwinismus.* Akademie Verlag, Berlin

WILLSON MF, JJ ARMESTO (1996) The natural history of Chiloé: on Darwin's trail. *Revista Chilena de Historia Natural* 69: 149-61

WOLVERTON S, JM NOLAN, W AHMED (2014) Ethnobiology, political ecology, and conservation. *Journal of Ethnobiology* 34(2): 125-152

YANNIELLI LC (2014) Darwin On Fire. *Trumpeter* 30(1): 64-77

YOUNG RM (1995) *Darwin's Metaphor. Nature's Place in Victorian Culture.* Cambridge University Press, New York

CAPE HORN BIOSPHERE RESERVE / *RESERVA DE LA BIOSFERA CABO DE HORNOS*

ADAMI ML, S GORDILLO (1999) Structure and dynamics of the biota associated with *Macrocystis pyrifera* (Phaeophyta) from the Beagle Channel, Tierra del Fuego. *Scientia Marina* 63: 183–191

ALABACK P (1996) Biodiversity patterns in relation to climate: the coastal temperate rainforests of North America. In *High-Latitude Rainforests and Associated Ecosystems of the West Coasts of the Americas. Climate, Hydrology, Ecology and Conservation.* RG Lawford, PB Alaback & E Fuentes (eds.), Springer, New York, pp. 105-133

ALDUNATE C, B LIRA, H RODRÍGUEZ, R ROZZI, L SANTA CRUZ (eds.) (2017) *Cabo de Hornos.* Colección Santander, Museo de Chileno de Arte Precolombino, Santiago, Chile

ARANGO X, R ROZZI, F MASSARDO, CB ANDERSON, T IBARRA (2007) Descubrimiento e implementación del pájaro carpintero gigante (*Campephilus magellanicus*) como especie carismática: una aproximación biocultural para la conservación en la Reserva de Biosfera Cabo de Hornos. *Magallania* 35: 71-88

ARMESTO JJ, R ROZZI, C SMITH-RAMÍREZ, MTK ARROYO (1998) Effective conservation targets in South American temperate forests. *Science* 282: 1271-1272

ARRÓNIZ-CRESPO M, S PÉREZ-ORTEGA, A DE LOS RÍOS, TGA GREEN, R OCHOA-HUESO, MA CASERMEIRO, MT DE LA CRUZ, A PINTADO, D PALACIOS, R ROZZI, N TYSKLIND, LG SANCHO (2014) Bryophyte-cyanobacteria associations during primary succession in recently deglaciated areas of Tierra del Fuego (Chile). *PLoS ONE* 9(5): e96081 https://doi.org/10.1371/journal.pone.0096081

ARROYO MK, L CAVIERES, A PEÑALOZA, M RIVEROS, AM FAGGI (1996) Relaciones fitogeográficas y patrones regionales de riqueza de especies en la flora del bosque lluvioso templado de Sudamérica. In *Ecología de los Bosques Nativos de Chile*, JJ Armesto, C Villagrán & MK Arroyo (eds.), Editorial Universitaria, Santiago, Chile, pp. 71-92

ASENSI A, B DE REVIERS (2009) Illustrated catalogue of types of species historically assigned to *Lessonia* (Laminariales, Phaeophyceae) preserved at PC, including a taxonomic study of three South-American species with a description of *L. searlesiana* sp. nov. and a new lectotypification of *L. flavicans*. *Cryptogamie, Algologie* 30(3): 209-249

ASTORGA-ESPAÑA MS, A MANSILLA (2014) Sub-Antarctic macroalgae: opportunities for gastronomic tourism and local fisheries in the Region of Magallanes and Chilean Antarctic Territory. *Journal of Applied Phycology* 26(2):973-8

BEER G (1997) Travelling the other way. In *Patagonia: Natural History, Prehistory and Ethnography at the Uttermost End of the Earth*. C McEwan, LA Borrero & A Prieto (eds.), Princeton University Press, Princeton, New Jersey, pp.140-152

BERGHOEFER U, R ROZZI, K JAX (2010) Many eyes on nature: diverse perspectives in the Cape Horn Biosphere Reserve and their relevance for conservation. *Ecology and Society* 15(1): 18. [online] URL: http://www.ecologyandsociety.org/vol15/iss1/art18/

BERGHÖFER U, R ROZZI, K JAX (2008) Diverse Perspectives on nature in the Cape Horn Biosphere Reserve. *Environmental Ethics* 30 (3): 273-294

BOHOYO F, RD LARTER, J GALINDO-ZALDÍVAR, PT LEAT, A MALDONADO, AJ TATE, EJM GOWLAND, JE ARNDT, B DORSCHEL, YD KIM, JK HONG, MM FLEXAS, J LÓPEZ-MARTÍNEZ, A MAESTRO, O BERMUDEZ, FO NITSCHE, RA LIVERMORE, TR RILEY (2016) *Bathymetry and geological setting of the Drake Passage (1:1 500 000).* BAS GEOMAP 2 series, Sheet 7, British Antarctic Survey, Cambridge, UK

BRIDGES L (1949) *Uttermost Part of Earth*. Dutton, New York

CALLICOTT JB, R ROZZI, L DELGADO, M MONTICINO, M ACEVEDO (2007) Biocomplexity and biodiversity hotspots: Three case studies from the Americas. *Philosophical Transactions of the Royal Society of London* 362: 321-333

CASTILLO S, RD CREGO, JE JIMÉNEZ, R ROZZI (2017) Native-predator–invasive-prey trophic interactions in Tierra del Fuego: the beginning of biological resistance?. *Ecology* 98(9): 2485-2487

CLARKE GS, A COWAN, P HARRISON, WRP BOURNE (1992) Notes on the seabirds of the Cape Horn Islands. *Notornis* 39: 133-144

CONTADOR T, J KENNEDY, J OJEDA, P FEINSINGER, R ROZZI (2014) Ciclos de vida de insectos dulceacuícolas y cambio climático global en la ecorregión subantártica de Magallanes: investigaciones ecológicas a largo plazo en el Parque Etnobotánico Omora, Reserva de Biosfera Cabo de Hornos (55°S). *Bosque* 35(3): 429-437.

CONTADOR T, JH KENNEDY, R ROZZI (2012) The conservation status of southern South American aquatic insects in the literature. *Biodiversity and Conservation* 21 (8): 2095-2107

CONTADOR T, R ROZZI, J KENNEDY, F MASSARDO, J OJEDA, P CABALLERO, Y MEDINA, R MOLINA, F SALDIVIA, F BERCHEZ, A STAMBUK, V MORALES, K MOSES, M GAÑAN, G ARRIAGADA, J RENDOLL, F OLIVARES, S LAZZARINO (2018) Sumergidos con lupa en los ríos del Cabo de Hornos: valoración ética de los ecosistemas dulceacuícolas y sus habitantes. *Magallania* 46(1): 183-206

CONTADOR TA, JH KENNEDY, R ROZZI, J OJEDA (2015) Sharp altitudinal gradients in Magellanic sub-Antarctic streams: thermal patterns and benthic macroinvertebrate communities along a fluvial system in the Cape Horn Biosphere Reserve (55°S). *Polar Biology* 38 (11): 1853-1866

COUVE E, C VIDAL (2003) *Birds of Patagonia, Tierra del Fuego & Antarctic Peninsula*. Editorial Fantástico Sur Birding Ltda., Punta Arenas, Chile

CREGO RD, JE JIMÉNEZ, C SOTO, O BARROSO, R ROZZI (2014) Tendencias poblacionales del visón norteamericano invasor (*Neovison vison*) y sus principales presas nativas desde su arribo a isla Navarino, Chile. *Boletín de la Red Latinoamericana para el Estudio de Especies Invasoras* 4: 4-18

CREGO RD, JE JIMÉNEZ, R ROZZI (2015) Expansión de la invasión del visón norteamericano (*Neovison vison*) en la Reserva de la Biosfera Cabo de Hornos, Chile. *Anales del Instituto de la Patagonia* 43(1): 157-162

DELL RK (1971) The marine Mollusca of the Royal Society Expedition to southern Chile, 1958–1959. *Records of the Dominion Museum* 7 (17): 155–233

DURON Q, JE JIMÉNEZ, PM VERGARA, GE SOTO, M LIZAMA, R ROZZI (2018) Intersexual segregation in foraging microhabitat use by Magellanic Woodpeckers (*Campephilus magellanicus*): seasonal and habitat effects at the world's southernmost forests. *Austral Ecology* 43: 25–34

FERNÁNDEZ-MARTÍNEZ MA, SB POINTING, S PÉREZ-ORTEGA, M ARRÓNIZ-CRESPO, TGA GREEN, R ROZZI, LG SANCHO, A DE LOS RÍOS (2017) Microbial succession dynamics along glacier forefield chronosequences in Tierra del Fuego (Chile). *Polar Biology* 40: 1-19

FERNÁNDEZ-MARTÍNEZ MA, SB POINTING, S PÉREZ-ORTEGA, M ARRÓNIZ-CRESPO, TGA GREEN, R ROZZI, LG SANCHO, A DE LOS RÍOS (2016) Functional ecology of soil microbial communities along a glacier forefield in Tierra del Fuego (Chile). *International Microbiology* 19: 161-173

FURLONG CW (1917) Tribal distribution and settlements of the fuegians, comprising nomenclature, etymology, philology, and populations. *Geographical Review* 3(3): 169-187

GALES R (1998) Albatross population: Status and threats. In *Albatross, Biology and Conservation*, Robertson G & R Gales (eds). Surrey Beatty and Sons Pty Limited, Australia, pp 20-45

GOFFINET B, R ROZZI, L LEWIS, W BUCK, F MASSARDO (2012) *The Miniature Forests of Cape Horn: Eco-Tourism with a Hand-lens*. Bilingual English-Spanish edition. UNT Press – Ediciones Universidad de Magallanes, Denton TX and Punta Arenas, Chile

GUSINDE M (1961) *The Yamana: The Life and Thought of the Water Nomads of Cape Horn*. Volumes I-V, translated by F Schutze. New Haven Press, USA.H. Princeton, New Jersey

HARGROVE EC, MT ARROYO, PH RAVEN, H MOONEY (2008) Omora Ethnobotanical Park and the UNESCO Cape Horn Biosphere Reserve. *Ecology and Society* 13(2): https://www.ecologyandsociety.org/vol13/iss2/art49/

HOLDGATE MW (1961) Man and environment in the south Chilean islands. *The Geographical Journal* 127(4): 401-414

IBARRA JT, E SCHUETTLER, S MCGEHEE, R ROZZI (2010) Tamaño de puesta, sitios de nidificación y éxito reproductivo del caiquén (*Chloephaga picta* Gmelin, 1789) en la Reserva de Biosfera Cabo de Hornos, Chile. *Anales Instituto Patagonia* 38: 73-82

IBARRA JT, L FASOLA, DW MACDONALD, R ROZZI, C BONACIC (2009) Invasive American mink in wetlands of the Cape Horn Biosphere Reserve, Southern Chile: what are they eating? *Oryx* 43(1): 87–90

JIMÉNEZ JE, AE JAHN, R ROZZI, NE SEAVY (2016) First documented migration of individual White-crested Elaenias (*Elaenia albiceps chilensis*) in South America. *The Wilson Journal of Ornithology* 28 (2): 419–425

JOFRE J, B GOFFINET, P MARINO, RA RAGUSO, SS NIHEI, F MASSARDO, R ROZZI (2011) First evidence of insect attraction by a Southern Hemisphere Splachnaceae: The case of *Tayloria dubyi* in the Reserve Biosphere Cape Horn, Chile. *Nova Hedwigia* 92: 317-326

JOFRE J, F MASSARDO, R ROZZI, B GOFFINET, P MARINO, R RAGUSO, NP NAVARRO (2010) Fenología de la fase esporofítica de *Tayloria dubyi* (Splachnaceae) en las turberas de la Reserva de Biosfera Cabo de Hornos. *Revista Chilena de Historia Natural* 83: 195-206

KAREZ CS, JM HERNÁNDEZ-FACCIO, E SCHÜTTLER, R ROZZI, M GARCÍA, AY MEZA, M CLÜSENER-GODT (2016) Learning experiences about intangible heritage conservation for sustainability in biosphere reserves. Special Issue on "Intangible Cultural Heritage." *Material Culture Review* 82-83 (Fall 2015/Spring 2016): 84-96

KIRK C, R ROZZI, S GELCICH (2018) El turismo como una herramienta para la conservación del elefante marino del sur (Mirounga leonina) y sus habitats en Tierra del Fuego, Reserva de la Biosfera Cabo de Hornos, Chile. *Magallania* 46(1): 65-78

KOHN D (ed.) (2014) *The Darwinian Heritage.* Princeton University Press, Princeton, New Jersey

LAWFORD RG, PB ALABACK, ER FUENTES (eds.) (1996) *High-Latitude Rainforests and Associated Ecosystems of the West Coasts of the Americas. Climate, Hydrology, Ecology and Conservation.* Springer, New York

LEWIS LR, R ROZZI, B GOFFINET (2014) Direct long-distance dispersal shapes a New World amphitropical disjunction in the dispersal-limited dung moss Tetraplodon (Bryopsida: Splachnaceae). *Journal of Biogeography* 41(12): 2385-2395

LEWIS LR, EM BIERSMA, SB CAREY, K HOLSINGER, SF MCDANIEL, R ROZZI, B GOFFINET (2017) Resolving the northern hemisphere source region for the long-distance dispersal event that gave rise to the South American endemic dung moss *Tetraplodon fuegianus. American Journal of Botany* 104(11): 1651-1659

LINDER HP, H KURZWEIL, SD JOHNSON (2005) The Southern African orchid flora: composition, sources and endemism. *Journal of Biogeography* 32(1): 29-47

LYSAGHT A (1959) Some eighteenth century bird paintings in the Library of Sir Joseph Banks (1743-1820). *Bulletin of the British Museum (Natural History) Historical Series* 1(6): 253-371

MACKENZIE R, L LEWIS, R ROZZI (2016) Nuevo registro de *Sphagnum falcatulum* Besch (Sphagnaceae) en Isla Navarino, Reserva de la Biósfera Cabo de Hornos. *Anales del Instituto de la Patagonia* 44(1): 79-84

MANSILLA A, M ÁVILA, J CÁCERES, M PALACIOS, N NAVARRO, I CAÑETE, S OYARZÚN (2009) *Diagnóstico Bases Biológicas Explotación Sustentable de Macrocystis pyrifera, (Huiro).* XII Región Código BIP N° 30060262-0. Gobierno Regional de Magallanes y Antártica Chilena. Informe de Proyecto, Universidad de Magallanes, Chile

MANSILLA A, J OJEDA, R ROZZI (2012) Cambio climático global en el contexto de la ecorregión subantártica de Magallanes y la Reserva de Biosfera Cabo de Hornos. *Anales del Instituto de la Patagonia* 40(1): 69-76

MARTICORENA A, D ALARCÓN, L ABELLO, C ATALA (2010) *Plantas Trepadoras, Epífitas y Parásitas Nativas de Chile.* Guía de Campo. Ed. Corporación Chilena de la Madera, Concepción, Chile

MARTINIC M (2004) *El Archipiélago Patagónico: La Última Frontera.* Ediciones Universidad de Magallanes, Punta Arenas, Chile

MARTINIC M (2005) *Crónica de las Tierras del Sur del Canal Beagle.* Hotel Lakutaia, Punta Arenas, Chile

MARTINIC M (2011) *El Occidente Fueguino, Todavía Una Incógnita.* La Prensa Austral, Punta Arenas, Chile

MCEWAN C, LA BORRERO, A PRIETO (eds.) (1998) *Patagonia: Natural History, Prehistory, and Ethnography at the Uttermost End of the Earth.* Princeton University Press, Princeton, New Jersey

MÉNDEZ M, R ROZZI, L CAVIERES (2013) Flora vascular y no-vascular en la zona altoandina de la isla Navarino (55ºS), Reserva de Biosfera Cabo de Hornos, Chile. *Gayana Botánica* 70 (2): 337-343

MILLER B, ME SOULÉ, J TERBORGH (2014) 'New conservation' or surrender to development? *Animal Conservation* 17(6): 509-15

MITTERMEIER RA, CG MITTERMEIER, TM BROOKS, JD PILGRIM, WR KONSTANT, DA FONSECA, C KORMOS (2003) Wilderness and biodiversity conservation. *Proceedings of the National Academy of Sciences* 100: 10309-10313

MITTERMEIER RA, C MITTERMEIER, P ROBLES-GIL, J PILGRIM, G FONSECA, T BROOK, W KONSTANT (2002) *Wilderness: Earth's Last Wild Places.* CEMEX–Conservation International, Washington DC

MOLINA JA, A LUMBRERAS, A BENAVENT-GONZÁLEZ, R ROZZI, LG SANCHO (2016) Plant communities as bioclimate indicators on Isla Navarino, one of the southernmost forested areas of the world. *Gayana Botanica* 73(2): 391-401

MOORE DM (1983) *Flora of Tierra del Fuego*. Livesey Limited, Shrewsbury, England

MORRONE JJ (2000) Biogeographic delimitation of the Subantarctic subregion and its provinces. *Revista del Museo Argentino de Ciencias Naturales* 2: 1-15

MURPHY D (2004) *Rounding the Horn*. Basic Books, New York

OCAMPO C, P RIVAS (2000) Nuevos fechados 14C de la costa norte de la isla Navarino, costa sur del canal Beagle, Provincia Antártica Chilena, región de Magallanes". *Anales del Instituto de la Patagonia* 28: 23-35

OJEDA J, J MARAMBIO, S ROSENFELD, R ROZZI, A MANSILLA (2014) Patrones estacionales y espaciales de la diversidad de moluscos intermareales de bahía Róbalo, canal Beagle, Reserva de la Biosfera Cabo de Hornos, Chile. *Revista de Biología Marina y Oceanografía* 49: 493-509. https://doi.org/10.4067/S0718-19572014000300007

PATTERSON BD (2010) Climate change and faunal dynamics in the uttermost part of the earth. *Molecular Ecology* 19(15): 3019-3021

PISANO E, RP SCHLATTER (1981) Vegetación y flora de las islas Diego Ramírez (Chile). I. Características y relaciones de la flora vascular. *Anales del Instituto de la Patagonia* 12: 183-194

PISANO E (1972) Observaciones fito-ecológicas en las islas Diego Ramírez. *Anales Instituto Patagonia (Chile)* 3: 161-169

PISANO E (1977) Fitogeografía de Fuego-Patagonia chilena. I. Comunidades vegetales entre las latitudes 52° y 56°S. *Anales del Instituto de la Patagonia* 8: 121-250

PISANO E (1980) Distribución y características de la vegetación del archipiélago del Cabo de Hornos. *Anales del Instituto de la Patagonia, Serie Ciencias Naturales* 11: 191-224

PISANO E, RP SCHLATTER (1981) Vegetación y flora de las islas Diego Ramírez (Chile). II. Comunidades vegetales vasculares. *Anales del Instituto de la Patagonia, Serie Ciencias Naturales* 12: 195-204

POPP M, V MIRRÉ, C BROCHMANN (2011) A single Mid-Pleistocene long-distance dispersal by a bird can explain the extreme bipolar disjunction in crowberries (*Empetrum*). *Proceedings of the National Academy of Sciences* 108: 6520–6525

PRIETO AP, R CÁRDENAS (1997) *Introduction to Ethnographic Photography in Patagonia*. Patagonia Comunicaciones, Punta Arenas, Chile

PRIMACK R, R ROZZI, P FEINSINGER, R DIRZO, F MASSARDO (2006) *Fundamentos de Conservación Biológica: Perspectivas Latinoamericanas*. Fondo de Cultura Económica, México (2ª Edición)

RENDOLL J, T CONTADOR, R CREGO, N JORDÁN, E SCHÜTTLER, M GAÑÁN, J JIMÉNEZ, R ROZZI, F MASSARDO, J KENNEDY (2016) Primer registro de *Vespula vulgaris* (Linnaeus 1758) (Hymenoptera: Vespidae); una nueva especie introducida en la isla Navarino, Chile. *Gayana* 80(1): 111-114

REYES R, JJ JIMÉNEZ, R ROZZI (2015) Daily patterns of activity of passerine birds in a Magellanic sub-Antarctic forest at Omora Park (55 S), Cape Horn Biosphere Reserve, Chile. *Polar Biology* 38: 401–411

RIVAS P, C OCAMPO, E ASPILLAGA (1999) Poblamiento temprano de los Canales Patagónicos: el núcleo septentrional. *Anales del Instituto de la Patagonia* 27: 221-230

ROSENFELD S (2016) *Variación Espacio-temporal en la Composición Dietaria de Especies del Género* Nacella *Schumacher, 1817, en la Ecoregión Subantártica de Magallanes*. M.Sc. Thesis, Universidad de Magallanes, 145 pp.

ROSENFELD S, C ALDEA, A MANSILLA, J MARAMBIO, J OJEDA (2015) Richness, systematics, and distribution of molluscs associated with the macroalga *Gigartina skottsbergii* in the Strait of Magellan, Chile: A biogeographic affinity study. *Zookeys* 519: 49-100

ROSENFELD S, J OJEDA, M HÜNE, A MANSILLA, T CONTADOR (2014) Egg masses of the Patagonian squid *Doryteuthis (Amerigo) gahi* attached to giant kelp (*Macrocystis pyrifera*) in the sub-Antarctic ecoregion. *Polar Research* 33: 21636, doi 10.3402/polar.v33.21636

ROSENFELD S, C ALDEA, J OJEDA, A MANSILLA, R ROZZI (2017) Diferencias morfométricas de dos especies del género *Eatoniella* en Isla Navarino, Reserva de Biosfera Cabo de Hornos, Chile (Morphometric differences in two species of the genus *Eatoniella* in Navarino Island, Cape Horn Biosphere Reserve, Chile). *Revista de Biología Marina y Oceanografía* 52 (1): 169-173

ROZZI R (2002) *Biological and Cultural Conservation in the Archipelago Forest Ecosystems of Southern Chile*. Ph.D. Dissertation, Department of Ecology and Evolutionary Biology, University of Connecticut, USA

ROZZI R, L LEWIS, F MASSARDO, Y MEDINA, K MOSES, M MÉNDEZ, L SANCHO, P VEZZANI, S RUSSELL, B GOFFINET (2012) *Ecotourism with a Hand-Lens at Omora Park*. Ediciones Universidad de Magallanes, Punta Arenas, Chile

ROZZI R, CB ANDERSON, JC PIZARRO, F MASSARDO, Y MEDINA, A MANSILLA, JH KENNEDY, J OJEDA, T CONTADOR, V MORALES, K MOSES, A POOLE JJ ARMESTO, MT KALIN (2010) Field environmental philosophy and biocultural conservation at the Omora Ethnobotanical Park: Methodological approaches to broaden the ways of integrating the social component ("S") in Long-Term Socio-Ecological Research (LTSER) sites. *Revista Chilena de Historia Natural* 83: 27-68

ROZZI R, E SCHÜTTLER (2013) Protecting a land of fire and ice. *A World of SCIENCE* 11(4): 23-27

ROZZI R, E SCHÜTTLER (2015) Primera década de investigación y educación en la Reserva de la Biosfera Cabo de Hornos: el enfoque biocultural del Parque Etnobotánico Omora. *Anales del Instituto de la Patagonia* 43(2): 75-99

ROZZI R, F MASSARDO, CB ANDERSON (eds.) (2004) *La Reserva de la Biosfera Cabo de Hornos: una Oportunidad para Desarrollo Sustentable y Conservación Biocultural en el Extremo Austral de América / The Cape Horn Biosphere Reserve: a Proposal of Conservation and Tourism to Achieve Sustainable Development at the Southern End of the Americas*. Ediciones Universidad de Magallanes. Punta Arenas, Chile

ROZZI R, F MASSARDO, A MANSILLA, FA SQUEO, E BARROS, T CONTADOR, M FRANGOPULOS, E POULIN, S ROSENFELD, B GOFFINET, C GONZÁLEZ-WEAVER, R MACKENZIE, RD CREGO, F VIDDI, J NARETTO, MR GALLARDO, JE JIMÉNEZ, J MARAMBIO, C PÉREZ, JP RODRÍGUEZ, F MÉNDEZ, O BARROSO, J RENDOLL, E SCHÜTTLER, J KENNEDY, P CONVEY, S RUSSELL, F BERCHEZ, PYG SUMIDA, P RUNDELL, A ROZZI, J ARMESTO, M KALIN-ARROYO, M MARTINIC (2017) *Parque Marino Cabo de Hornos – Diego Ramírez. Informe Técnico para la Propuesta de Creación*. Programa de Conservación Biocultural Subantártica. Ediciones Universidad de Magallanes, Punta Arenas, Chile

ROZZI R, F MASSARDO, C ANDERSON, A BERGHOEFER, A MANSILLA, M MANSILLA, J PLANA, U BERGHOEFER, E BARROS, P ARAYA (2006) *La Reserva de Biosfera Cabo de Hornos*. Ediciones Universidad de Magallanes, Punta Arenas, Chile

ROZZI R, F MASSARDO, C ANDERSON, K HEIDINGER, J SILANDER Jr (2006) Ten principles for biocultural conservation at the southern tip of the Americas: the approach of the Omora Ethnobotanical Park. *Ecology & Society* 11(1): 43. www.ecologyandsociety.org/vol11/iss1/art43/

ROZZI R, F MASSARDO, F CRUZ, C GRENIER, A MUÑOZ, E MUELLER, J ELBERS (2010) Galapagos and Cape Horn: ecotourism or greenwashing in two emblematic Latin American archipelagoes? *Environmental Philosophy* 7(2): 1-32

ROZZI R, J ARMESTO, B GOFFINET, W BUCK, F MASSARDO, J SILANDER, M KALIN-ARROYO, S RUSSELL, CB ANDERSON, L CAVIERES, JB CALLICOTT (2008) Changing lenses to assess biodiversity: patterns of species richness in sub-Antarctic plants and implications for global conservation. *Frontiers in Ecology and the Environment* 6: 131-137

ROZZI R, JE JIMÉNEZ (eds.) (2014) *Magellanic Subantarctic Ornithology: First Decade of Forest Bird Studies at the Omora Ethnobotanical Park, Cape Horn Biosphere Reserve*. University of North Texas Press - Ediciones Universidad de Magallanes, Denton TX, USA - Punta Arenas, Chile

ROZZI R, JJ ARMESTO, J GUTIÉRREZ, F MASSARDO, G LIKENS, CB ANDERSON, A POOLE, K MOSES, G HARGROVE, A MANSILLA, JH KENNEDY, M WILLSON, K JAX, C JONES, JB CALLICOTT, MT KALIN (2012) Integrating ecology and environmental ethics: Earth stewardship in the southern end of the Americas. *BioScience* 62 (3): 226-236

ROZZI R, R CHARLIN, S IPPI, O DOLLENZ (2004) Cabo de Hornos: un parque nacional libre de especies exóticas en el confín de América. *Anales del Instituto de la Patagonia* 32: 55-62

SCHLATTER R, G RIVEROS (1997) Historia natural del Archipiélago Diego Ramírez, Chile. *Serie Científica INACH (Chile)* 47: 87-112

SCHÜTTLER E, J CÁRCAMO, R ROZZI (2008) Diet of the American mink *Mustela vison* and its potential impact on the native fauna of Navarino Island, Cape Horn Biosphere Reserve, Chile. *Revista Chilena de Historia Natural* 81: 599-613

SCHÜTTLER E, R KLENKE, S MCGEHEE, R ROZZI, K JAX (2009) Vulnerability of ground-nesting waterbirds to predation by invasive American mink in the Cape Horn Biosphere Reserve, Chile. *Biological Conservation* 142:1450–1460

SCHÜTTLER E, R ROZZI, K JAX (2011) Towards a societal discourse on invasive species management: a case study of public perceptions of mink and beavers in Cape Horn. *Journal for Nature Conservation* 19: 175-184

TUHKANEN S, I KUOKKA, J HYVÖNEN, S STENROOS, J NIEMELA (1990) Tierra del Fuego as a target for biogeographical research in the past and present. *Anales del Instituto de la Patagonia* 19(2): 5-107

TURRA A, A CRÓQUER, A CARRANZA, A MANSILLA, AJ ARECES, C WERLINGER, C MARTÍNEZ-BAYÓN, CA NASSAR, E PLASTINO, E SCHWINDT, F SCARABINO (2013) Global environmental changes: setting priorities for Latin American coastal habitats. *Global Change Biology* 19(7): 1965-1969.

VEBLEN TT, RS HILL, J READ (eds.) 1996) *The Ecology and Biogeography of* Nothofagus *Forests*. Yale University Press, New Haven

VERGARA P, SCHLATTER RP (2004) Magellanic Woodpecker (*Campephilus magellanicus*) abundance and foraging in Tierra del Fuego, Chile. *Journal of Ornithology* 145: 343- 351

VIDAL OJ (2015) Introducción al número especial sobre restauración ecológica en la ecorregión Magallánica Subantártica. *Anales del Instituto de la Patagonia* 43: 7-9

VILLAGRÁN C (2018) Biogeografía de los bosques subtropical-templados del sur de Sudamérica. Hipótesis históricas. *Magallania* 46(1): 27-48

VILLAGRÁN C, LF HINOJOSA (1997) Historia de los bosques del sur de Sudamérica, II: Análisis fitogeográfico. *Revista Chilena de Historia Natural* 70, 241-267

NOTES CHAPTER 13 / *NOTAS CAPÍTULO 13*

[1] BOWLER PJ (1990) *Charles Darwin: The Man and His Influence*. Cambridge University Press, New York

[2] ROZZI R (1999)The reciprocal links between evolutionary-ecological sciences and environmental ethics. *BioScience* 49 (11): 911-921

[3] SAMS (1885) Letter quoted in Mr. Darwin and the South American Missionary Society Daily News, April 24, 1885, p. 3

[4] ROZZI R, F MASSARDO, C ANDERSON, K HEIDINGER, J SILANDER Jr (2006) Ten principles for biocultural conservation at the southern tip of the Americas: The approach of the Omora Ethnobotanical Park. *Ecology &Society* 11(1): 43. [online] URL: http://www.ecologyandsociety.org/vol11/iss1/art43/

[5] BURKHARDT F, J BROWNE, DM PORTER, M RICHMOND (1993) *The Correspondence of Charles Darwin, Volume 8: 1860*. Cambridge University Press, Cambridge, UK

[6] FITZROY R (1839). *Narrative of the Surveying Voyages of His Majesty's Ships Adventure and Beagle Between the Years 1826 and 1836, Describing their Examination of the Southern Shores of South America, and the Beagle's Circumnavigation of the Globe*. Proceedings of the second expedition, 1831-36, under the command of Captain Robert Fitz-Roy. Henry Colburn, London

[7] RACHELS J (1990) *Created from Animals: The Moral Implications of Darwinism*. Oxford University Press, New York

[8] CÁRDENAS R, A PRIETO (1999). Entre los fueguinos: ¿una reacción antievolucionista de la escuela histórico-cultural? *Anales del Instituto de la Patagonia* 27: 89-98

[9] CALLICOTT JB (1982) Hume's is/ought dichotomy and the relation of ecology to Leopold's Land Ethic. *Environmental Ethics* 4: 163-74

[10] BARRETT PH, PJ GAUTREY, S HERBERT, S KOHN, S SMITH (1987) *Charles Darwin's Notebooks, 1836-1844*. Cornell University Press, Ithaca, New York

[11] LEOPOLD A (1949) *A Sand County Almanac and Sketches from Here and There*. Reprint, Ballantine Books, New York (1966)

[12] GUSINDE M (1961). *The Yamana: The Life and Thought of the Water Nomads of Cape Horn*. Volume I, translated by F. Schutze. New Haven Press, New Haven, CT

[13] ROZZI R, F MASSARDO, C ANDERSON, S MCGEHEE, G CLARK, G EGLI, E RAMILO, U CALDERÓN, C CALDERÓN, L AILLAPAN, C ZÁRRAGA (2010) *Multi-Ethnic Bird Guide of the Sub-Antarctic Forests of South America.* University of North Texas Press – Ediciones Universidad de Magallanes, Denton TX and Punta Arenas, Chile

AUTHORS AND CONTRIBUTORS

AUTORES Y COLABORADORES

Text Authors / *Autores de textos*

Kurt Heidinger, Ph.D.
Biocitizen School of Field Environmental Philosophy & Practice
Westhampton, Massachusetts, USA
info@biocitizen.org

Dr. Andrés Mansilla
Laboratorio de Macroalgas
Programa de Conservación Biocultural Subantártica
Universidad de Magallanes
Instituto de Ecología y Biodiversidad, Chile
andres.mansilla@umag.cl

Francisca Massardo, Ph.D.
Programa de Conservación Biocultural Subantártica
Universidad de Magallanes
Instituto de Ecología y Biodiversidad, Chile
Parque Etnobotánico Omora
Puerto Williams, Chile
francisca.massardo@umag.cl

Jaime Ojeda, Ph.D(c).
Laboratorio de Macroalgas
Programa de Conservación Biocultural Subantártica
Universidad de Magallanes
jaime.ojeda@umag.cl

Elizabeth Reynolds M.A.
Alumni, Sub-Antarctic Biocultural Conservation Program
University of North Texas, USA
elreyn25@hotmail.com

Ricardo Rozzi, M.A., Ph.D.
Director, Sub-Antarctic Biocultural Conservation Program
University of North Texas, Denton, Texas, USA
Universidad de Magallanes
Instituto de Ecología y Biodiversidad, Chile
Parque Etnobotánico Omora, Puerto Williams, Chile
rozzi@unt.edu

Sebastián Rosenfeld, M.Sc.
Laboratorio de Macroalgas
Programa de Conservación Biocultural Subantártica
Universidad de Magallanes
Instituto de Ecología y Biodiversidad, Chile
sebastian.rosenfeld@umag.cl

Dr. Shaun Russell
Director, Treborth Botanic Garden
College of Natural Sciences
Bangor University, UK
s.russell@bangor.ac.uk

Main Photographers / *Fotógrafos principales*

Omar Barroso
Programa de Conservación Biocultural Subantártica
Universidad de Magallanes
Instituto de Ecología y Biodiversidad, Chile
Parque Etnobotánico Omora
Puerto Williams, Chile
omar.barroso@umag.cl

Jorge Herreros
Santiago, Chile
lartundo@gmail.com

Paola Vezzani
Programa de Conservación Biocultural Subantártica
Universidad de Magallanes
Parque Etnobotánico Omora
Puerto Williams, Chile
paola.vezzani@gmail.com

ACKNOWLEDGMENTS

This book is the result of two decades of collective research, education and conservation work, and its transference to ecotourism, developed by the Sub-Antarctic Biocultural Conservation Program in the Cape Horn Biosphere Reserve. This Program is coordinated in Chile by the University of Magallanes (UMAG), with the collaboration of the Institute of Ecology and Biodiversity (IEB) and the Omora Foundation, and in the United States by the University of North Texas (UNT).

We thank the Chilean Navy for its essential support for carrying out numerous navigations around the archipelagoes of the Cape Horn Biosphere Reserve, including explorations towards exposed oceanic areas with rigorous climates, such as the archipelagoes of Diego Ramirez Islands and Cape Horn, where we conduct long-term ecological research. Field research for this book began in 2000 aboard the fishing boat "Maroba," initiating studies about the flora, fauna, marine and terrestrial ecosystems, that were explored by Charles Darwin almost two centuries ago.

We thank the teachers and students of the Donald McIntyre School in Puerto Williams with whom we have studied and shared the stories of Darwin and natural history of Cape Horn in the ongoing Omora Workshop for the past two decades. Since the beginning of these educational and ecotourism workshops, we highlighted the experiences of the naturalist Charles Darwin and other scientific explorers in Cape Horn. In this context, since 2005 the universities of Magallanes and North Texas have jointly offered the international field course *Tracing Darwin's Path* each year at the Omora Ethnobotanical Park and other places in the Cape Horn Biosphere Reserve.

AGRADECIMIENTOS

Este libro es el resultado de dos décadas de trabajo colectivo de investigación, educación y conservación, y su transferencia al ecoturismo, desarrollado por el Programa de Conservación Biocultural Subantártica en la Reserva de la Biosfera Cabo de Hornos. Este Programa es coordinado en Chile por la Universidad de Magallanes (UMAG), con la colaboración del Instituto de Ecología y Biodiversidad (IEB) y la Fundación Omora, y en Estados Unidos es coordinado por la University of North Texas (UNT).

Agradecemos a la Armada de Chile por su esencial apoyo para la realización de numerosas navegaciones por los archipiélagos de la Reserva de la Biosfera Cabo de Hornos, incluyendo exploraciones hacia áreas oceánicas expuestas con climas rigurosos, como los archipiélagos Diego Ramírez y Cabo de Hornos, donde desarrollamos estudios ecológicos a largo plazo. La investigación en terreno para este libro se inició el año 2000 a bordo de la lancha pesquera "Maroba", dando curso a estudios de flora, fauna y ecosistemas marinos y terrestres explorados por Charles Darwin hace casi dos siglos.

Agradecemos a los profesores y estudiantes de Liceo Donald McIntyre de Puerto Williams con quienes hemos estudiado y compartido los relatos de Darwin y la historia natural de Cabo de Hornos en el Taller Omora durante estas dos décadas. En los talleres educativos y de ecoturismo destacamos desde el comienzo las experiencias de Darwin y otros exploradores científicos en Cabo de Hornos. En este contexto, el año 2005 iniciamos la serie de cursos internacionales de campo *Tras la Ruta de Darwin*, que las universidades de Magallanes y North Texas ofrecen conjuntamente cada año en el Parque Etnobotánico Omora y otros lugares de la Reserva de la Biosfera Cabo de Hornos.

This book is a revised and extended version of *The Route of Darwin through the Cape Horn Archipelago*, published in 2006 with support of the Chilean Government, Magallanes and Antarctic Region. For this new edition we appreciate the valuable suggestions and comments of Stuart McDaniel, University of Florida, and Shaun Russell, Bangor University, as well as Gene Hargrove, Director of the Center for Environmental Philosophy, whose continued intellectual support encouraged us to publish this second edition. We thank the text revisions by Victoria deCuir (University of North Texas) in English and by Lorena Diaz in Spanish.

We especially thank Fiona Clouder, Ambassador (2014-2018) and Jamie Bowden Ambassador (2018 -) of the United Kingdom in Chile for the collaboration of their Embassy in research, education and tourism of special interests in Cape Horn. The project *British Antarctic Survey - Cape Horn Sub-Antarctic Center Partnership for Science and Sustainable Tourism in the Cape Horn Biosphere Reserve, Sub-Antarctic Chile* (Newton-Picarte Fund, The British Council) supported the printing of this book, whose research has been supported by CONICYT (PFB-23 and Support for Scientific and Technological Centers of Excellence with Basal Financing, AFB170008) through IEB. For more than a decade, Mary Kalin and Juan Armesto directed IEB with an interdisciplinary approach and strong support for developing projects that integrate research and sustainable tourism.

UMAG authorities, particularly its Rector Juan Oyarzo and Vice-Presidents José Maripani and Andrés Mansilla together with UMAG Press, joined efforts with Ronald Chrisman and Karen DeVinney, Director and Chief Editor of UNT Press, to create this new book of the Sub-Antarctic Biocultural Conservation Program series published jointly by University of North Texas Press and Ediciones Universidad de Magallanes.

Este libro es una versión revisada y ampliada de *La Ruta de Darwin en los Archipiélagos del Cabo de Hornos*, publicada el año 2006 con apoyo del Gobierno Regional de Magallanes y Antártica Chilena. Para esta nueva edición, apreciamos las valiosas sugerencias y comentarios de Stuart McDaniel, University of Florida, y Shaun Russell, Bangor University, como también el continuo apoyo intelectual de Gene Hargrove, Director del Center for Environmental Philosophy, quien nos estimuló para la publicación de esta segunda edición. Agradecemos las revisiones de texto por Victoria deCuir (University of North Texas) en inglés y por Lorena Díaz en español.

Nuestro agradecimiento a Fiona Clouder (2014-2018) y Jamie Bowden (2018-), embajadores del Reino Unido en Chile, por el valioso apoyo de su Embajada para desarrollar investigación, educación y turismo de intereses especiales en Cabo de Hornos. El proyecto *A British Antarctic Survey-Cape Horn Sub-Antarctic Centre Partnership for Science and Sustainable Tourism in the Cape Horn Biosphere Reserve, Sub-Antarctic Chile* (Newton-Picarte Fund, British Council) apoyó la impresión de este libro. La investigación necesaria recibió financiamiento de CONICYT (PFB-23 y Apoyo a Centros Científicos y Tecnológicos de Excelencia con Financiamiento Basal, AFB170008) a través del IEB. Nuestro agradecimiento a Mary Kalin y Juan Armesto, que por más de una década dirigieron el IEB con un enfoque interdisciplinario y apoyo decidido al desarrollo de proyectos que integran investigación y turismo sustentable.

Las autoridades de la UMAG, su Rector Juan Oyarzo y vicerrectores José Maripani y Andrés Mansilla, junto con Ediciones UMAG, han aunado esfuerzos colaborativos con Ronald Chrisman y Karen DeVinney, Director y Editora Jefe de UNT Press, para gestar este nuevo libro de la serie del Programa de Conservación Biocultural Subantártica publicada conjuntamente por University of North Texas Press y Ediciones Universidad de Magallanes.

IMAGE CREDITS

CRÉDITOS DE LAS IMÁGENES

Special thanks to Paola Vezzani, Omar Barroso and Jorge Herreros for the photography that generously donated for this book. Our gratitude to Cristian Campos Melo, Stuart Harrop, Mathias Hüne, Silvina Ippi, Kristin Hölting, Ricardo Matus, Hans Muhr, Eduard Müller, Jaime Ojeda, Jordi Plana, Sebastián Rosenfeld, John Schwenk, Margaret Sherriffs, Cristián Valle, Adam Wilson, and Günter Ziesler who also offered their images to illustrate specific features. Maps were prepared by María Rosa Gallardo, Laboratory of Geographic Information Systems, Center of Renewable Energies (CERE), University of Magallanes.

Agradecemos a Paola Vezzani, Jorge Herreros y Omar Barroso por contribuir con sus fotografías y criterios de diseño para este libro. Nuestros agradecimientos también para Cristian Campos Melo, Stuart Harrop, Mathias Hüne, Silvina Ippi, Kristin Hölting, Ricardo Matus, Hans Muhr, Eduard Müller, Jaime Ojeda, Jordi Plana, Sebastián Rosenfeld, John Schwenk, Margaret Sherriffs, Cristián Valle, Adam Wilson y Günter Ziesler por ofrecer sus fotografías para ilustrar aspectos específicos. La cartografía fue preparada por María Rosa Gallardo, Laboratorio de Sistemas de Información Geográfica, Centro de Energías Renovables (CERE), Universidad de Magallanes.

On the indicated pages, the photographs that do not indicate authors in the legends correspond to:

En las páginas indicadas, las fotografías que no señalan autores en las leyendas corresponden a:

2-3	Darwin Cordillera, West Arm of Pia Glacier	
	Cordillera Darwin, Brazo Oeste del Glaciar Pía	Paola Vezzani
8-9	Darwin Cordillera, East Arm of Pia Glacier	
	Cordillera Darwin, Brazo Este del Glaciar Pía	Paola Vezzani
16-17	Darwin Cordillera, Alemania [Germany] Glacier	
	Cordillera Darwin, Glaciar Alemania	Paola Vezzani
28-29	Southern Rockhopper Penguin (*Eudypes chrysocome*), Diego Ramirez Islands	
	Pingüino de penacho amarillo (*Eudypes chrysocome*), Islas Diego Ramírez	Omar Barroso
134-135	Kelp forests and coastal forests, Letier Cove	
	Bosques de huiro (*kelps*) y bosques costeros, Caleta Letier	Paola Vezzani
204-205	Islets south of Deceit Island, Cape Horn Archipelago	
	Islotes al sur de la Isla Deceit, Archipiélago Cabo de Hornos	Adam Wilson
278-279	Kelp forests of *Lessonia searlesiana* in the coasts of Horn Island	
	Bosques submarinos de la macroalga *Lessonia searlesiana* en la costa de la Isla Hornos	Matías Hüne
312-313	Beagle Channel from Navarino Island showing sub-Antarctic forests protected by the Omora Ethnobotanical Park and Bandera Hill	
	Canal Beagle desde la Isla Navarino ilustrando bosques subantárticos protegidos por el Parque Etnobotánico Omora y el Cerro Bandera	Jorge Herreros